“十二五”职业教育国家规划教材
经全国职业教育教材审定委员会审定

新编高职高专旅游管理类专业规划教材
谢彦君　总主编

ZHONGGUO GUDAI JIANZHU YU YUANLIN

中国古代建筑与园林

（第2版）

张东月　肖　靖　主　编

北京·旅游教育出版社

总序

经过将近三年的策划与组织，旅游教育出版社的“新编高职高专旅游管理类专业规划教材”终于要整体付梓印行了。本套丛书不管是在编写宗旨的确立还是在撰著者的遴选方面，都经历了一个较为严谨而细致的过程，这也为保证丛书的质量奠定了一个良好的基础。

中国的高等旅游教育和旅游产业发展，已经度过了三十多个春秋。从20世纪70年代末的筚路蓝缕到今天已蔚为大观的局面，这当中包含了几代学人和业者共同努力、共同创业的艰辛。在今天看来，尽管在这个知识和行业共同体中曾经并依然存在着观点、思想和认识上的碰撞和摩擦，但一路前行的步伐却始终没有停止过。这也是中国旅游教育界、旅游产业界呈现于世人的最令人鼓舞的风貌和景观。

在整个高等旅游教育体系中，职业教育的发展只是在最近的十几年中才真正被政府纳入到大力发展的战略框架当中，并在今天形成了占据旅游高等教育半壁江山的势头。如果站在整个旅游高等教育的视野来审视旅游职业教育和普通教育在整个旅游高等教育中的局面，大家会有一个基本的共识：旅游高等职业教育在人才培养方面，无疑更加体现了专业细分、供需对接、学为所用的人才培养效率和效果，并不像旅游本科教育那样，每年的毕业生有70%以上流入其他行业或领域，从而造成社会教育资源的极大浪费。这个问题学界多有认识、阐述和呼吁，并一致认为，其根源在一定程度上是由本科专业目录管理过于僵化的行政机制所造成。值得欣慰的是，最新的本科专业目录调整方案中，已经增设了饭店管理专业，这一举措借鉴了旅游专业高等职业教育按照旅游大类进行专业细化的成功方面，昭示了旅游大类下设专业（二级学科）进一步有限度地细化的趋势。

不过,尽管旅游专业的高等职业教育有其成功的地方,但也不是没有问题。在专业格局有了科学规划的前提下,人才培养的质量就取决于具体的人才培养方案了。在这当中,各个学校所拥有的教学资源、师资队伍、教材、教学法等方面的准备,就成为关键的教育因素。如果仔细盘点目前我国旅游专业高等职业教育在这一方面的家底,其实还很不容乐观。在我看来,由于我们对职业教育在认识上还不够成熟,准备上还不够充分,操作上还有待完善,加之旅游职业教育向来多以接待服务为教育的主体内容,缺乏硬技术、高门槛,因此,中国的旅游职业教育,依然显得离岗位培训距离不远、差异不大。在知识体系和职业技能的衔接方面,始终没有找到最好的途径和策略。因此,旅游职业教育在培养人的职业深度发展空间方面,始终有浅薄无力的缺欠。这是一个需要警觉,同时也是一个需要时间才能加以解决的问题。

旅游教育出版社在策划本套丛书的初期,就曾意识到这个问题,并有努力解决这一问题的想法。在本套丛书的书目确定、作者遴选、写作宗旨的厘定等方面,都试图对上述问题作出回应。从各位作者所作的努力来看,本套丛书还是在一定程度上解决了这个问题。整套丛书中,不乏在这方面做得很好的,也有在其他方面展现了充分特色的著作。因此,希望本套丛书的面世能够给旅游职业教育提供一套比较适用的教材资源。

本套丛书的作者都来自职业教育工作的教学与科研第一线,他们在各自所长的学科领域也都多有建树。作为本丛书的主编,我十分感谢他们在编写过程中所作出的巨大努力以及展现出来的合作与奉献精神。

由于水平所限,加之本人对旅游职业教育的理解缺乏深度,因此,本套丛书还是会存在总体架构、基本思想和具体编写工作方面的诸多不足甚至错谬。希望广大读者和其他人士对本书的缺欠不吝赐教,以图再版时予以修正,避免贻误学生。

是为序。

谢彦君

2011 年 7 月 22 日于灵水湖畔

前言

辉煌灿烂、丰富多彩的中国古代建筑是中华传统文化与艺术遗产极其重要的组成部分,是历史沧桑的见证,是凝固的艺术,是智慧和文明的结晶,更是文化和思想的外现;在中国不仅有浩如烟海的史籍文章,还有许许多多中国人特有的哲理风骚,深深地凝刻在砖石木瓦之中。当前,以探索古代文化奥秘为主题的综合性旅游正在蓬勃兴起,游览长城、北京故宫、天坛、颐和园、十三陵等已不再是过去那种走马观花式的游览方式,而是不断去探索积淀在这些古代建筑中的文化内涵,使旅游处于厚重的文化氛围之中,使旅游更富情趣、更具有意义。所以,深刻把握中国古代建筑与古典园林相关的基础知识、理解其深厚的历史文化内涵和特有的艺术之美对旅游从业人员具有重要意义,这也是我国不同层次旅游专业纷纷开设“中国古代建筑与园林”课程的原因所在。

《中国古代建筑与园林》一书按照旅游教育出版社关于教材的编写要求,针对高职高专学生的学习特征编写而成。本教材试图从中国古代建筑与古典园林综述、现存主要中国古代建筑与古典园林旅游资源等基础知识出发,结合实际案例以构筑学生的专业基础知识素养和职业技能。为了便于学生学习,我们每章设置了学习目标、知识练习与技能训练、案例分享与思考等板块,以适应高职高专学生的知识学习层次与就业需要;同时书中穿插了特别提示、知识拓展,以开阔学生视野,丰富学生的专业知识。在教材的编写过程中,我们汲取了众多前辈专家和学者的研究成果,并融入了我们的一些观点和认识,力求内容丰富、语言通俗,注重突出实用性与职业性特点。

在本次修订过程中,我们对原书稿中存在的不准确甚至是错误之处进行了纠正,并汲取了一些相关的研究成果,重点对第三章宫殿建筑和第五章陵墓建筑进行了大篇幅的删改。本书在结构上分为两篇共十一章。上篇为中国古代建筑,包括八章:第一章,中国古代建筑概述;第二章至第八章分别为中国古代城防建筑、宫殿建筑、坛庙祭祀建筑、陵墓建筑、宗教建筑、古村落与民居,以及中国古代的楼阁、桥梁与水利工程。下篇为中国古典园林,由三章构成,分别为:第九章,中国古典园林概述;第十章,中国古典园林的构景要素和构景手法;第十一章,中国古典园林的建筑装饰、室内陈设与现存精品园林。为了方便教师教学和学生学习本教材所提供的知识与信息,每一章我们都配套制作了课件,以及期末考试样题等。

本书由郑州旅游职业学院张东月担任第一主编,负责基本框架设计以及统稿、定稿工作。郑州旅游职业学院肖靖担任第二主编,负责协调工作。参编人员具体编写分工为:河南财经政法大学旅游与会展学院刘慧负责编写第六、七、八章;郑州旅游职业学院秦娟负责编写第三、五章;郑州旅游职业学院肖靖负责编写第九、十、十一章;郑州旅游职业学院张东月负责编写第一、二、四章。

本书在编写与修订过程中,编者得到了旅游教育出版社、郑州旅游职业学院、河南财经政法大学旅游与会展学院等单位的大力支持,在此表示衷心的感谢。本书作者全部都是本专业一线教学老师,教学、科研任务繁重,再加上时间仓促,水平有限,书中不尽如人意之处在所难免,恳请专家、学者、同人及广大读者批评指正。

编者

2014 年 9 月

上篇 中国古代建筑

下篇　中国古典园林

上 篇

中国古代建筑

第一章 中国古代建筑概述

引言

辉煌灿烂、丰富多彩的中国古代建筑是中华文化遗产极其重要的组成部分，不仅风格独具，而且博大精深，源远流长。从发端到今天，中国建筑大约已经走过了八千年的发展历程。中国古建筑的建筑形式丰富多彩，审美个性鲜明，从群体到单体，由造型到色彩，从室外铺陈设置到室内装饰摆设，都赋予了严格的等级秩序，在注重实用功能的同时，还具有显示封建等级关系的社会功能。

学习目标

1. 通过本章的学习，认识中国古建筑的基本概况及其旅游价值；了解中国古代建筑的建筑思想与历史沿革。

2. 掌握中国古建筑的主要形式、特征。

3. 能解读、欣赏不同类型的古代建筑及其深厚的文化内涵。

第一节 中国古代的建筑思想

古代建筑是指一定区域内的人们在某一历史时期所创造的建筑物，它具有鲜明的地域性、时代性、科学性和艺术性。放眼世界建筑史，人类历史上曾出现过七个主要建筑体系，其中以中国为核心的东亚建筑和欧洲建筑、伊斯兰建筑被认为是世界上最有影响力的三大建筑体系。中国古代建筑从单体建筑到院落组合、城市规划、园林布置等在世界建筑史中都处于领先地位。在几千年的历史演变过程中，无论是宏伟的宫殿、庄严的寺庙、幽静的园林，还是丰富多彩的民宅，都以其独特的形式语言，打上了中国传统文化的烙印，表述出丰富而深刻的中国传统思想观念和浓郁的民族特色。

一、中国传统文化理念

中国传统文化，是指中国文化中最成熟最发达、占据主流、发挥主导作用的核心部分，一般认为与汉文化同义，但又不局限于汉民族的文化，其范畴广阔至以汉语言为载体，承继了千百年历史积淀、以中原汉族为核心，融会吸收了各民族文化有益成分的文化类型。近百年来，人们将中国传统文化称为“国学”，西方学者称之为“汉学”。

五千年的灿烂历史，孕育了中华民族特定的思维方式、价值观念、审美情趣及道德风尚。中华文化是世界上唯一延续至今而且从未中断过的文化。中华文化以中原汉族文化为核心，是多民族共同创造的。源远流长且多元合一的中国传统文化传承至今、流播海外，形成世界上特色鲜明的汉语言文化圈。其他外来文明如佛教、基督教等异域文化来到中国之后，无一例外地被中国化了。

中华传统文化博大精深，具有极强的凝聚、激励、整合作用，是一个包含着诸多要素的思想体系。中国文化的基本思想如：“刚健有为”、“天人合一”、“以人为本”、“安土重迁”、“重德重生”、“自强不息”、“厚德载物” 以及“重伦守礼”等，是中华民族民族精神的集中体现。

首先，崇尚和谐统一是中国传统文化的最高价值原则。“中庸”，既是思想方法、原则，又是修养境界。天人合一思想认为自然与人协调统一，人要遵循自然规律才可有所作为，即要“顺乎天，应乎人”。这种朴素的理念充分显示了中国古代思想家对于人与自然之间关系的正确认识。这与西方文化强调人要征服自然、改造自然才能求得生存和发展的观念有着根本区别。

其次，中华文化有相当浓郁的人本色彩。以人为本，就是指以人为考虑一切问题的根本。其在天地人之间，以人为中心；在人与神之间，以人为中心。这种以人为本的精神理念使中华文化呈现出独特的文化气象，建立起了艺术化的知识观和人生观。如学术追求更多将目光投向现实人生与世俗事务管理；注重人的内在修养等。

中国传统文化理念还表现在很多方面，如道德与秩序是中国人“做人”与“治国”的根本准则；重家族、重血缘的家庭伦理观；“安土重迁”的传统观念；浪漫与务实两大传统的巧妙结合等。总之，中国传统文化几乎无处不在，深刻影响了中国几千年的社会、政治、经济和文化生活。

二、中国古代的建筑思想

建筑是构成文化的一个重要部分，因此某一时代的建筑也必然反映出当时的科学技术和文化水平，反过来说，要了解一种建筑形式、一个建筑体系，也需要首先了解和研究产生这种建筑形式或体系的历史文化背景及其影响。

(一)中国古代建筑中的“天人合一”理念

注重追求人文环境与自然环境的和谐统一,即“天人合一”是中国古代人居环境建设的一条基本原则。从人居的最小单元,到大尺度的人居环境营造,都表现出一种寻求与自然融合、共生、和谐的特质。人居环境与自然的和谐不是空洞的,而是具体的,是通过具体的设计手法实现的。在这方面,中国古代人居环境建设积累了丰富的经验。无论是区域的形胜思想、人居选址、人居格局的设计,还是人居标志与人居风景的建设都有一套十分成熟的手法。中国古代的风水五行学说等所强调的正是将建筑、居住者与居住者所处的环境融合成为一个和谐整体。中国古代人居环境与自然的关系,从来不是单纯的自然,总是以自然与人文的统一为主旨,赋予自然以完整的人文含义,形成钟灵毓秀的人居环境。

特别提示

再也没有别的地方表现得像中国人那样热心体现他们伟大的设想:人不能离开自然的原则。这个人并不是可以从社会中分割出来的人。皇宫、庙宇等重大建筑自然不在话下,城乡中不论集中的,或是散布在田园中的宅舍,也都经常显现出一种对宇宙图案的感觉,以及作为方向、节令、风向和星宿的象征主义。

——李约瑟

中国古代建筑既典雅实用,又传达出与自然和谐共处的追求。在城市中,士大夫们热衷于宅旁建园,注重借天成地势景物进行建筑布局,或者在建筑附近通过堆筑假山、开渠引水等手段求得建筑与自然环境、人工景色的和谐统一。在中国古代居住建筑的空间布局上,合院的形式(三合、四合院)既符合礼制,又顺应了气候特点,合院的四面用走廊,围墙将建筑连接起来,保证了安全、防风、防沙。合院的布局具有极大的灵活性,在不同气候地区,对庭院数量、大小,单体建筑加以变化,形成许多变种,如青海四合院、新疆四合院、北京四合院等。又如园林建筑,其形与神都与天空、地面自然环境相吻合,同时又使园内各部分自然相接,体现自然、淡泊、恬静、含蓄的艺术特色,收到移步换景、渐入佳境、小中见大等观赏效果。

(二)中国古代建筑中的“人本精神”理念

关注人的文化理想和信仰,是中国古代人居环境建设的基本依据。中国历代都没有出现过神权凌驾一切的时代,而西方则有很长时间如此。西方世界一直把神作为最高级建筑的服务对象,西方古代建筑史其实就是神庙和教堂的建筑史,这导致西方建筑不断追求巨大的体量与内部空间。而中国建筑基于对人与社会的重视,以服务人间为主旨,因此其最高级的建筑均属于人间的统治者,以宫殿、皇家园林、帝王陵墓为主,寺庙亦模仿人间居所。建筑与人体的比例始终被控制在兼顾雄伟与人性的合理范围内。事实上,中国建筑在很多地方都体现了这种“人本精神”——人体本身的尺度、人的舒适要求以及人的审美感知、文化理解与接受能力,一直是控制建筑体量的内在尺度。

正是基于这种人本理念、务实的态度,中国传统建筑大都采用了木结构构架。计成的《园冶》曾说过:“固做千年事,宁知百岁人。足矣乐闲,悠然护宅。”也就是说,人们创造的居住生活环境与自己可使用的年限相适应便足够了。这种新陈代谢的态度极为现实,在中国很有代表性。木结构体系的特点是用木料做成房屋的构架,而用土、砖、石或者其他材料筑成的墙,只起到隔断的作用而不承受房屋的重量。这种木结构建筑的优点是可节约大量人力、物力和时间,且能防震宜人等;其缺点是易遭到破坏,所以中国传统木构建筑让人最遗憾之处,就是很难长久保存下来。在今天的欧洲,可以看到保存较完整的2000年前的石构古建筑。而在中华大地,现存木构建筑年龄在1000年以上的可谓寥若晨星。

(三)中国古代建筑中的“重伦守礼”理念

儒学提倡礼制,以礼为治国之本和个人立身行事的准则,这“礼”的制度既有关于个人行为规范方面的,又有属于国家典章制度方面的。《乐记》中说:“礼者,天地之序也……序,群物有别。”儒家认为礼就是秩序与和谐,其核心是宗法和等级制度,人与人、群体与群体都存在着等级森严的人伦关系。《礼记》中有关建筑功能的论述是“以降上神与先祖,以正君臣,以笃父子,以睦兄弟,以齐上下,夫妇有别”。中国古代建筑自觉地以建筑形式区分人的等级,以维护阶级社会的秩序。敬天祀祖的礼制思想、以皇权为核心的等级思想、以家长为中心的家族思想在建筑中得到了充分的反映。由此产生了建筑上的多种类型及其形制,如殿堂、宗庙、坛、陵墓等。中国古代建筑在完善建筑形式的同时赋予建筑诸多人性化的因素,使建筑在某些方面甚至超越了建筑本身的使用功能。

建筑成了传统礼制的一种象征与标志,大到城市、建筑组群、坛庙、宫堂、门阙、庭院、台基、屋顶形式、面阔和进深,小到斗拱、门钉、装饰色彩等,都纳入礼的规制,有严格的规定。辨尊卑、辨贵贱的功能成了建筑被突出强调的社会功能。例如,黄色为最尊贵的颜色,只有宫廷建筑才可用黄琉璃瓦;以龙凤为主要题材的和玺彩画,只能用于皇家专用建筑上。在一组建筑之内,正、倒、厢、耳、门、厅、廊、偏各房都各有等级,人伦关系反映在平面布局上。即使是人死之后的坟园占地面积、坟丘高度、墓碑形制、神道石刻，以至棺椁祭器，也有严格的等级制度。违背这些制度，要受到刑法制裁。如果僭用皇帝特有的形制，罪名更可至大逆。

古代宫殿建筑更是最高统治者显示王权至尊和永恒的重要手段，如建筑组群布局中的中轴对称、左祖右社 、前朝后寝 、三朝五门等。

中国传统建筑中典型的“主座朝南，左右对称，强调中轴”的平面布局原则，主要是受儒家思想影响的结果；住宅中“北屋为尊，两厢次之，倒座为宾，杂屋为附”的位置序列，也完全是礼制精神在建筑上的体现。“礼”的意识融会到古代大部分的建筑形制中，从皇城到民宅、从内容布局到构图和形式都反映出礼制精神的追求。

（四）中国古代建筑中的“祈吉为尚”的设计理念

在古代，几乎生活中的所有方面都以“吉”作为基本的价值取向，这在古代文献中可以说随处可见。我国古建筑众多装饰中尤以祈吉为主，且内容十分广泛，形式也极为多样。中国古建筑历来以木结构为主，这种建筑最怕的就是火，火灾是其第一大敌，因此防火迎祥很早就成为建筑装饰中的重要一环，有的用动物的形象（如兽吻），有的用八卦符号（如坎卦图石），有的用黑色的瓦（如故宫中的文渊阁），有的用意愿性的寄托物（如门海、藻井等），有的则从字形上去讲究（在明清建筑中任何殿门名的“门”字都不带勾）。求吉避凶吉祥物如吉祥动物（如龙、凤、龟、麟、狮、象等）、吉祥植物（如松、柏、竹、桂、梅、牡丹、兰花、水仙、梧桐、莲花、灵芝、石榴等）、吉祥器物（如如意、古钱、银锭、镜、笙、笛、寿石、磬、灯、毛笔等）和吉祥符物（如器、寿、乐、盘长、方胜、宝相花、缠枝纹、祥云、回纹、八卦图）等在我国古建筑装饰中随处可见。

此外，有时我们在古建筑雕刻中还可以看到许许多多典故性的祈吉纹饰图案或画面，如“三阳开泰”、“八仙拱寿”、“天女散花”、“兰桂齐芳”、“国色天香”、“麻姑献寿”、“金玉满堂”、“鱼跃龙门”、“独占鳌头”、“梦笔生花”、“蟾宫折桂”等。同时，我国古建筑的室内外陈设中除了满足人们生活之需的一些陈设之外，往往还有众多含有精神功能的陈设，这些陈设一般都含有吉祥的含意。在园林建筑中，一般大门外都列有石狮，厅堂前往往列有寿石，在堂内则往往有花瓶、如意、孔雀羽等吉祥之物。

总之，中国建筑以其高超的技艺和独特的风格，成为中国古代艺术的一个重要门类，并以其所寄寓的丰富的思想内涵，成为中国传统精神文化的重要组成部分。

第二节 中国古代建筑的历史沿革

一、中国建筑体系的形成期——原始社会及夏商周时期的建筑

中华民族是世界上最古老的民族之一，大约在一万多年前进入新石器时代。人类最早创造出用来居住的建筑物，也是在这一时期。而在此之前，原始人类则栖息天然崖洞中，或构木为巢而居。原始先民脱离洞穴，自己动手营建可以遮挡风雨、躲避野兽侵犯的人工居所，其构造形式，皆因所属自然地域条件的不同而有所区别。据考古发掘，大约在八千年前，生活在华夏大地上的先民们，就根据各自不同的地域特点，选择并发展了各具特色的建筑技术，他们当中有三个区域最为突出。

出现在黄河流域的建筑物，基本为地穴、半地穴和地面建筑，在建筑过程中，先民们利用当地自然条件，发展了以“土”为主要材料的建筑技术，如夯土、木骨泥墙、石灰抹面等。黄河流域也发现有不少原始聚落（如西安半坡遗址、临潼姜寨遗址）。这些聚落的居住区、墓葬区、制陶场，分区明确，布局有致。此时，木构架的形制已经出现，房屋平面形式也因造作与功用不同而有圆形、方形、吕字形等。这是中国古建筑的草创阶段。而长江流域多为干栏式建筑，如河姆渡遗址，先民们发展了以“木”为主要材料的建筑技术，如木屋架、榫卯等。中国北方的红山文化地域，则出现了积石建筑。

到新石器晚期，规模较大的聚落和“城”已开始出现。随着夏王朝的建立，国家形态的逐渐形成，出现了宫殿、坛庙等建筑类型，城市规模也不断扩大，内容不断丰富。特别是到了商、周王朝，不仅木构建筑体系得到确立，廊院、四合院等建筑组群的空间构成模式基本成型，在建筑语言上还体现出强调敬天法祖、尊卑等级的礼制思想；成熟的夯土技术，砖、瓦等建筑材料被发明并得以日益广泛地运用。总之，经过大约四千年的发展，中国建筑在技术、类型和文化上已初具规模。

二、中国古代建筑体系的朝阳期——春秋战国与秦汉时期的建筑

中国建筑在这一阶段充满激情与活力，城市规模日益扩大，宏伟的高台建筑和多层木楼阁建筑显示出巨大的技术进步；皇家王室大力营造离宫苑囿，有力地促进了园林建筑的发展。春秋战国时期是中国社会大变革的时代，各诸侯国争相打破周代礼制的羁绊，纷纷建起庞大的都城和华美的宫殿，一时间“高台榭”、“美宫室”遍及天下，极大地推动了建筑技术和艺术的飞跃性发展。特别是秦始皇灭六国后，建立起中央集权的大帝国，并且动用全国的人力、物力在咸阳修筑都城、宫殿、陵墓。在咸阳一一复建了六国宫殿，并启动了阿房宫、骊山陵、万里长城等大型建筑

工程。今天从阿房宫遗址和始皇陵东侧大规模的兵马俑列队埋坑,可以想见当时建筑之宏大雄伟。此外,又修筑通达全国的驰道,筑长城以防匈奴南下,凿灵渠以通水运。这些巨大工程,动辄调用民力几十万,而且几乎都是同时并进,秦帝国终以奢欲过甚,穷用民力,二世而亡。

汉朝的长期稳定强大,使汉长安城成为与罗马城并称的、当时世界上最繁华壮丽的都市。汉代的未央宫、长乐宫、建章宫等宫殿建筑,门阙巍峨,园池壮美,史无前例。汉武帝在上林苑建章宫中开辟太液池,营造传说中的海上三仙山的奇幻景观,开创了后世园林建筑中长盛不衰的主题。汉代不仅完善了建筑类型和建筑技术、艺术等,还完善了对天、地、山川和祖先等的祭祀制度,制定了完整的礼仪,并配以相应的坛庙、祠庙,使得坛庙建筑体系走向成熟。屋顶形式已呈现多样化,庑殿、歇山、悬山、攒尖、囤顶均已出现,有的被广泛采用。制砖及砖石结构和拱券结构有了新的发展。汉代建筑技术的成就,以斗拱、木构架体系、地下砖石拱券结构等方面的进步为特征。汉代末年,佛教建筑亦开始崭露身姿。

总之,秦、汉五百年间,由于国家统一,国力富强,建筑规模较前更加宏大,组合形式多样化,以"豪放朴拙"的风格著称,中国古建筑出现了历史上的第一次发展高潮。

三、中国古代建筑体系的成熟期——魏晋与隋唐时期的建筑

魏晋南北朝时期的建筑承上启下,为隋唐中国建筑的全盛奠定了基础。魏晋南北朝的城市规划布局严整,佛教塔寺异常兴盛;日渐成熟的木作技术与玄学、寄情山水的文人意境相结合的园林艺术都足以垂范后世。

两晋、南北朝是中国历史上一次民族大融合时期,在此期间,传统建筑持续发展,并有佛教建筑传入。大量兴建佛教建筑,出现了许多寺、塔、石窟和精美的雕塑与壁画。重要石窟寺有大同云冈石窟、敦煌莫高窟、天水麦积山石窟、洛阳龙门石窟等。这一时期的中国建筑,融进了许多传自印度(天竺)、西亚的建筑形制与风格。在建筑材料方面,砖瓦的产量和质量有所提高,金属材料被用作装饰。在技术方面,大量木塔的建造,显示了木结构技术的提高,砖结构被大规模地应用到地面建筑。河南登封嵩岳寺塔的建筑标志着石结构建筑技术的巨大进步;石工的雕凿技术也达到了很高的水平。

隋、唐时期的建筑,既继承了前代成就,又融合了外来影响,形成一个独立而完整的建筑体系,把中国古代建筑推到了成熟阶段,并远播影响于朝鲜、日本等国家。隋朝虽然是一个不足四十年的短命王朝,但在建筑上颇有作为。隋朝建造了规划严整的大兴城,开凿了南北大运河,修建了世界上最早的敞肩券大石桥——安济桥。

唐代在丰厚的物质文明和兼容并蓄的文化思想作用下，建筑艺术具有鲜明的时代特征——雄浑博大。唐朝的城市布局和建筑风格规模宏大，气魄雄浑。长安城在隋大兴城的基础上继续经营，成为当时世界上规模最大、最繁荣壮丽、气度恢宏的都市。唐代在都城和地方城镇兴建了大量寺塔、道观，并继承前代续凿石窟佛寺，金碧辉煌的佛堂和道观布满全国，建筑艺术达到高度的完美。由于文化的兴盛，又由于宗教建筑物遍于各地，熟练工匠的数目增加，传播给徒弟的机会也多起来。建筑上各部做法、所累积和修正的经验，积渐总结，成为制度，凝固下来。唐代建筑物在造型上，在细部的处理上，在装饰纹样上，在木刻石刻的手法上，在取得外轮线的柔和或稳定的效果上，都已有极谨严、极美妙的方法，成为那个时代的特征。遗留至今的有著名的五台山佛光寺大殿、南禅寺佛殿、西安慈恩寺大雁塔、荐福寺小雁塔、兴教寺玄奘塔、大理千寻塔，以及一些石窟寺等。

这一时期遗存下来的殿堂、陵墓、石窟、塔、桥及城市宫殿的遗址，无论布局或造型都具有较高的艺术和技术水平，具有明显的“盛唐风格”，即建筑比例宏大宽广，建筑造型富于张力和弹性，在稳重大方中又不失灵动飘逸。雕塑和壁画尤为精美，是中国封建社会前期建筑的高峰。唐人豪迈的品格、超凡的才华既凝结在诗歌中，也凝结在建筑上，呈现出“雄浑壮丽”的建筑风格。

在建筑材料方面，砖的应用逐步增多，砖墓、砖塔的数量增加；琉璃的烧制比南北朝进步，使用范围也更为广泛。在建筑技术方面，唐代建筑最大的成就就是斗拱的完善和木构架体系的最终成熟，从而使构件的比例形式逐步趋向定型化，并且民间出现了负责设计制图样和组织施工的专业建筑师——梓人（都料匠）。毫无疑问，唐中叶以前，中国建筑艺术达到了一个艺术高峰，其宏大雄浑的气势在以后的宋、元、明、清几次的封建文化高潮时期，都没有能再和它相比的。

拓展知识

唐自高宗起，至玄宗前期(650—740)，国势极盛，进行了较大规模的建筑活动。662年，唐高宗在长安东北高地上兴建大明宫。这是唐代所建最大的皇宫，比现存的北京明清紫禁城大44倍。武则天力排众议，在洛阳宫拆除正殿建立明堂。明堂方88米，高86米，是唐代所建体量最大的建筑物。另外，唐代为控制建筑规模，还订立了《营缮令》法规，规定了建筑的规模、装饰须严格遵循上下尊卑秩序，不许僭越。此时中国建筑体系已发展至成熟阶段，并与国家礼制、民间习俗密切结合，完全可以满足使用需要，成为稳定的建筑体系，外来的建筑体系已不能动摇它。但外来的装饰图案、雕刻手法、色彩组合诸方面也进一步丰富了中国建筑。很多当时盛行的卷草纹、连珠纹、八瓣宝相花等外来装饰纹样，已经完全中国化。

（资料来源：根据刘墩桢的《中国古代建筑史》等相关资料整理）

四、中国古代建筑体系的转变期——宋辽到金元时期的建筑

从晚唐开始，中国又进入三百多年分裂战乱时期，先是梁、唐、晋、汉、周五个朝代的更替和十个地方政权的割据，接着又是宋与辽、金南北对峙，因而中国社会经济遭到巨大的破坏，建筑也从唐代的高峰上跌落下来，再没有长安那么大规模的都城与宫殿了。随着大一统格局的消失，这一时期中国的建筑艺术出现了多种地域风格共存的交融局面，新的建筑类型和风格不断涌现。由于商业、手工业的发展，城市布局、建筑技术与艺术，都有不少提高与突破。譬如城市渐由前代的里坊制演变为临街设店、按行成街的布局。在建筑艺术方面，自北宋起，就一变唐代宏大雄浑的气势，而向细腻、纤巧方面发展，建筑装饰繁密复杂、色彩绚丽，总体风格趋向秀美、轻灵、华丽。宋都汴梁（今开封），公私建造都极旺盛，建筑匠人的创造力又得到发挥，手法开始倾向细致柔美，对于建筑物每个部位的塑型，更敏感，更注意，出现了各种复杂形式的殿阁楼台。

北宋崇宁二年（1103），朝廷颁布并刊行了《营造法式》。这是一部有关建筑设计和施工的规范书，以及完善的建筑技术专书。颁刊的目的是为了加强对宫殿、寺庙、官署、府第等官式建筑的管理。书中总结历代以来建筑技术的经验，制定了“以材为祖”的建筑模数制。对建筑的功限、料例作了严密的限定，以作为编制预算和施工组织的准绳。这部书的颁行，反映出中国古代建筑到了宋代，在工程技术与施工管理方面已达到了一个新的历史水平。

拓展知识

李诫（？—1110），河南郑州管城人，长期任职于北宋主管官方工程建设的部门——将作监。他主持设计、建造了众多重大工程，对建筑艺术、结构、工艺、估工算料、施工管理等皆明了于心。1097 年李诫受皇帝委派，开始编修有关营建工程造作制度和工料管理方面的政府条例——《营造法式》。1100 年该书编修完成，1103 年奉旨向全国颁布。《营造法式》记录了大量珍贵的历史信息，是我们认识唐宋建筑的宝典，被誉为影响中国的 100 本书之一，李诫也因此而名垂千古。

（资料来源：根据刘墩桢的《中国古代建筑史》及徐怡涛的《中国建筑》等相关资料整理）

与北宋同期的契丹族政权辽国，其建筑在前期延续了唐代的气象，中后期又融合了宋代风格。与南宋同时代的女真族政权金国，建筑风格则深受宋代建筑的影响。

元代中西交通发达，奉行藏传佛教，兴建了大量藏传佛教寺庙及伊斯兰教礼拜寺。外来建筑艺术丰富了中国传统建筑文化。如在忽必烈的宫中引水作喷泉，又在砖造的建筑上用彩色的琉璃砖瓦等。汉族固有的建筑形式和技术在元代所发生

的变化,成为宋金与明清的分水岭。元代建筑在外观上具有一些较为明显的特征,如在北方官式木构建筑上使用未经细致加工的粗大木料、斗拱在结构中的作用趋弱等,使元代建筑呈现出一种潦草直率和粗犷豪放的风格。而同期的南方地区尤其是江浙等地的元代建筑较好地保持了宋代以来的传统。在元代的遗物中,最辉煌的成就,就是北京内城有计划的布局规模,它是总结了历代都城的优良传统,参考了中国古代帝都规模,又按照北京的特殊地形、水利的实际情况而设计的。元大都的建设为明清北京城打下了基础。元的木构建筑,经过明、清两代建设之后,实物保存至今的,国内还有若干处,如山西霍县的霍州署大堂、芮城永乐宫和洪洞广胜寺等。

五、中国古代建筑体系的最后一个高峰期——明清时期的建筑

明清建筑比之元代建筑规范而华丽,但比之唐宋建筑奢华有余而气度不足。不过毕竟两代都是享国长久的统一王朝,在建筑上还是多有作为的。虽然在单体建筑的技术上日趋定型与刻板,但在园林、陵墓等建筑类型的群体空间组合上却取得了显著成绩。标准化的单体建筑和多样化的群体组合与繁复的内外装饰是明清建筑的显著特征,呈现出"精细富缛"的艺术风格。而且在建筑技术上也取得了进步。例如,明清建筑突出了梁、柱、檩的直接结合,降低了斗拱的结构作用,从而达到了以更少的材料取得更大建筑空间的效果。同时,地面砖石建筑得以普及,明长城、城墙和无梁殿以及各地民居中广泛建造的砖石墙体充分体现了这一特点。明清时期除砖的生产大量增加外,琉璃瓦的数量及质量都超过过去任何朝代。

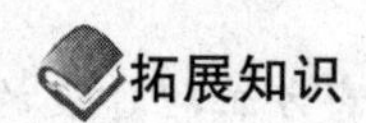

样式雷

"样式雷",是对清代200多年间主持皇家建筑设计的雷姓世家的誉称。"样式雷"家族始祖、一个南方匠人雷发达(1619—1693)来北京参加营造宫殿的工作。因为技术高超,很快就被提升担任工程营造所长班,负责宫廷建设。因其技能超群,被誉为"上有鲁班,下有长班"。其子雷金玉继承父业,因修建圆明园而开始执掌样式房的工作,是雷家第一位任此职务的人。在样式雷家族中,声誉最好,名气最大,最受朝廷赏识的应是雷金玉。直至清代末年,雷氏家族前后六代后人都供职于清廷,负责建造过紫禁城、三海、圆明园、颐和园、静宜园、承德避暑山庄、清东陵和西陵等重要工程。雷氏家族在建筑施工前,都把设计方案按1/100或1/200比例先制作模型小样进呈内廷,以供审定。模型用草纸板热压而成,故名"烫样",所以雷家被人誉为"样式雷"。留存于世的部分烫样存于北京故宫和国家图书馆

等处，成为了解清代宫廷建筑的重要史料。

（资料来源：根据徐怡涛的《中国建筑》及百度百科等相关资料整理）

明清建筑的最大成就表现在园林建筑中，明清的江南私家园林和清代的皇家园林都是最具艺术特色的古建筑空间。明清两代距今最近，许多建筑佳作得以保留至今，如明清宫殿——北京紫禁城、沈阳故宫等，都得以保存至今成为中华文化的无价之宝。中国现存大多数古代城市及乡村的各类地面建筑多属于这一时期。其中，明清北京城、明南京城以及明清西安等是明清城市遗存的最杰出代表。坛庙和帝王陵墓是古代重要的建筑类型，目前北京依然较完整地保留有明清两代祭祀天地日月、社稷和帝王祖先的国家级坛庙建筑，其中最杰出的代表是北京天坛，至今仍以沟通天地的神妙空间艺术打动人心。明代帝陵在继承前代形制的基础上自成一格；清承明制，营造了东、西两大陵区。明清帝陵中艺术成就最著者应是位于北京天寿山的明十三陵。同时，明清时期，民间建筑和少数民族的建筑快速发展，充实了传统建筑文化的内容，最终形成了各地区、各民族建筑的多种风格。

明清时期地方经济繁荣富庶，建筑方面的书籍有园林设计建筑方面的代表作《园冶》、江南民间建筑施工的书籍《鲁班经》，记载文人对生活、建筑、园林感悟认知的书《闲情偶寄》，还有官方建筑书籍《工程做法》等。

第三节　中国古代建筑的形式与特征

中国古建筑的建筑形式丰富多彩，造型与意趣都与其他建筑体系迥异，向人们传达出鲜明的审美个性。

一、中国古代建筑的形式

一般来说，我们对中国古代建筑的认识可以从分析“单体建筑”构成和“群体”构成的格局两方面入手。

（一）造型各异的单体建筑

所谓单体建筑，是指具有屋顶、屋身和台基的独立建筑单元。中国建筑体系中的单体建筑类型众多，最常见的有殿、堂、楼、阁、亭、廊、台、榭、轩、舫、塔、桥，以及门阙、坊表、影壁等古代建筑小品。它们尺度、功能、造型各异，是各类建筑群的构成元素。

1. 殿堂

“殿”和“堂”是中国古代建筑群中的主体建筑。其中殿为宫室建筑、礼制和宗教建筑所专用，殿一般位于宫室、庙宇、皇家园林等建筑群的中心或主要轴线上，其平面多为矩形，也有方形、圆形、工字形等。殿的空间和构件的尺度往往较大，装修做法比较讲究。堂一般是指衙署和宅第中的主要建筑，但宫殿、寺观中的次要建筑也可称堂。堂一般作为府邸、衙署、宅院、园林中的主体建筑，其平面形式多样，体量比较适中，结构做法和装饰材料等也比殿简洁，且往往表现出更多的地方特征。

2. 楼阁

楼阁是中国古代建筑中的多层建筑物。楼与阁在早期是有区别的。楼是指重屋，阁是指下部架空、底层高悬的建筑。阁的平面一般多方形，两层，有平坐，类似今天的"阳台"，可供人们登阁后出临眺望。阁在建筑组群中可居主要位置，如唐代佛寺中独乐寺观音阁就是以阁为寺院主体。楼也是多层建筑，但平面则多狭长，在建筑组群中常居于次要位置，如佛寺中的藏经楼、钟鼓楼，王府中的后楼、厢楼等，均处于建筑组群的最后一列或左右厢位置。后世楼阁二字互通，无严格区分，人们习惯把两层以上的建筑通称为"楼阁"。中国古代楼阁多为木结构，有多种构架形式。

3. 亭

亭通常只有屋顶和梁柱而没有四壁，内外通透。亭最大的特点是体量小，平面多变，式样丰富，一般设置在可供停息、观眺的形胜之地，如山冈、水边、城头、桥上以及园林中。另外还有专门用途的亭，如碑亭、井亭、宰牲亭、钟亭等。大型的亭可筑重檐，或四面加抱厦。陵墓、宗庙中的碑亭、井亭可做得很庄重，如明长陵的碑亭。大型的亭式建筑还可以成为区域重要的景观，如北京景山的万春亭等。小型的亭轻巧雅致，是园林中最人性化的建筑。如杭州三潭印月的三角亭。亭的形式不同，可以产生不同的艺术效果。亭的结构以木构为最多，也有用砖石砌造的。

4. 廊

廊是中国古代建筑中有顶的通道，包括主体建筑的附属空间，如大殿的前廊、周围廊等；还有建筑群体用于围合空间，联系交通的独立建筑形式，如回廊、游廊、爬山廊等，其基本功能为联系交通、遮阳、防雨和供人小憩。廊是形成中国古代建筑外形特点的重要组成部分。殿堂檐下的廊，作为室内外的过渡空间，是构成建筑物造型上虚实变化和韵律感的重要手段。围合庭院的回廊，对庭院空间的格局、体量的美化起重要作用，并能造成庄重、活泼、开敞、深沉、闭塞、连通等不同效果；园林中的游廊则主要起着划分景区、造成多种多样的空间变化、增加景深、引导最佳观赏路线等作用。廊是建筑群体中最轻盈的建筑形式，其细部常配有几何纹样的栏杆、坐凳、鹅项椅（又称美人靠或吴王靠）、挂落、彩画；隔墙上常饰以什锦灯窗、漏窗、月洞门、瓶门等各种装饰性建筑构件，起到美化空间、活跃氛围的作用。

5. 台榭

中国古代将地面上的夯土高墩称为台，台上的木构房屋称为榭，两者合称为台榭。最早的台榭只是在夯土台上建造的有柱无壁、规模不大的敞厅，供眺望、宴饮、行射之用。有时具有防潮和防御的功能。自春秋至汉代的数百年间,台榭是宫室、宗庙中最常用的建筑形式,遗址颇多,著名的有春秋晋都新田遗址、战国燕下都遗址、邯郸赵国故城遗址、秦咸阳宫遗址等,都保留了巨大的阶梯状夯土台。此外,榭还指四面敞开、体量较大的房屋。特别是唐以后,人们又将临水的或建在水中的建筑物称为水榭,但已是完全不同于台榭的另一类型建筑,它常出现在园林中,例如苏州拙政园中的芙蓉榭。

6. 轩

最初是指有窗的长廊,后一般指建于高旷地、四面空透的建筑,轩与亭相似,也是古典园林中起点景作用的小型建筑物。轩与亭不同的地方是:轩内设有简单的桌椅等摆设,供游人歇息,一般来说,园林中的轩多为诗人墨客聚会之所,要求环境安静,造型朴实,并多用传统书画、匾额、对联点缀,能给人以含蓄、典雅之情趣。轩多作赏景之用,如苏州拙政园内的倚玉轩。也有临水而建的敞轩。

7. 塔

公元1世纪左右,塔随佛教一起从印度传入中国。印度圆形佛塔一经传入,便与中国的木结构的亭、台、楼、阁等建筑形式相结合,逐渐中国化,成为中国古代建筑中形式多样的一种建筑类型。其功能也逐渐扩大,从单纯的存放佛舍利,发展到藏经、供佛像,甚至成为风景区内的登高观景地。塔又称“佛塔”、“宝塔”、“浮屠”、“浮图”等。中国的塔一般由塔基、塔身和塔刹组成。很多塔在塔基下设地宫,藏舍利、供奉物等。塔身是塔的主体部分,根据其形式有多种不同类型。塔刹在塔顶之上,通常由须弥座、仰莲、覆钵、相轮和宝珠组成;也有在相轮之上加宝盖、圆光、仰月和宝珠的塔刹。

目前,中国的塔多建于唐、宋、辽、金、元等历史时期。塔按用途可以分为供藏佛物膜拜的佛塔、高僧墓塔和风水塔等;按所用材料可分为木塔、砖塔、石塔、金属塔、陶塔等;按结构和造型可分为楼阁式塔、密檐塔、金刚宝座塔、覆钵式塔和其他特殊形制的塔。楼阁式塔著名的有西安大雁塔和山西应县木塔等。密檐塔著名的有登封嵩岳寺塔、西安小雁塔等。金刚宝座塔著名的有北京正觉寺金刚宝座塔。而中国现存最大的覆钵式塔是建于元代的北京妙应寺(白塔寺)白塔。

特别提示

文峰塔是风水塔的一种。古人认为一地的风水好坏,可以决定当地读书人在科举考试中的成绩;如果某地风水环境有重大缺陷,阻断了“文脉”,就要在相关方位建起一座高塔加以弥补。实际上,各地的这种文峰塔不仅具有“调整风水”的意义,它们还往往成为当地景观的重要组成部分,极具观赏性。

8. 桥

几千年来,我国劳动人民建造了各式各样的桥梁,形成了自己独特的桥梁风格。从结构和形式看,桥的主要类型有梁式桥、拱桥、悬索桥、浮桥、廊屋桥、铁桥、竹藤桥以及桥步石(又叫汀步、跳墩子)、吊桥、亭桥等。在古典园林中,桥是组织水面风景必不可少的组景要素,具有联系水面风景点,引导游览路线,点缀水面景色,增加风景层次等作用,很多桥都造得小巧玲珑,精美异常,堪称实用性与艺术性的完美结合,小桥流水已经成为园林中的典型景色。如杭州西湖断桥的"断桥残雪"令人流连忘返;扬州瘦西湖上的二十四桥使人眷恋难忘;北京颐和园昆明湖上的十七孔桥叫人陶醉其间。

9. 门阙

门不仅是建筑的分隔屏障和出入口,同时其造型还可丰富建筑景观,体现主人的身份与地位。常见的门有城门、门楼、屋宇式宅门、垂花门、棂星门等。中国建筑中的门很注重装饰,园林中还常见造型各异的门洞。

阙是中国古代用于标志建筑组群入口的建筑物,可有效地渲染建筑组群入口和内环境的壮观气势,常建于城池、宫殿、第宅、祠庙和陵墓等建筑群的两侧。最初,阙是为了显示威严、供守望用的,后来逐渐演变为显示门第、区别尊卑、崇尚礼仪的装饰性建筑。在西周时已有这种建筑,阙同缺,因左右分列,中间形成缺口,故称阙。阙多为石头雕刻,外观大体分为阙座、阙身与阙檐三部分。著名的有山东嘉祥武梁祠阙,嵩山汉三阙等。

10. 坊表

坊表是中国古代具有表彰、纪念、导向或标志作用的建筑物,包括牌坊、华表等。牌坊可算是最突出的礼制性建筑小品,它由具有防范功能的实用性牌门脱胎演变成了标志性、表彰性的纯精神功能的建筑物。牌坊又称牌楼,是一种单排立柱,起划分或标志入口作用的建筑物。在单排立柱上加额枋等构件而不加屋顶的称为牌坊,上施屋顶的称为牌楼,这种屋顶俗称为"楼",立柱上端高出屋顶的称为"冲天牌楼"。冲天牌楼多建立在城镇街衢的冲要处,如大路起点、十字路口、桥的两端以及商店的门面,可以起到丰富街景、标志位置的作用。牌楼建立于离宫、苑囿、寺观、陵墓等大型建筑组群的入口处,起显示尊贵身份,组织门面空间,丰富组群层次,强化隆重气氛等作用。牌楼屋顶常用庑殿顶或歇山顶,成为建筑组群的前奏,造成庄严、肃穆、深邃的气氛,对主体建筑起陪衬作用。江南有些城镇中多见"旌表功名"或"表彰节孝"的牌坊。在山林风景区多在山道上建牌坊,既是景区寺观的前奏,又是山路进程的标志。

华表为成对的立柱,起标志或纪念性作用。汉代称桓表。元代以前,华表主要为木制,上插十字形木板,顶上立白鹤,多设于路口、桥头和衙署前。明以后华表多为石制,下有须弥座;石柱上端有一雕云纹石板,称云板;柱顶上原立鹤改为蹲兽,俗称“朝天吼”。华表四周围以石栏,华表和栏杆上遍施精美浮雕。明清时的华表主要立在宫殿、陵墓前,是一种建筑化的仪仗,起到表崇遵规、显示隆重和强化威仪的作用。也有立在桥头的,如北京卢沟桥头。明永乐年间所建北京天安门前和十三陵碑亭四周的华表均是现存华表的典范。

11. 影壁

影壁又称照壁、照墙,古代称为萧墙,建在院落宅门内外,与大门相对,以增加层次感和空间感,起屏障作用。在明清和近代的建筑中,不论是皇宫、王府、衙署,还是寺院、祠观、第宅、民居,都可以看到影壁的身影。它们大部分是砖砌的影壁,一般由壁座、壁身、壁顶三部分组成,其造型因院落大小和主人身份的不同而分不同样式,如一字形、八字形等。宫殿、寺庙的影壁多用琉璃镶砌,宫殿的影壁尤以九龙壁最为尊贵,现存最早、最大的九龙壁是山西大同明太祖朱元璋之子代王朱桂府前的琉璃影壁,它与北京故宫、北海的九龙壁合称为我国三大九龙壁。

以上我们介绍的常见的单体建筑在中国整个建筑体系中运用广泛,是建筑群的基本构成元素。此外,中国建筑体系中还有斋、戏台、舫、经幢等构成元素,篇幅所限,在此不作专门介绍了。

(二)灵活多变的群体建筑

所谓群体建筑是指由不同类型的建筑单体组合而成的建筑群。中国古代建筑群空间形态灵活多样,建筑结构技术和建筑空间艺术卓越。

按照实际用途来划分,中国古代建筑最常见的群体建筑主要有古代城防类、宫殿类、坛庙、衙署、园林、宗教、民居、古代陵墓建筑以及水利工程等。

1. 古代城防类建筑

中国古代城防类建筑主要包括古城池和长城两大类。

城市是人们依照一定社会生产和生活方式而高度聚集的居民点,是一个地域的经济、政治、文化生活的中心,可以说是最大的建筑群落。在中国古代,人们为了防御外来的侵犯而修建防御建筑。这种防御建筑以闭合的城墙为主体,包括诸如城门、瓮城、千斤闸、垛口、射孔、角楼、敌楼、马面、护城河、吊桥等组成一个完整的防御体系。中国古代的城市特别是都城和地方中心城市,往往按照一定制度进行规划建设而非自由形成,其选址十分注重山川环境和对水源的利用,平面以中轴对称的方格网方式进行布局。空间井然有序又不乏变化。

长城是中国古代的军事防御工程,主要由关隘、城墙、城台、烽火台四部分组成。长城显示了中华民族悠久的历史,反映了中国古代建筑工程技术的伟大成就,表现出中国古代各族劳动人民的坚强毅力与聪明才智,体现了中国自古以来形成的积极防御的战略思想。目前,古老的长城经过修整,许多区段成为游览胜地,尤以山海关、八达岭和嘉峪关三段最为知名。

2. 宫殿类建筑

宫殿是帝王朝会和居住的地方,以其巍峨壮丽的气势、宏大的规模和严谨整饬的空间格局,给人以强烈的精神感染,凸显帝王的权威。宫殿外筑有城墙,所谓"筑城以卫君";宫殿是国中最宏大、最豪华的建筑群,格局为前朝后寝或外朝内廷。其营造之时集中了全国的能工巧匠,以各种手段让建筑烘托出皇权至高无上的威势,反映出当时最高的建筑技术和艺术水平。几千年来,历代封建王朝都非常重视修建象征帝王权威的皇宫,形成了完整的宫殿建筑体系。由于朝代更迭及战乱,中国古代宫殿建筑群留存下来的并不多,保存完整的有北京故宫、沈阳故宫和西藏布达拉宫等。故宫是中国现存最宏伟壮丽的古代宫殿建筑群。古代建筑是中国传统文化的重要组成部分,而宫殿建筑则是其中最瑰丽的奇葩。不论在结构上,还是在形式上,它们都显示了皇家的尊严和富丽堂皇的气派,从而区别于其他类型的建筑。

3. 古代坛庙建筑

坛庙为中国古代的祭祀建筑,是祭祀天地祖宗神灵的场所。台而不屋为坛,设屋而祭为庙。坛在早期除用于祭祀外,也用于举行会盟、誓师、封禅、拜相、拜师等重大仪式。后来,逐渐成为封建社会最高统治者专用的祭祀建筑。规模由简而繁,体形随天、地等不同祭祀对象而有圆有方,材料由土台变为砖石砌,并且发展成宏大建筑群。以坛为中心的建筑群中还有许多附属建筑,如围墙、殿宇、斋宫、宰牲亭、水井、燎炉等。整个建筑群的组合,既要满足祭祀仪式的需要,又要严格遵守礼制。庙是祭祀祖先、圣贤和山川、神灵的场所,形制要求严肃整齐,在祭祀先贤的建筑中,除庙之外,还有祠。古代坛庙建筑庄严古朴,气势雄伟。

4. 衙署

衙署是古代官吏办理公务和居住的建筑,居于城市中心位置。衙署采用院落式布局,沿中轴线层层递进,前衙后宅,建筑规模据官吏级别和职责而定。衙署中主要建筑为设在主庭院中轴线上的大堂、二堂。大堂前设仪门,四周为廊庑,分布衙下主要属房。衙署内有架阁库,用以保存文牍和档案。地方府县衙署中常附建军器库、监狱。京城内的衙署内大多不建官邸。

5. 园林

中国古典园林是指人们在一定空间内,经过精心设计,运用各种造园手法将山、水、植物、建筑等加以配备而组合成的,源于自然又高于自然的综合艺术体,是一种空间艺术。它将人工美和自然美巧妙地相结合,从而达到虽由人作,宛若天成的完美意境。中国园林至少已有三千多年的历史,是中国建筑体系中最具有人文气息和人性灵动的建筑类别。中国园林大致可以划分为自然园林、寺庙园林、皇家园林和私家园林等。自然园林如杭州西湖、肇庆七星岩、武汉东湖等;而承德的避暑山庄,北京的北海、香山静宜园、颐和园则都是名扬四海的皇家园林;江南的苏州、扬州、无锡、杭州则有明清两代留下的众多私家园林。如今,它们中有许多已被联合国评为文化遗产,成为全人类共享的精神与物质财富。中国古典园林植根于我国五千年传统文化深厚的积淀之上,历史悠久,文化底蕴厚重,多姿多彩,个性特征鲜明,极具艺术魅力,因此有“世界园林之母”的美誉。

6. 宗教建筑

中国的宗教建筑主要有佛教寺院、道教寺观、伊斯兰清真寺、基督教堂等不同类型。此外全国各地还有大量各种民间信仰的宗教建筑,如城隍庙、玉皇庙、土地庙、龙王庙、财神庙等。其中,佛教寺院分布最广,存世也最多。在近两千年的时间里,不同时代、不同宗派的佛寺在建筑上存在着或多或少的差异,但大体上都是以佛殿或佛塔为主体,辅以山门、讲堂、经藏、僧舍、斋堂、库厨等建筑,布局上沿袭中国传统的院落形式。如创立于东汉的中国第一座佛教寺院白马寺,北京的藏传佛教寺院雍和宫。中国佛寺虽是宗教建筑,但与世俗密切相关,在一定程度上可以说是一种公共建筑,往往起着凝聚人群,使世俗生活丰富多彩的社会作用。

7. 民居建筑

中国民居是除宫殿、官府以外的居住建筑的统称。这些建筑虽然没有皇家与官府建筑的宏大与华丽,但形式和内涵却极为丰富。传统民居是根据不同的自然环境、历史文化、经济状况以及生活习惯、民风民俗等,因地制宜,就地取材建造起来的。中国民居建筑作为中国建筑的一部分独具特色,装饰也丰富多彩,具有较高的审美价值。中国民居建筑类型大致包括木架构庭院式民居、“四水归堂”式民居、大土楼、窑洞式民居、干栏式民居与“一颗印”式民居。中国古民居中,元代以前的很少保留至今,现存的绝大多数都是明、清两代的民居,如徽州古民居、山西平遥民居、北京四合院和福建土楼、粤东围拢屋等,都堪称中国古民居的杰作。

8. 古代陵墓建筑

陵墓的出现,源于古人对灵魂的迷信、对祖先的崇敬,强调慎终追远。古人对墓葬十分重视。旧时帝王墓称作陵,王侯墓称作冢,圣人墓称作林,百姓墓称作坟。因此,一般把中国古代陵墓分为皇陵、圣林、王侯墓与名人墓等类型。通常所说的陵墓主要是指古代帝王的坟墓,它是中国古代建筑的一个重要类型,也可以说是建筑、雕刻、绘画与自然环境融于一体的综合艺术体。

古代帝王陵墓布局的演变经历了漫长的历史时期:从先秦时期的“不封不树”,发展到秦汉时期出现“封土为陵”,西汉在秦葬制度基础上,大规模修建陵墓,首创“陵邑”制度,迁天下富豪于附近居住,为帝王守陵,首开陵前设置石像生之先河;唐代自李世民开始普遍采用“依山为陵”的规制;宋代又再次恢复了“方上”的形式;明清帝陵的形制发生了重大的变革,采用宝城宝顶的形式,同时突出了整体陵区中各陵之间的呼应关系,规模更加宏伟壮观。古代帝王大多数陵墓的地面建筑部分主要由封土、祭祀建筑区、神道、护陵监等部分组成。地下墓室的建筑材料及其结构形式因时代不同而多有变化。例如,明清陵墓的墓室采用的是拱券结构,全部用高级石料砌筑,造就了一座座奢华的地下宫殿。

二、中国古代建筑的特征

我国古建筑吸收了中国其他传统艺术形式的特点,在外形、结构、布局、装饰色彩、空间环境等方面形成了自己鲜明的特色,体现出深厚的文化传统和独特的艺术成就,主要特征有以下几个方面:

(一)以木构架为主的结构方式

在整个中国古代,从皇家宫苑、王府官衙到百姓民居普遍采用木结构体系。传续发展了数千年的木结构,是中国古建筑最基本的特征。这种结构以木柱、木梁、木椽等构成房屋的主要框架,用立柱和纵横梁枋组合成各种形式的梁架,屋顶与房檐的重量通过梁架传递到立柱上,让立柱来承受建筑物的重量,墙壁只起遮蔽和隔断空间的作用。这种木结构体系便于适应不同的气候条件,可以因地区寒暖之不同,随意处理房屋的高度、墙壁的厚薄、材料的选取,以及确定门窗的位置和大小。由于木材的特有性质与木结构建筑普遍采用榫卯结合,这种结构有很好的弹性,受到一定的震动时,往往只晃动一下,又能恢复到原来的位置。“墙倒屋不塌”这句话,生动地说明了这种木构架的特点。在我国现存辽代木构建筑中有两座珍贵的楼阁式建筑,一座是天津蓟县独乐寺高 23 米的观音阁,一座是山西应县高 67.3 米的木塔,千年来历经了许多次大地震,却巍然屹立至今。

同时,木构建筑不仅体量轻盈,而且便于就地取材和加工制作。古代黄河中游森林茂密,木材较之砖石便于加工制作,便于标准化营造,可节约大量的人力、物力和时间,避免因大规模、长时间集中劳役而耽误农时、破坏生产。因此木构架建筑在中国古代一直居主要地位。我国的木构建筑既能达到实际功能的要求,经受地震的严峻考验,又展现出坚固雄伟、典雅壮观的建筑风格,保证了建筑的艺术水平。

木构建筑在营造上的优势十分明显,但也有它与生俱来的缺陷,即所谓“水火无情”,木材如果长时间被水浸泡或冲击,就会糟朽甚至垮塌;至于火,则更是木构建筑的克星。大火极易在木构建筑群中蔓延,将一切化为灰烬。可惜中国古代那么多精美绝伦、气势磅礴的建筑杰作,就这样香消玉殒了。根据文献记载,北京紫禁城自明永乐年间建成后,400 多年间就发生了 24 次较大的火灾。

1. 结构方式

中国建筑创造出了以木材营造大体量、大空间的结构方式，尤其是在空间划分的灵活性上，取得了遥遥领先于世界其他建筑体系的成就。中国建筑木构框架式结构主要有抬梁式、穿斗式，另外还有干栏、井干等形式，以抬梁式采用最为普遍，为中国传统建筑结构的主流形式。所谓抬梁式结构，简单地说，就是柱子不直接承托用于构成屋顶的檩木，而是先承托梁，再由梁或梁上的斗拱短柱等承托檩木。从宋《营造法式》中的记载来看，作为唐宋皇家和官式建筑的主要形式的抬梁式构架，又可分为"殿阁"和"厅堂"两种类型。抬梁式结构也被用于北方地区的民居。而穿斗式结构在古代主要用于长江流域和东南、西南、岭南等地区的民居。它的特点是，柱子直接承托用于支撑屋顶的檩条，柱与柱之间用木枋相连，以加强柱子间的稳定性，不承重的木枋被称为"穿"或"穿枋"。

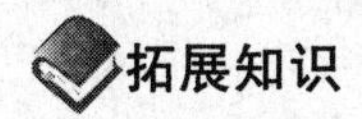

井干式结构

井干式结构是用原木(或方木)层层垒垛而成四壁承重的建筑结构方式。它属于较原始简单的结构类型，在早期建筑中较多见，如在距今两千多年的汉代王侯墓葬中常见的墓室结构——"黄肠题凑"即井干结构。汉武帝在宫苑中曾建有高百余米的井干楼，登之使人炫目，这应该是历史上最著名的井干结构建筑了。今天，这种建筑结构形式在一些森林资源丰富的地区或国家仍有少量应用。

(资料来源：根据楼西庆的《中国古代建筑》及徐怡涛的《中国建筑》等相关资料整理)

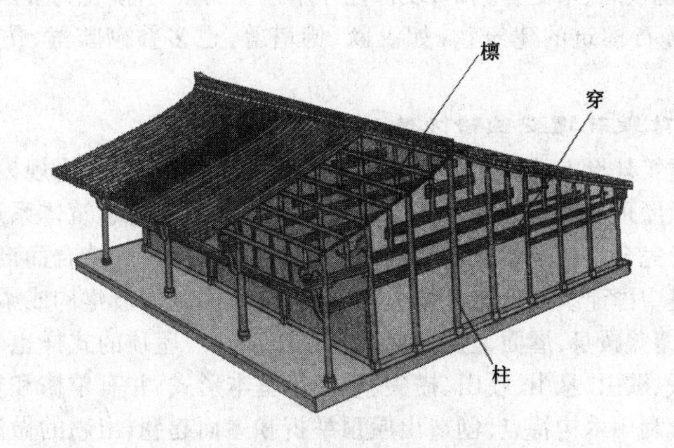

图 1-1　穿斗式结构示意图

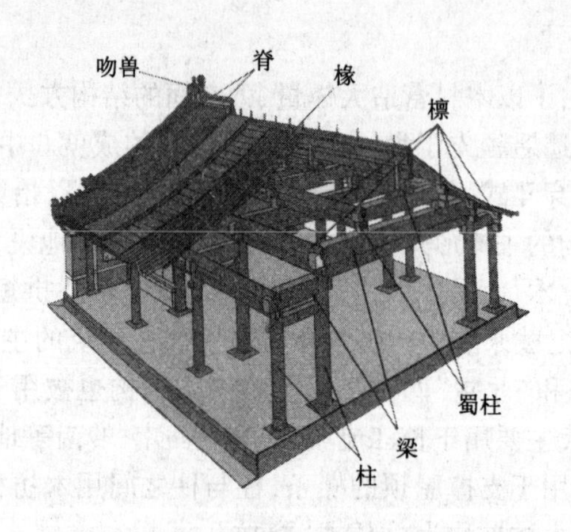

图1-2　抬梁式结构示意图

2. 斗拱之运用

斗拱是中国木构架建筑中最特殊的构件。斗是斗形垫木块,拱是弓形短木,它们逐层纵横交错叠加成一组上大下小的托架,安置在柱头上用以承托梁架的荷载和向外挑出的屋檐,并把重量转移到柱子上,具有结构及装饰作用。斗拱的种类非常多,形制复杂。到了唐、宋,斗拱发展到高峰,从简单的垫托和挑檐构件发展成为联系梁枋置于柱网之上的一圈"井"字格形复合梁。它除了向外挑檐,向内承托天花板以外,主要功能是保持木构架的整体性,成为大型建筑不可或缺的部分。宋以后木构架开间加大,柱身加高,木构架结点上所用的斗拱逐渐减少。到了元、明、清,柱头间使用了额枋和随梁枋等,构架整体性加强,斗拱的形体变小,不再起结构作用了,排列也较唐、宋更为丛密,装饰性作用越发加强了,演化为显示等级差别的饰物。有些砖石构筑的建筑物,如汉阙、佛塔等,也多叠砌雕凿,仿木架斗拱之形制。

(二)单体建筑造型独特优美

中国古建筑外形上的特征最为显著。古代的单体建筑,无论规模大小均可分为台基、屋身、屋顶三个部分。各部分的外形与世界上其他建筑体系迥然不同,这种独特的外形完全是由于建筑物的功能、结构和艺术的高度结合而产生的。曲折飘逸的屋顶是中国建筑最具造型特色的部分,其屋面往往被建构成柔和雅致的凹曲面,舒展地覆盖殿身,屋面上则覆以灰瓦或琉璃瓦。屋顶的式样也十分丰富,主要形式有庑殿、歇山、悬山、硬山、攒尖、卷棚等基本形式,并有单檐和重檐顶之分。我国匠师充分利用木构特点,创造出屋顶举折和屋面起翘、出翘的做法,形成如鸟翼伸展的檐角和屋顶各部分柔和优美的曲线,不但扩大了采光面、有利于排泄雨水,而且增添了建筑物飞动轻快的美感。同时,在古代重要建筑的屋顶都会使用各类生动的装饰，如脊饰、琉璃瓦件的使用，这也是中国大屋顶的一个显著特点。

屋身部分为建筑主体。其特点是木构架有柱承重，柱与柱之间安装轻质的门窗隔扇和围护墙壁，门窗柱墙往往依据用材与部位的不同而加以处置与装饰，柱间处理灵活自由。屋身正面很少做墙壁，多为花格木门窗，左右两面如为山墙，则又少有开窗辟门的。屋身的形象，即建筑的外观注重与其周围环境的融合协调。

台基也是我国古代建筑物中不可或缺的部分，台基的使用可以保护建筑，使其免遭雨水冲刷，另一方面也可弥补木构架建筑低矮的缺陷，达到雄浑壮观的艺术效果。普通台基，形体及装饰较为简单，在一般建筑中采用；比较高级的做法是须弥座台基，由佛座演化而来，形体及装饰比较复杂，雕刻丰富，常配以栏杆、台阶。

（三）中轴线对称、方正严整的庭院式组群布局

中国古代建筑多以众多的单体建筑组合而成为一组建筑群体，大到宫殿，小到宅院，莫不如此。在建筑组群的总体布局中体现对于“中轴线”和轴线核心位置的重视，把建筑群中的主要建筑建于中轴线上，把次要建筑建于中轴线的两侧，把主体建筑布于主轴的核心部位。如北京故宫，其中轴线不仅是故宫的中轴线，而且是整个北京城的中轴线，故宫的主要殿堂前三殿和后三宫均布于中轴线上，故宫的主体建筑——太和殿处于中轴线的核心部位，皇帝的宝座就处在中轴线的中间位置，也就是故宫的中心、整个北京城的中心。北京故宫布局如此，其他古建筑群如曲阜孔庙、众多佛寺、北京一般的四合院民居等也无一不是这样布局，显示了我国古代建筑在群体布局上的卓越成就。

同时，中国古建筑特别注重建筑群体组合的美感，注重对称和均衡，严肃、方正、井井有条。它的布局形式有严格的方向性，常为南北向，只有少数建筑群因受地形地势限制采取变通形式，也有由于宗教信仰或风水思想的影响而变异方向的。建筑群把重要的建筑物布置在中轴线上，次要的建筑物被对称地列于中轴线的两侧，东西对峙，组成一个方形或长方形院落。这种院落布局既满足了安全与向阳防风寒的生活需要，也符合中国古代社会宗法和礼教的制度。当一组庭院不能满足需要时，可在主要建筑前后延伸布置多进院落，在主轴线两侧布置跨院（辅助轴线）。曲阜孔庙在主轴线上布置了十进院落，又在主轴线两侧布置了多进跨院。它在奎文阁前为一条轴线，奎文阁以后则为并列的三条轴线。至于坛庙、陵墓等礼制建筑布局，那就更加严整了。

这种严整的布局并不呆板僵直，而是将多进、多院落空间，布置成为变化的颇具个性的空间系列，重视各部分的内在联系。丰富多变的空间分割形成了建筑艺术意境的丰富性，许多古建筑群，以及古建筑内部都通过巧妙的分割，达到了景随步移、步步有景的效果，如北京的四合院住宅，它的四进院落各不相同。第一进为横长倒座院，第二进为长方形三合院，第三进为正方形四合院，第四进为横长罩房院。四进院落的平面各异,配以建筑物的不同立面,在院中莳花植树,置山石盆景,使空间环境清新活泼,宁静宜人。

此外,中国的古代建筑虽然外观庄严雄伟,一切照伦理制度建构,但一般在建筑的后部其环境却讲究诗情画意,形成中国古代建筑前宫后苑的格局。

(四)形式多样的装修与装饰

中国古代建筑对于装修、装饰尤为讲究,凡建筑部位或构件,都要美化,所选用的形象、色彩因部位与构件性质不同而有别。古建筑充分汲取了中国古代的绘画、雕刻等其他传统艺术成就,创造出极富美感又大方实用的特色艺术造型。

台基和台阶本是房屋的基座和进屋的踏步,但给以雕饰,配以栏杆,就显得格外庄严与雄伟。屋面装饰可以使屋顶的轮廓形象更加优美。如故宫太和殿,重檐庑殿顶,五脊四坡,正脊两端各饰一龙形大吻,张口吞脊,尾部上卷,四条垂脊的檐角部位各饰有九个琉璃小兽,增加了屋顶形象的艺术感染力。

门窗、隔扇本是分隔室内外空间的间隔物,但是装饰性能极强。门窗以其各种形象、花纹、色彩增强了建筑物立面的艺术效果。而用以划分室内空间的隔扇门、板壁、多宝格、书橱等,还有室内半隔半透的空间分隔装置,如落地罩、几腿罩、飞罩、圆光罩、花罩等各种罩经过精心艺术加工,通过题材丰富的精美雕饰艺术造型而发挥其突出的装饰作用。其他具有装饰作用的构件,如藻井、屏风、额匾、楹联题刻等都无不体现了中国古代丰富多彩、变化无穷的建筑装饰艺术手段。

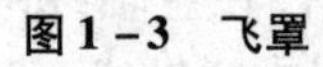

图1-3　飞罩

图1-4　碧纱橱

而色彩的运用使建筑更富有装饰性,以瓦为例,古建筑的屋顶用料以瓦为主,主要有釉质琉璃瓦和灰陶瓦。琉璃瓦颜色丰富,以黄色、绿色和蓝色为主。封建社会中期,黄色为五色的中心,被尊为帝王之色,黄琉璃成为皇宫主体建筑的专用色,王公贵族只可用绿琉璃瓦覆顶。又如木构架建筑需要在木材表面涂油漆以防潮防腐防虫蛀。彩画最初的功能就是为了保护建筑物,后来逐渐成为建筑物不可缺少的一项装饰艺术。我国古代建筑色彩丰富,"雕梁画栋"正是形容这种特色。明清时期最常用的彩画种类有和玺彩画、旋子彩画和苏式彩画。它们多做在檐下及室内的梁、枋、斗拱、天花板及柱头部分。而且中国建筑物装饰色彩虽名为多色,但其大体重在有节制的点缀,因此多彩而不失气象庄严,雍容华贵。

(五)特定的象征含义

从远古祭坛,经后来失考的明堂,到明清两代的坛庙建筑及地方社坛祠庙,这些构成了中国建筑体系最具象征意义的部分。城市,尤其是都城以及宫殿、陵寝的布局和规划设计,皆表现出一种与自然结合的"宇宙的图案",如秦始皇营造咸阳,以宫殿象征紫微,渭水象征天汉,上林苑掘池象征东海蓬莱;汉代未央宫有白虎、朱雀、玄武、苍龙之名;宋代东京及明初南京工程的兴建、命名和事后的诠释,都显示出窥天通天、与天同构的设计目标。

在中国古代建筑中,建筑的社会功能与建筑形制有机结合,体现出建筑设计思想的"天人合一"理念。如祭天的天坛与地坛的圆形与方形平面,是天与地的再现。北京天坛,其坛体平面是圆形,天坛主体建筑——祈年殿及屋顶均为圆形,天坛每层坛体直径均取一三五七九阳数数列,天坛周围栏板 360 块对应周天 360 度。凡此种种,都反映出设计者将祭天建筑的圜丘与"天"的最大限度对应。北郊地坛是祭"地"的建筑,是相对天坛而建的,地坛的主体建筑是方泽坛,地坛平面是方形,为上下两层,每层各八级台阶。地坛建筑均取偶数,与天坛比较,地坛以六、八之数为地,天坛以九之至尊之数代表天,天坛平面为圆,地坛平面为方,充分突出了中国古代"天圆地方"思想。

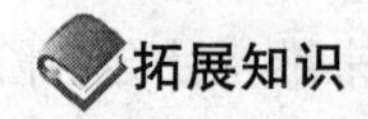

清国子监里的辟雍

北京国子监是元、明、清三朝国家最高学府所在地,其辟雍建于清乾隆年间,为皇帝讲学之所。辟雍的格局取材于"天圆地方"说,在圆形水池中心建一座方形重檐攒尖顶大殿,四周环绕廊庑,围合成院,气象庄严。辟雍亦作"璧雍",本为西周天子为教育贵族子弟设立的大学。取四周有水,形如璧环为名。其学有五,南为成均、北为上庠,东为东序,西为瞽宗,中为辟雍。其中以辟雍为最尊,故统称之。在金文中已见记载。据后人考释,明堂与辟雍实为一事而异名。东汉以后,历代皆有辟雍,除北宋末年作为太学之预备学校外,多为祭祀用。

(资料来源:根据中国建筑出版社的《礼制建筑》及网络相关论文资料整理)

(六)个性鲜明的室内空间,天人合一的外部环境

中国各类建筑并不是完全依靠房屋本身的布局或者外形来达到个性的表现,而主要靠各种装修、装饰和摆设而构成本身应有的格调。标准化的建筑个体要通过建筑空间的组合来表达个性，利用小环境渲染出不同情调和气氛，使人从中获得多种审美感受。如可以利用板壁、帐幔和各种形式的花罩、飞罩、博古架隔出大小不一的室内空间，有的还在上空增加阁楼、回廊，把空间竖向分隔为多层，再加以不同的装饰和家具陈设，使得建筑的个性更加鲜明；还可以利用匾额、楹联等文字形式来展现古建筑的内涵与个性。

古人不仅考虑建筑物内部环境主次之间、相互之间的配合与协调，而且也注重建筑物与周围大自然环境的协调。中国古代建筑师们在动工之前，都要认真调查研究周围的山川形势、地理特征、气候条件、林木植被等，注重借天成地势景物进行建筑布局，或者在建筑附近通过堆筑假山、开渠引水等手段求得建筑与其自然环境、人工景色的和谐统一。务使建筑布局、形式、色调等跟周围的环境相适应。景与景之间，也相互为借，隔院楼台，出墙红杏都可相互借用，从而构成一个大的环境空间。建筑美与自然美水乳交融，相映生辉。这也是中国传统文化“天人合一”思想在建筑艺术领域中的体现。人们探求自然、亲近自然、开发自然，追求一种中和、平易、含蓄而深沉的美。

中国传统建筑以其鲜明的艺术特色、独特的民族风格屹立于世界建筑艺术之林，而且还影响到日本、朝鲜和东南亚一些国家和地区。

第四节　中国古代建筑的等级

一直以来，以儒家思想为主导的中国传统文化十分重视用来维持社会各阶层秩序的等级制度，建构和表现“等级和秩序”。这种“尊卑有分，上下有等”的严格礼制规范，也使得我国古代建筑从群体到单体，由造型到色彩，从室外铺陈设置到室内装饰摆设，都赋予了严格的等级秩序；使其在具有实用功能的同时，也具有标志封建等级关系的社会功能。历史上中国官式建筑出现过各种形制，它们绝大多数都与当时的等级体系相衔接，成为必须严格遵守、不得逾越的制度。至于这些形制所涉及的具体内容，则涵盖了建筑的体量、造型、结构、材料、装饰、色彩、砖瓦等各个方面，几乎无所不及。

一、中国建筑等级制度的发展历史

根据考古发掘，在中国奴隶社会早期，使用对象不同的建筑就有了不同，不仅在规模上有差别，还有诸如夯土起台，石灰抹面装饰等的区别。这种差别昭示了日后建筑等级制度的形成。到了周代，等级制度已经成为国家的根本制度之一，并且以“礼”的形态表现出来。建筑大致在类型、尺寸、数量和色彩等方面作出规定。这些规定是按照最高统治者的要求确定的，不遵守这些规定，就是挑战天子的权威。如用色方面,红色因其与火、血的关系,自古就被认为是具有特别巫术力量的颜色,因此有了“楹,天子丹”的规定。

战国是一个“礼法堕地”、“天下无道”的时代,但却并没有废弃周的建筑等级制度。从文献记载中可以得知,这时,建筑等级制度由礼制形态向亦礼亦法形态转变,并得到了相应的执行。但是它的内容发生了一定的变化。比如,在周代,“阙”只用于天子和诸侯,到汉代一般官员也可以用了,不过形式上不同,一般官员用一出阙,而天子用三出的。

记录唐代建筑等级制度的文献典章保存得比较完整,这也从一个侧面反映了当时统治阶级的重视。与周代不同的是,唐代要求宫室之制自天子至庶人各有等差,与周的“礼不下庶人”有很大不同。唐代的建筑等级制度中,更加关注建筑体量及其相关方面,更多地注意了对建筑组群的控制,显示出对建筑之间的形态和邻里关系的重视。

宋元基本沿袭唐制,而明代朱姓皇帝,以汉族正统自居,强调儒家礼制。因此,自立国便制定出一套更详细严密的建筑等级制度,并不断修订、补充。明代的建筑等级制度有意加大了皇族与一般人之间的区别,其建筑更倾向于世俗化,尽管明初也曾规定不准在一般建筑上使用龙凤、日月等图案,但若是仔细研究这些图案会发现,即使是这些图案,也逐渐由神妙惊奇转为平易近人,由粗放转为秀气,由伟岸转为婉约,失去了叱咤风云的气概。可以认为,这时人们更多地关注于这些图案的美术价值而非其原本具有的神秘的象征含义。从多象征到更注重美术效果的诸多转变,极大地影响了古建筑的形态、空间的发展变化。

清代的建筑等级制度可以认为是对明代制度的补充。清工部《工程做法》更是对官式建筑列举了 27 种范例,对等级差别、做工用料等都作出具体规定;对建筑群体各部分之间的比例关系更加关心和确定,建筑群体形象更为定型。北京故宫就在这方面达到了艺术的顶峰,体量、空间关系推敲十分深入。

综观古代建筑史,由于有着深厚的文化基础,又为儒家所推崇,建筑等级制度在中国历史上一直影响着建筑形式的发展进步。一方面严厉的规定限制了建筑形式的改变,建筑总体形象和结构方式的变化幅度有限。严密的等级制度,把建筑布局、规模组成、间架、屋顶做法以至细部装饰都纳入等级的限定,形成固定的形制。这种固定形制在封建社会的长期延续,使得建筑单体以至庭院整体越来越趋向固定的程式,整个建筑体系呈现出建筑形式和技术工艺的高度程式化。另一方面,人们出于对自身目的的满足和显示,在认同它的基础上又不断突破限制,其中的某些改变被新的等级制度的规定所承认,使建筑等级制度本身也发生变化,从而使建筑变得更复杂、更华丽、更细致。不受等级限制的帝王宫室不必在体量上做出突破来显示自身的独特性,从而减弱了对扩大单体体量的追求。这也是这方面技术革新少的原因之一。而且自唐以后,帝王宫殿的单体建筑规模越来越小,而局部的雕镂刻画日益繁密、华美,从一个侧面促进了唐代舒展明朗的建筑风格向清代繁复华丽的建筑风格的转变。特别是与人的感知密切相关的部分,如阙、斗拱、藻井等具有等级意义的部分的变化则相对明显。同时,不能忽视的是,这种严密的规定在一定程度上限制了工匠的创造力,扼杀了他们灵活创作的积极性,从而使建筑总体发展停滞,走入因循守旧之途。

二、森严的建筑等级制度

古代中国是一个礼制的社会,建筑的伦理化、秩序化成了建筑设计追求的目标,反过来,等级制度又因建筑的礼制化而加强,二者互为因果,互相促进,使等级化和礼制化了的建筑成为了中国古代建筑的鲜明特色之一。

(一)城制、组群规划与等级

《春秋典》中对不同等级的城市大小作出了明确的规定:"(城)天子九里,公七里,侯五里,子男三里。"其他典籍中也有类似记载,《周礼·考工记》记述了西周的城邑等级,将城邑分为天子的皇城、诸侯的国都和宗室与卿大夫的都城三个级别,规定皇城的城墙高九雉(每雉为一丈),诸侯城楼高七雉,而宗室与卿大夫的都城城楼只能高五雉。三个等级城邑的道路宽度也有规定,都城形制往往是礼制最具体甚至最高的体现。《周礼·考工记》中的"匠人营国"一节中记述:"匠人营国,方九里,旁三门。国中九经九纬,经涂九轨。左祖右社,面朝后市。"古代城市以方格网街道系统为主,区划整齐。城市之中,不同的居住区也有不同的等级规定。皇城位于最重要的位置,旁边是贵族区,色彩鲜明,建筑精美。然后围着的是灰暗、低矮的平民区,充分烘托出帝王的尊贵地位。这也体现了"筑城以卫君,造郭以居民"的都城建设思想。皇城的空间格局充分体现了贵贱尊卑的等级秩序。

《礼记·王制》中讲:"礼有以多为贵者。天子七庙,诸侯五,大夫三,士一。"唐朝的《营缮令》中规定:都城每座城门可以开三个门洞,大州的城正门开两个门洞,而县城的门只能开一个门洞。这是建筑组群布局上的等级要求。中国古建筑中单体建筑之间的关系,不仅有功能上、视觉上的要求,而且是依等级来设计的。在住宅建筑中,建筑因其使用对象的不同,按三纲五常的人际关系展开,相应大小、位置、装饰均不同,以体现政治秩序和伦理规范。在整个组合中,主从区别明确,单一方向的秩序感得到强调。

(二)结构形式、构造做法与等级

中国古代建筑的结构形式和构造做法也被纳入等级的限定,在宋《营造法式》中出现多种不同类型的房屋名称,归纳起来有殿堂、厅堂、余屋、亭榭四类结构形式，殿堂等级最高，厅堂、余屋依次减低，它们在规模大小、质量高低和结构形式上都有区别。其中主要表现为殿堂结构与厅堂结构的区分，大型的庙宇、道观中的主要殿堂也属于殿式建筑。这类建筑的特点是宏伟而华丽，瓦饰、建筑的色彩和绘画各具特色，如采用黄琉璃瓦顶、斗拱、重檐屋顶、朱漆大门，绘有龙凤图案的彩画等。

在清《工程作法》中，等级主要表现为大式做法和小式做法的区别，把这两种构造做法作为建筑等级差别的宏观标志，然后在大式做法中再细分等次。这两种做法不仅在间架、屋顶上有明确限定，而且在出廊形制、斗拱有无、体量规格和具体构造上有一系列的区别。大式即官吏和富商的宅第样式，体量和规格上低于殿式建筑，不许施琉璃瓦，斗拱和彩画的运用也有严格的规定；小式则为普通百姓的住宅样式，其建筑体量、规模和结构都受到种种限制。等级的限定深深地渗透到技术性的细枝末节。

（三）单体建筑与等级

中国的古建筑外观上和其他国家的许多建筑一样，分台基、屋身和屋顶三部分，每个部分又以各自特有的形式，展示封建等级社会森严的等级关系。

1. 台基与等级

台基又称为基座，指的是高出地面的建筑物的底座。台基的主要用途是承托建筑物，还可以防腐、防潮，弥补中国古代单体建筑不是十分高大雄伟的缺憾。台基的四周由砖石砌筑，里面大多夯土，表面铺砖，立柱基。建筑的台基体量不仅与建筑大小有关，同时还与建筑等级密切关联，等级越高的建筑，台基也越为高大、豪华。《礼记》中记载的堂阶制度，“天子之堂九尺，诸侯七尺，大夫五尺，士三尺”。像宫殿、著名寺院中的主要殿堂等高级建筑，普遍使用一种名为“须弥座”的台基。须弥座用砖或石砌成，造型凸凹相间，表面多刻有精美的纹饰，台上建有汉白玉栏杆。“须弥”一词产生于古印度神话，据传须弥是位于世界中心、宇宙间最高的山，日月星辰围绕它出没回旋，三界诸天也依傍它层层建立。佛教的佛座称须弥座，又称“金刚座”。须弥座用作佛像或神龛的台基，以显示佛的崇高伟大。须弥座台基本身又有一重、二重、三重的区别，用以在高等级建筑之间作进一步的区分。最高级台基由几个须弥座相叠而成，从而使建筑物显得更加宏伟高大，常用于最高级建筑中，如故宫三大殿和山东曲阜孔庙大成殿，就建在最高级台基上。

2. 屋身与等级

屋身是中国古代建筑的主体部分，其规模也成为体现封建等级关系的一种象征与标志，“自天子至士庶各有等差”。在中国古代建筑中，四根木柱围成的空间称为“间”。建筑的迎面间数称为“开间”，或称“面阔间数”；建筑的纵深间数称“进

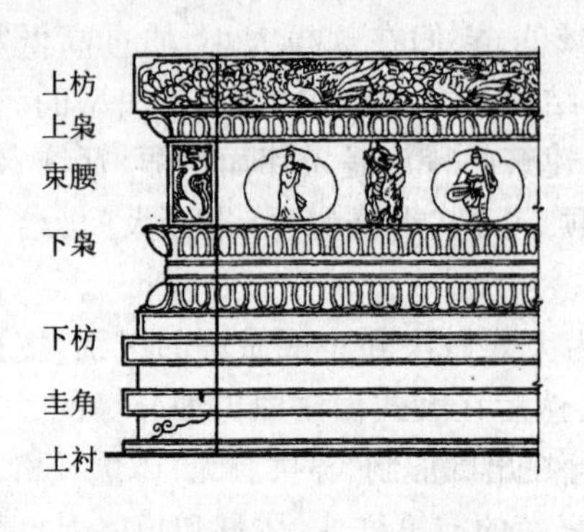

图1-5　须弥座台基示意图

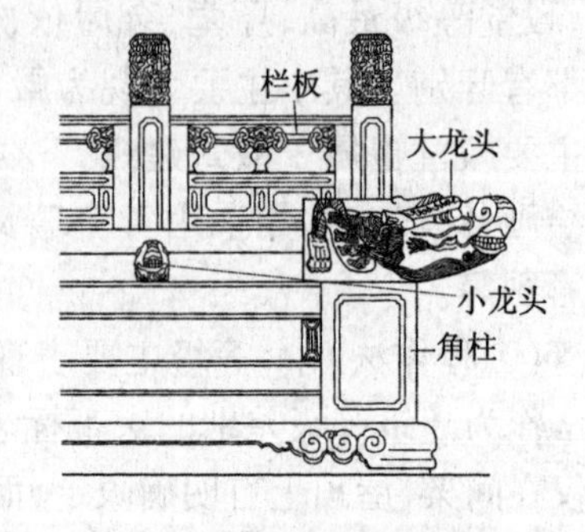

图1-6　龙头须弥座台基

深”。从封建等级关系看，开间越多，进深越深，房屋主人的社会地位等级就越高。中国古代以奇数为吉祥数字，平面组合中绝大多数的开间为单数，而单数中的九、五仅为帝王专用，如皇宫大殿九间，五进深（即所谓九五之尊），体现皇权的至高无上。现存北京故宫太和殿、北京太庙大殿在清时由九开间增加至十一开间，更显示了至高无上的“皇威”。这些规则又多是通过朝廷的法典（如唐代的《营缮令》、宋代的《营造法式》等）固定下来，直接用这些规模的差别标志出不同等级人的建筑等级差别。

3. 屋顶与等级

屋顶古称屋盖，被誉为中国古建筑的冠冕，形式千变万化、瑰丽多姿，不仅为中国古建筑在美观上增添神韵，而且也标示出古代社会的等级。古代能工巧匠经过长期的实践，创造出造型独特的“大屋顶”。大屋顶也是中国传统建筑用于区别等级最鲜明的标志。依据清代屋顶之规制，屋顶等级依次划分为：重檐庑殿、重檐歇山、庑殿、歇山、悬山和硬山顶。至于攒尖及卷棚，因为不用在重要建筑之中，属于次要的屋顶形式，所以不列入等级。根据屋顶形式的等级，我们从中也可以区分居者的地位等级。

（四）中国古代建筑装饰与等级

等级制建筑对建筑内外檐装修、屋顶瓦兽、梁枋彩绘、庭院摆设、室内陈设等都有严格的限定。

1. 彩画与等级

彩画，又称彩绘，是在中国古代建筑上绘制的装饰画，主要以梁枋部位为主。彩画具有悠久的历史，是一种特有的建筑装饰艺术，可赋予建筑物以丰富的色彩和韵律美，在我国古典建筑中有着不可低估的作用。彩画最初的作用是为木结构防潮、防腐、防蛀，后来逐渐突出了其装饰性的特征，到宋代以后，彩画已经成为宫殿不可缺少的装饰艺术，彩画有着严格的等级制度。明代规定，庶民民居不许饰彩

图 1－7　中国古代建筑的屋顶样式示意图

画。宫殿的彩画也有一定的区分。彩画大致可以分为苏式彩画、旋子彩画、和玺彩画三个等级。

和玺彩画施于宫殿的梁枋上，是等级最高的彩画。其主要特点是：中间的画面由各种龙或凤的图案组成，间补以吉祥草、法轮，画面两边用“《》”框住（见图 1－8），并且沥粉贴金，金碧辉煌，十分壮丽。旋子彩画等级次于和玺彩画，其最大的特点是画面用简化形式的涡卷瓣旋花，即所谓旋子，有时也可画龙凤，两边用“《》”框起（见图 1－8），可以贴金粉，也可以不贴金粉。一般用于次要宫殿或寺庙中。旋子彩画最早出现于元代，明初即基本定型，清代进一步程式化，是明清官式建筑中运用最为广泛的彩画类型。苏式彩画等级低于前两种，画面为山水、人物故事、花鸟鱼虫等，起源于江浙一带的私家住宅与园林，后被普遍采用，多用于园苑中的亭台楼阁之上。北京颐和园长廊上的彩画就是典型的苏式彩画。

2. 斗拱与等级

斗拱是中国传统木构架体系建筑中独有的构件，所谓斗拱是在方形坐斗上用若干方形小斗与若干弓形的拱，叠层装配而成。斗拱是弹性极佳的结构形式，不仅外观优美，还坚固耐用、抗震性强。我国的一些高级木结构建筑如宫殿、坛庙、陵

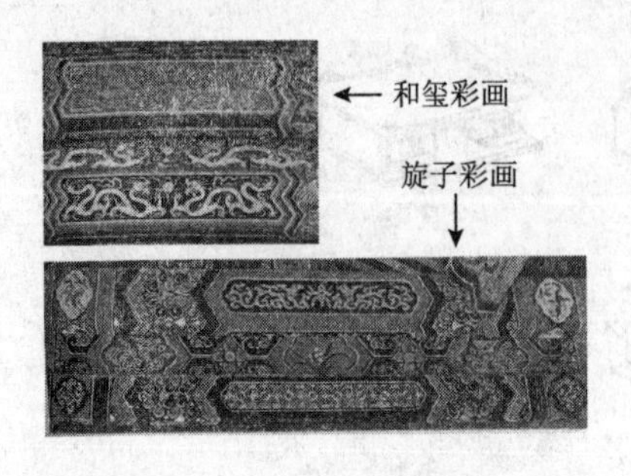

图1-8　和玺彩画与旋子彩画

图1-9　苏式彩画示意图

寝、寺观、城楼等都普遍使用斗拱。斗拱在中国古代建筑中居于十分重要的地位，就建筑学来讲，经过造型和色彩上美化加工的斗拱，很富有装饰性。据考古资料表明，早在公元前5世纪，斗拱就已开始使用。而在封建时代，斗拱也被赋予了意识形态上的含义，而成为统治阶级的一种象征。一般而言，在等级森严的中国古代社会，只有宫殿、寺庙等高级建筑才允许在柱上和内外檐的枋上安装斗拱。

3. 古建吻兽与等级

吻兽是指在古建筑屋脊上的各种兽形构件。大式建筑上的屋顶装饰有正吻、垂(戗)兽、蹲脊兽等诸件，并流传有许多有趣的相关历史传说，但造型却相当程式化。位于屋顶正脊两端的称为正吻或大吻，曾被称为鸱尾、鸱吻或螭吻；位于屋顶垂脊和戗脊顶端头的装饰称为垂兽和戗兽；蹲脊兽是指位于脊端屋檐处的一系列小兽。这些美观实用的小兽端坐檐角，为古建筑增添了美感，使古建筑更加雄伟壮观，富丽堂皇，充满艺术魅力。

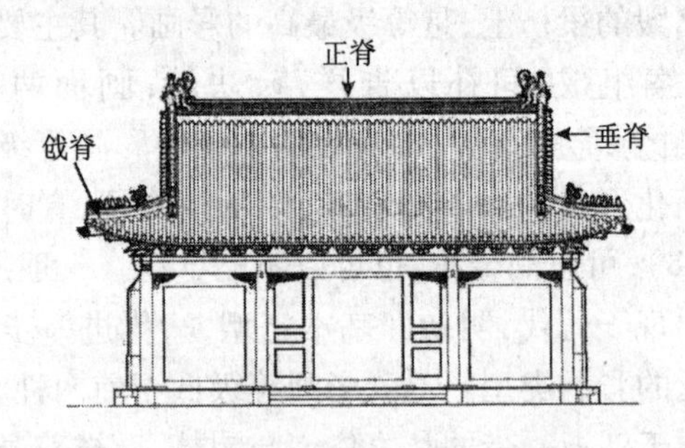

图1-10　屋脊的各部分名称

拓展知识

吻兽的起源并非单纯为了装饰。正脊两端是木构架的关键部位，为了使榫卯结合的木构件接合紧密，需要在这里施加较大重量，以后就演化为正吻。为了防止各斜脊瓦件的下滑,使用了钉子把它们钉到大木结构上,又为避免钉孔漏雨,便加盖钉帽,古代匠师巧妙地把钉帽加以美化,就形成了各斜向屋脊的吻兽。古建筑上的吻兽和走兽,在实用功能之外进一步被赋予了装饰和标示等级的作用。最高级别的宫廷建筑用11个蹲脊兽,自位于脊端的骑凤仙人开始,依次是鸱吻(龙的九子之一)、凤、狮子、天马、海马、狻猊、狎鱼、獬豸、斗牛、行什(猴)。其中龙、凤、獬豸、斗牛是传说中的神奇动物;天马、海马象征着威德畅达四方;狻猊传说是龙的九子之一,能食虎豹,有率从百兽之意;狎鱼传说是海中的异兽,是灭火防灾的神;獬豸,传说中的独角猛兽,能辨别是非曲直,是公正的象征;斗牛,传说能兴云作雨,是镇火防灾的吉祥物;行什,是背生双翅膀的神猴,手持金刚杵,降魔压阵。因为严格的等级界限,古建筑上一般最多使用九个走兽,只有金銮宝殿(太和殿)才能十样齐全。

螭吻即装饰于屋顶正脊两端的吻兽。螭呈龙形,头上无角,传说是龙的九子之一,它张开大口稳重而有力地吞住大脊,其背上还有一枚剑柄。目前,我国最大的"正吻"在故宫太和殿的殿顶上,它由13块琉璃件构成,总高3.4米,重4.3吨,是我国明清时代的宫殿龙饰物——"正吻"的典型作品。

(资料来源:根据嘉禾编著的《中国建筑分类图典》等相关资料整理)

4. 藻井与等级

藻井是古代建筑中室内顶棚凹进的独特装饰部分,多用在宫殿、寺庙中宝座、佛座上方最重要的部位。藻井的形状有方形、多边形或圆形凹面,周围饰以各种花纹、雕刻和彩绘。在传统观念里藻井是一种具有神圣意义的象征,只能在宗教或皇家的建筑中应用。现存最早的木构藻井,是蓟县独乐寺的藻井,建于984年,为方形抹去四角 ,上加斗八(八根角梁组成的八棱锥顶)。明代之后,藻井的顶心周围放置莲瓣,中心绘云龙。由于清代的藻井流行顶心为雕刻生动、口中悬垂吊灯的蟠龙,于是便把藻井改称为龙井了。北京故宫太和殿上的蟠龙藻井,是在八角井上设一圆井,当中为一突雕蟠龙,垂首衔珠,是清代建筑中最华贵的藻井。

5. 建筑色彩与等级

色彩是中国古代建筑的主要装饰手段,同样也是封建等级制度的重要标志。

周朝开始,色彩有了正色、间色之分,将"明贵贱、辨等级"的用色观引入建筑室内装饰中,建筑色彩也被纳入到"礼"的范畴中。自唐代起黄色为皇室专用色彩,其下依次为赤(红)、绿、青、蓝、黑、灰。宫殿建筑用金、黄、赤色调,绿、青、蓝等为王府官吏府第之色,而民居只能用黑、灰,白为墙面及屋顶色调,鲜明地显示出王公大臣与平民之间等级的差别,把封建等级制度表现得淋漓尽致。如紫禁城屋顶采用大面积的黄色,象征皇权地位;墙身采用深红色,表现富贵豪华,使得故宫建筑群具有金碧辉煌的色彩氛围。与色彩艳丽的紫禁城相比,北京民居的外表却是朴素无华的灰墙与灰瓦平房,从远处望去犹如一片灰色的底色,烘托出红墙黄瓦的皇家建筑的壮丽宏伟,体现出封建帝王的权势与威望。在建筑上使用这样强烈的色彩而又能达到区分等级的效果,这在世界建筑史上也不多见。

6. 双狮、影壁装饰与等级

从古建筑门前的狮子和影壁的设置中看,它们既有装饰功能,又标示主人的品级地位。狮子在中国民俗文化史中占有重要的地位,所以我国古代建筑中,宫殿、府衙、寺庙门前都要装饰双狮。作为门前装饰品,既象征着权力,又显示出主人身份的高贵。在封建时代,只有五品以上的官员才能在门口立威严的石狮子。狮子头上的卷发数,还可以让人进一步认定主人的官爵品位,皇帝的狮子有十三排卷发;亲王的有十二排卷发,其他官员依爵位递减。

特别提示

双狮中蹲在左边的为雄师,右边的为雌狮。雄师左蹄下踏着一个球,俗称“狮子滚绣球”。雌狮右蹄下踏着的却是一个小狮子,俗称“太狮、少狮”。雄师脚下的球,既是权力的象征又是统一寰宇的象征,而雌狮脚下的小狮,则象征着子嗣的昌盛。

影壁,是中国古代院落大门内或大门前的一种屏障,也称照壁。主要作用是美化大门的出入口,人们进出宅时,迎面看到的是叠砌考究、雕饰精美的墙面和镶嵌在上面的吉词颂语。它作为一组建筑物的屏障,故又称“屏”,也是封建等级的标志之一。据西周礼制规定,只有宫殿、诸侯府邸、寺庙建筑等方可建筑影壁。明清时期上至宫殿下至民宅均设有影壁,主要有一字影壁和八字影壁。民宅影壁,绝大部分为砖料或土坯砌成,从壁身到上面没有华丽的雕刻装饰,基本就是灰与白两种颜色。现存影壁中最精美的是中国著名的三大彩色琉璃九龙壁:其中最大的一座,为山西大同市内,原明太祖朱元璋的第十三子朱桂代王府前的一座照壁,长达45.5米,高8米,厚2.09米,壁上雕有九条七彩云龙,有的拨风弄雨,有的腾云欲飞,栩栩如生,各具姿态;其中最华丽的一座是北京北海的九龙壁,原属明代离宫的一座影壁,它由彩色琉璃砖砌成,两面各有蟠龙九条;第三座九龙壁位于北京紫禁城皇极门前,是中外游人所熟知的一座。

7. 门饰与等级

门,是安装在房屋的出入口并能开关的屏障物。《说文》曰:“门,闻也。”在等级森严的封建社会,住宅及其大门直接代表着主人的品第等级和社会地位。因此,人们对大门的装饰是非常重视的,要做到等级森严、尊卑有序。传统建筑中门的装饰,主要表现在两个方面,即铺首质地和门钉制度。

古时候较大建筑的门上都安门环,外人进院,必先扣环。宫殿、衙署和富豪之家的门环,底盘兽形,似龙似虎,下衔以环,称为铺首,故人们常以铺首衔环指称扣门的装饰。铺首质地表示官衔,按等级分为金质、铜质、锡质和铁质四个等级。清代规定,皇宫的门环为鎏金,一、二品官员的门环为铜质,三品至五品官员的门环为锡质,六品至九品官员的门环为铁质。

门钉之始,原是专为实用而设计的,是门板结构的一部分。后来逐渐演变为装饰之物,这种门钉后来也被赋予了社会意义,逐渐将门钉的多少也定为区分建筑等级的一种标志。关于门钉使用的数量,明代以前无明文规定,而《大清会典》记载:"宫殿门庑皆崇基,上覆黄琉璃,门设金钉。""坛庙圜丘,外内垣门四,皆朱扉金钉,纵横各九。"规定皇宫庙宇门上的门钉,每扇门九排,一排九个,一共九九八十一个。对亲王、郡王、公侯等府第使用门钉数量也有明确的规定:"亲王府,正门五间,门钉纵九横七;世子府制,正门五间。门钉间距:亲王七之一(七分之一),郡王、贝勒、贝子、镇国公、辅国公与世子府同公爵门钉纵横皆七,侯爵以下至男爵递减至五五,均以铁。"可见门钉数目和质地已成为象征等级的装饰手段,充分体现了古代社会皇权的至高无上和唯我独尊。

此外,建筑物的形状、碑碣的运用,甚至坟墓的高度、陵墓前石像生的运用等也都成为区别等级尊卑的标志,等级规定渗透到了建筑各种部位,如古代甚至利用桥这个通道来表现它的等级制度,不同的桥供不同等级层次的人来通行。如天安门前的五座桥即很典型,中间的等级最高,称"御路桥",刻有龙纹图案,供皇帝通行;两旁的桥称"王公桥",刻有莲花图案,清时亲王可通行;再两旁的称"品级桥",供三品以上官员通行。南京明孝陵、山东曲阜孔庙也有类似的桥。

总之,中国建筑是中国传统社会礼制、伦理和秩序的映射,其单体体量、装饰题材、总体布局等诸多方面的特征总是和一定等级制度与伦理观念密切相关。了解这些内容,才能深入领悟中国建筑的文化内涵。

第五节　中国古代建筑的旅游价值与欣赏

"建筑是石头的史书"。建筑是凝固的艺术,是智慧和文明的结晶,是历史沧桑的见证,更是文化和思想的外现。除却那浩如烟海的史籍文献,更有许许多多中国人特有的哲理风骚,深深地凝刻在砖石木瓦之中。

一、中国古代建筑的旅游价值

中国古建筑历史悠久,类型丰富,对于旅游业的发展有着重要的意义。古建筑作为旅游资源的一个重要组成部分，具有多种旅游价值，主要表现为以下几个方面：

（一）极强的美学意蕴，具有高度的观赏价值

古建筑是凝固的艺术，被赋予美的内涵，美学观赏价值极高，或含蓄幽曲之美，或方正对称之美，可满足游客的求美心理。如北京颐和园中的长廊，是中国"廊"建筑中最大、最长的游廊，也是世界第一长廊。长廊建筑形式独特、彩绘丰富多彩，廊上绘有传统故事或花鸟鱼虫的图画万余幅。在长廊漫步，景随步移，廊内的图画与廊外的楼台亭阁相辉映，令游人目不暇接、兴趣盎然，充分展示了中国古建筑独特的美感。

（二）增强游人审美和愉悦的满足感

古建筑艺术的风格、构图、尺度等，都是从人的审美心理出发，能够让游客产生审美和愉悦的感受。古建筑的造型、外观，能让旅游者产生一种强烈的直观感受；古建筑的空间视角，即环境，能影响旅游者的活动，从而使旅游者获得一定的审美满足感；古建筑的意境，即表现出某种象征含义，能够引发旅游者的想象力，从直观感受进入悠远、深邃的意境之中，增强游客审美和愉悦的满足感。

（三）更好地衬托其他相关旅游资源

古建筑十分注重与周围环境的关系，力求建筑物的体量、形式、色彩和布局与气候、周围地形、河流、植被等相协调。也就是说古建筑是和其他旅游资源共生共存的。因此，古建筑的旅游开发应该和相关旅游资源相结合，统筹规划、合理布局、加强管理，从而带动当地其他旅游资源的开发建设。如古建筑类、民俗风情类、文化艺术类旅游资源之间可以实现相辅相成、共同发展。

（四）古建筑具有一定的科学考察价值和教育意义

中国的古建筑，是灿烂的中华古代文化艺术中最具独特魅力的部分之一，是中国古文化、古文明的标志和象征。古建筑凝聚着中国古代各阶层人民的智慧和才能，是中国不同历史时期政治、经济、文化、科技等条件的综合产物，是自然科学与人文科学的完美结合。古建筑的存在，已远远超出了建筑本身的价值和意义，不仅可以丰富旅游者的历史文化知识，还具有一定的科学考察价值和教育意义。以旅游形式展现的古建筑，能够传播知识，启迪智慧，陶冶情操，还能弘扬民族文化，延续历史文脉，唤起人们的爱国热情。

二、欣赏中国古建筑应注意的问题

以探索古代文化奥秘为主题的综合性旅游已不再是过去那种走马观花式、仅仅是欣赏的游览，探索积淀在我国众多古建筑中的文化内涵，使旅游更富情趣、更具有意义。

辉煌灿烂、丰富多彩的中国古建筑是中华民族文化遗产极其重要的组成部分，然而由于历史久远，今天当我们去欣赏时往往遇到一些障碍，感到难以把握其深厚的历史文化内涵和特有的艺术之美。要解决这一难题，学会欣赏古老的中国建筑，了解中国古建筑的基本知识与艺术常识非常重要，此外，还应注意以下几个问题：

（一）要尽量多涉猎中国传统文化知识

有人曾将建筑比喻为“史书”，无论哪一类型的建筑，一经人工建造和使用，就必然将人类的智慧和劳动凝固下来，打上历史、地域和社会的烙印，从而成为我们认识以往时代的物质“读本”。中国建筑的文化特征与中国文化的特征不仅彼此对应，而且始终都是随着中国文化的变化而变化的。比如在体现“等级和秩序”这一点上，春秋时代“礼乐崩坏”，周王室衰落而诸侯国称霸，于是在有实力的诸侯国，城市和宫殿的规模纷纷突破西周礼制的等级束缚，出现了齐临淄、赵邯郸等宏阔壮丽的地方中心城市，出现了诸侯们炫耀国力和威严的“高台榭、美宫室”，使中国建筑迎来第一个发展高峰。唐宋时代，皇权在政治制度上受到一定制衡，因此唐宋建筑所受的等级束缚就明显比崇尚绝对皇权的明清时代简约得多。唐宋建筑疏朗雄阔，艺术与技术都达到了中国建筑的巅峰，这与唐宋时期政治较宽松而文化鼎盛的历史背景密不可分。而明清时代，等级象征已深入建筑各个细节，建筑整体亦被赋予一种精致而紧促的气质。总之，构成中国文化的政治、经济、思想、伦理、宗教、文学、绘画、音乐等因素与中国古代建筑有着千丝万缕的联系。如果我们能够多掌握一些中国传统文化知识，将非常有助于深入认识中国传统建筑的历史与艺术内涵。

（二）要注意具体建筑的风格差异与融合

虽然一个时代的建筑总有共同的风格，但具体现实永远是复杂多样的，在时代大背景的笼罩下，地域影响、社会阶层的不同足以使建筑产生明显的差异，差异又为融合带来了可能。而推动中国建筑不断发展、演变的，正是这种交流、融合所产生的创新。例如明清时代，中国南方的文人城市园林追求在寸山尺水间雕琢曲折精雅的画意，成为一时经典；清代南方巨商大贾所建的园林，则在附庸文人风雅的同时，不忘表达他们的富有与世俗情怀。中国北方多皇家贵戚园林，皇家园林运用大尺度的真山真水体现帝王对国家的统驭；与此同时，经过皇家建筑师提炼的雅致的南方文人意趣，也被植入北方的苍茫天地之间，构成另一番园林意趣。文人、商人、皇家、南方与北方，不同社会阶层和不同地域，综合而成了中国明清时代的园林建筑，从中我们既可以看到差异也可以看到交融，还可以看到属于同一时代的不同风格。

（三）要了解建筑本身的历史

能够保存至今的古代建筑大都经历了漫长的历史岁月，我们要真正认识一座经典建筑，最好知道它的建造时间及后续使用、修缮和重建历程，这样我们就可梳理出这座建筑的兴衰与更替；了解它的创造者、使用者，可以感受它曾经的辉煌与落寞。例如北京故宫，从明永乐帝始建到清宣统皇帝出宫，历经五百余年，其间有兴修，有灾异，有变迁。故宫建筑的历史成为明清中国政治、文化的缩影，成为那个时代无言的史书。

（四）多直接观察经典的建筑实物

和所有视觉艺术一样，我们对中国建筑的欣赏绝不能只停留在书本上，而是应该注重经典建筑的实际观赏。建筑乃为一种空间构建艺术，中国建筑的独特魅力只有当我们直接面对它时才会真正地感受到。如果没有去过北京故宫，没有从北京的前门开始，一步步亲身穿过正阳门、天安门、端门、午门、太和门，最后站在太和殿的宽阔广场上，仰望巍峨而金碧辉煌的太和殿，那是无论如何也体验不到明清紫禁城布局艺术的伟大。如果没有去过天坛，没有登上那圆而宽广的圜丘，没有置身于无边松柏中从丹陛桥上一步步接近祈年殿，那么将无法体会天坛设计者的良苦匠心和它绝妙的感染力。

三、如何更好地观赏中国古代建筑

对古代建筑的欣赏有几点方法可以供参观者借鉴。

（一）沿着古建筑群的中轴线由外往内逐个进行观赏

中国古建筑大都成群体分布，一般都有主体建筑、主要建筑与次要建筑之分。中国古建筑的一般布局规律是特别讲究中轴线，凡是贯穿于中轴线上的建筑都是重要建筑，且其中必定有一个主体建筑。中轴线两侧的建筑则是次要建筑。这样的布局主要是用来显示尊者至高无上的权威和唯我独尊的等级观念。

（二）合理安排时间，主体建筑、主题展览应是观赏的重点

一般来说，主要建筑往往是等级比较高的，次要建筑只起陪衬作用，等级相对较低。同时，在主要建筑中还有一个主体建筑，即正殿，这是建筑群中等级最高的。主体建筑是建筑群中最重要的，是古建筑群中的精华部分，因此应该以较多的时间来进行观赏。当然，有特色的非主体建筑也应作为观赏的重要对象。

同时，在很多建筑群中，中轴线两侧的廊房，现在往往布置着一些展览，所以在观赏主要内容之余，也不妨游览一番。

（三）通过古建筑的重要构建、建筑装饰、等级标志来解读其深厚的历史文化内涵

从总体上看，中国传统建筑体系呈现出一定的稳定性特征，同一类型建筑的台阶、梁枋、门窗、屋顶等，在相当长的历史阶段里都表现为一种较固定的形式。因此，传统建筑中所蕴含的丰富的文化特征，在很大程度上是通过构件的装饰化发展

来加以表述的。因此,对传统建筑装饰进行研究,分析其所蕴含的丰富的人文思想,不仅可以使我们更深入地了解中国传统建筑,而且能从另一个角度来理解建筑艺术与中国历史文化的关系。如斗拱在中国木构架建筑的发展过程中起过重要作用,它的演变可以看作是中国传统木构架建筑形制演变的重要标志,也是鉴别中国古代木构架建筑年代的一个重要依据,所以关于斗拱的知识,可以说是研究中国古建筑者所必备的基础知识。

而判别中国古代建筑等级的标志有很多,在旅游观赏中应注意区别。以屋顶为例,屋顶形式的等级高低依次顺序是:重檐庑殿顶、重檐歇山顶、重檐攒尖顶、单檐庑殿顶、单檐歇山顶、单檐攒尖顶、悬山顶、硬山顶。庑殿顶有四面斜坡,有一条正脊和四条斜脊,屋面稍有弧度(有重檐);而歇山顶是庑殿顶和硬山顶的结合,即四面斜坡的屋面上部转折成垂直的三角形墙面,由一条正脊、四条垂脊、四条戗脊组成,所以又称九脊顶(有重檐);攒尖顶则是平面为圆形或多边形,上为锥形的屋顶,没有正脊,有若干屋脊交于上端,一般亭、阁、塔常用此式屋顶(有重檐);悬山顶的屋面双坡,两侧伸出山墙之外,屋面上有一条正脊和四条垂脊,又称挑山顶(无重檐);硬山顶的屋面双坡,两侧山墙同屋面齐平,或略高于屋面(无重檐)。又如台基对等级的标示,在同一中轴线上的建筑物,往往台基有高有低,有尊有卑,其主要区别如下:台基高高于台基低;台基级数多高于台基级数少;汉白玉台基高于其他台基;有栏杆栏板高于无栏杆栏板;须弥座台基高于其他台基,等等。

思考与练习

一、填空题

1. 建筑比例宏大宽广,建筑造型富于张力和弹性,在稳重大方中又不失灵动飘逸。呈现出“雄浑壮丽”的建筑风格的是________时期。

2. 北宋崇宁二年(1103 年),朝廷颁布并刊行了________。这是一部有关建筑设计和施工的规范书,是一部完善的建筑技术专书。

3. 明清建筑的最大成就表现在________中,明清的________和清代的皇家园林都是最具艺术特色的古代建筑空间。

4. 中国建筑木构框架式结构主要有________、________,另外还有干栏、井干等形式,以________采用最为普遍,为中国传统建筑结构的主流形式。

二、简答题

1. 简述中国古代主要的建筑思想。

2. 简述中国古代建筑历史沿革五个时期的主要特征。

3. 简述中国古代建筑的主要特征。

4. 简述中国古代建筑等级制度主要体现在哪些方面。

5. 简述应该如何更好地观赏中国古代建筑。

案例分享

营造学社于1929年在北京创立，1946年停止活动，是中国第一个用科学方法研究中国建筑的学术团体。发起人为朱启钤先生，主要成员有梁思成、刘敦桢、林徽因、陶湘、莫宗江、陈明达等。营造学社发现并校勘出版了北宋的《营造法式》等重要的中国古代建筑文献；并长期坚持古代建筑实例的调查，用测绘、拍照等科学手段记录了两千多处中国古建筑；发现了如建于唐代的佛光寺东大殿、辽代的蓟县独乐寺观音阁及山门、应县木塔等重要的古代建筑，创立了文献结合建筑实例的研究方法。此外，还通过实践探索了中国古建筑保护修缮的理论与方法；编辑出版发行了《中国营造学社汇刊》等重要学术刊物。营造学社奠定了中国建筑史学与历史建筑保护事业的基础，培养了一批学术骨干，为中国建筑的研究与保护做出了不可磨灭的重大贡献。

案例思考题：今天传统建筑保护面临什么样的机遇与挑战？

第二章　中国古代城防建筑

引　言

城池是古代城市的主要存在形式,城池的兴建源于防御功能。为了实现防御的目的,中国历代王朝无不耗费极大的人力物力构筑坚固的城防工程,以巩固皇权,所谓"筑城以卫君,造郭以守民"。无论是边塞重镇,还是中央政府所在地,均各自成为一个完备的防御系统。本章通过中国城防建筑的发展历史、工程结构,城防营造中遵循的形制与营造特征,以及现存典范的古代城防建筑的简介来展现中国古代城防建筑悠久的历史与辉煌的成就。

学习目标

1. 通过本章的学习,认识中国古代城防建筑的发展历史;了解中国古代城防建筑的工程结构与形制。

2. 掌握中国古代城防建筑的营造特征、典范的城防建筑与长城概况。

3. 能解读、欣赏不同类型的古代城防建筑及其深厚的文化内涵。

第一节　中国古代城防建筑的发展历史与工程结构

城市的出现是人类文明进步的标志,为了实现防御的目的,出现了城垣壕堑这样的防御工程建筑,因此城市又被称为城池。城池是古代城市的主要存在形式,城就是四周守备防御的城墙,一般为两重,内为城,外称郭;池就是护城河,即挖掘在临近城墙之外的防御性壕沟,又称壕堑。中国古代的都城、陪都,以及府、县治所和某些军事要地都要建城池。

一、中国古代城防建筑的发展历史

中国古代城防建筑的发展从新石器时代早期大量夯垒的墙垣开始,到近代明清时期的城关最终辉煌构筑，其间社会变迁和民族融合所显示的城池文化悠久而伟大，令人叹为观止。它既有雄浑鲜明的中华主体性，又呈现出千姿百态的地域差异。从厚实壮观的齐鲁城池到奇特别致的岭南城池，从凝重险固的三晋城池到依山傍水的巴蜀城池，从古朴雄峻的关陇城池到宏伟庄严的中原城池，相互辉映，展现了城防建筑悠久的历史与辉煌的成就。

（一）原始社会与夏、商、周时期的城池

在中华大地为新石器早期文明时代，北方黄河流域的原始人起居，由地穴式洞窟向地面建筑的房屋过渡；长江流域的人们则居住在干栏式的房子内，出现了房屋、聚落，这样的居住形式均需要部落的垣围，从史前期古城址遗存发掘看，聚落周围，大多挖掘有壕沟，以防御外来的侵袭，由此出现了城防建筑的雏形。经近百年几代考古和历史学者的努力，许多华夏古城池得以全面勘察或局部发掘。据估计，迄今为止，已发现距今9000—4000年的史前古城址50余座，遍布中华大地。例如，仙人洞遗址距今9000年以上，在今江西万年；裴李岗文化遗址，距今8000—7400年，在今河南新郑；还有同期著名的甘肃秦安大地湾文化遗址等。这些遗址为新石器早期城池文明的突出代表。由于中华古民族发展以中原为核心而聚合四方部族，夯筑城池有着明确的“建邦立族”，抵御外袭的政治、军事目的，所以华夏城池的“构筑文明”在新石器中晚期已大量涌现，如湖南天门石家河城址、湖南澧县城头山城址、浙江余杭以莫角山祭坛为中心的良渚文化遗址等。

已发掘的疑为黄帝故都的河南新密市古城寨村一座保存相当完好的4000年前的古城址表明了史前城池文明的成就。这座古城面积达17.6万多平方米，至今仍然保存着三面高大的城墙和南北相对的两个城门缺口，是中原地区规模最大、城墙保存最好的龙山文化晚期都城。其工程之大，在中国早期筑城史上极为罕见。同在河南地域的周口淮阳平粮台和登封王城岗的古城遗址，被推断为夏朝的城市。总的来说，夏代国力尚不强大，城市规模不大，筑城技术也较原始，尚处于城防工程发展初期，但城池的军事堡垒功能已十分突出。

商代城市的规模较前代明显扩大，宫殿和宗庙建筑大量涌现，商朝曾数次迁都，因此都城建设更为频繁。目前发现的商代城市主要有河南偃师二里头遗址、郑州二里岗商城、安阳殷墟和湖北黄陂盘龙城遗址等。商代这些城池的城墙，皆为黏土夯筑，土质密实，夯打坚实，系采用分段夯筑、逐级延伸的版筑法。墙体呈阶梯形，上窄下宽，墙基宽约10~20米不等。土质分层夯实，至今仍保留有密集的夯窝。墙体内外两侧有斜坡状的夯土护墙坡。城的每面都有门，从一门至三门不等。从已发掘的偃师商城遗址西门看，墙体为土木混合建筑。门宽约2米，门道长16米。门道两侧各筑有一道木骨夯土墙，并竖有一排木柱，柱底有石柱础，可以想见

其上应建有高大的城门头。城内布局井然有序，城门之间有大道相通，纵横交错，形成棋盘格局，中国传统都城布局思想，已见于商代都城。在河南堰师二里头遗址中心发现了数十座大面积的夯土建筑基址，多为宫室建筑基址，其周围围有城墙形成宫城。在郑州商城内宫殿的东北侧，发现有祭坛一处，是商王祭祀祖先的地方，或许这就是"左祖右社"的先声。

周代奉行礼制，《周礼·考工记·匠人》中谈到了西周营建城垣的规定，把城邦国家建置体制与城邑建设体制统一起来，规定了严格的礼制营建制度，举凡城的规模、城垣的高低、城门的数目、道路的轨涂，都有明确规定。后世大体上也是沿革这个规范，如周的皇城等级最高，其城"方十二里"，也就是城市的平面边长各为12里（周代的一里约合今416米）。周天子以下的各级诸侯国所建的都城，其规模大小都要根据城主的等级分别递减，不得僭越。而方正的城市形态，方格网道路体系纵横交织，宫城居于城市中轴线上，宫城之中前设朝堂，宫后辟市场等城市格局，对中国古代的城市建设产生了极其深远的影响。周代营造了两座都城，一是西都沣京与镐京，一是东都的成周与皇城。西周鲁国的都城曲阜鲁城，古称少昊之墟，其规制与《周礼·考工记·匠人》所载皇城的制度颇为近似。平面呈回字形，充分体现了所谓"筑城以卫君，造郭以守民"的理念。

（二）春秋战国与秦汉时期的城池

春秋战国时期，各诸侯国竞相筑城以自卫，城池建设取得了空前发展。城址考古发掘较多，较重要的如齐临淄、燕下都、赵邯郸、新郑郑韩都城等，它们都有城、郭之分，都有夯土城垣。城在郭的一角，为王宫所在，占据高地，在夯土高台上建造宫殿；郭内主要居住平民。城市外廓不十分规整，体现了《管子》一书中提出的城市的形态顺应自然地形、道路网不必平直方正等因地制宜的规划思想；而垛墙、壕沟的出现，则反映了墨家"非攻"防御的军事策略。楚、齐、燕、赵、魏、秦还在自己的国境线上修筑长城。这些城垣大多为夯土版筑，也有用石块垒砌的。

秦汉两朝，中国历史上第一次建立统一的中央集权大帝国，为了防御北方匈奴南侵和巩固自身政权，大力修筑防御工程。除了大规模修长城，秦代大修咸阳城，汉朝则修筑了京城长安与东都洛阳；地方城邑也多沿着战国以来各诸侯国都城而修建，但亦非战国时期的规模了。东汉末年，曹操为魏王时营造的邺城具有重要意义。该城为东西横长矩形，以东西向大街为横轴分城为南北二部，北为宫殿苑囿，南为居民闾里和衙署，从南墙正中向北的大街正对朝会宫殿，与横轴丁字相交，是城池纵轴。邺城虽然没有秦咸阳、汉长安的宏大规模，却是历史上第一座把城市布局按照功能需要结合实际地形进行规划的城市。此后南朝建康、北魏洛阳、隋唐长安基本上都沿袭了这个方式并有所发展。而兴建于三国初年的六朝武昌城（今湖北鄂州)，曾为吴王都。其城防按自然地形构筑，北垣及东垣北段主要是依靠江湖之险，不设人工城壕，而西垣、南垣及东垣南段的城垣则构筑得较为严实，具有宽而深的城壕，体现了长江中游地区滨江城池的特点。

（三）魏晋与唐宋时期的城池

两晋南北朝时期的城垣建筑，规模较大和使用较长者只有邺城、统万城、洛阳和建康几座城。隋唐秉承魏晋南北朝以来的城市规划经验，凭借雄厚的国力与蓬勃的文化，创造出了中国历史上最恢宏壮阔的城市。隋大兴城的规模为当时世界城市之最。它规划严谨，条理分明，采用封闭的里坊和市场制度。但大兴城在隋代还不是顶峰，据史料记载，隋东都洛阳城的城阙宫殿巍峨壮丽更胜于大兴城。唐长安、洛阳两城继承了前朝的格局。唐代物质丰盈、文化鼎盛，皇家不断增修宫室、寺院，贵族官宦时时增建园林豪宅，唐长安、洛阳城比隋代更加宏丽完善。隋唐长安、洛阳两京的构筑、修建布局综合汲取了儒、道、墨、法诸家思想，对称严谨，横盘格式，堪称中国古代都城建设的楷模。

除都城外，沿隋代开凿的运河还兴起了一批繁华的商业城市，如扬州、杭州、汴州城等即是其中的佼佼者，其繁荣美丽延续至今。总之，隋唐两代将中轴对称、分区明确的方格网、封闭里市类型的城市发展到了巅峰，影响遍及东亚地区。

在中国城市规划史上，北宋汴梁城的改建使都城布局又发生了一次划时代的转折。全城自内而外有皇城、内城、外郭三重城墙。内城位于外郭城中部，皇城位于内城中偏西北。三重城墙层层相套，各有护城河，防御体系坚实而严密，这种布局为后代都城所沿袭。汴梁是在唐汴州州城（今开封）的基础上改建而成的，它与前代的最大区别就是原州衙改建的宫城不在里城的北部而接近正中，并且由于商品经济的发展，使街道面貌发生了很大改变，建筑也更密集。城市面貌已不像唐代的皇城只列衙署祖社，同时也杂处居宅，这是由于改建前的城中已有居民的原因。

（四）元、明、清时期的城池

元世祖忽必烈夺得大汗位以后，即着手营建大都城，至元三年(1266)命刘秉忠主持负责选址、设计与营造，历时十年完成。元大都位于金中都东北，以金代建的琼华岛离宫为中心，这是充分利用高梁河水系建设的一座气势恢宏的新都城。元大都南北 7400 米，东西 6635 米，建有宫城、皇城、大城三重城垣。方形的平面、棋盘格的道路系统、左祖右社、面朝后市的布局与《周礼 · 考工记》中都城的规划相近。同时，在实际建设中又充分结合地形和社会经济的实际需要，元大都遂成为中国城市乃至世界城市建筑史上的经典，并为明、清北京城的建设打下了坚实的基础。

明清时期，地方经济文化较为发达，形成了一批具有鲜明特色的地方城市，如以钱庄票号、深宅大院著称的山西平遥，以私家园林和江南水乡为特色的江苏苏州等。不过当时最重要的城市还是北京和南京。明南京的城市规划特点是因地制宜、结合山水、分区明确、政商兼顾、突出防御。明南京城非常重视防御工事的设计，城门内外建有多重瓮城、内辟藏兵洞，可谓机关重重。抗日战争中，中国守军曾依托城墙、城门与日军进行过殊死战斗。

明成祖迁都北京后，在元大都的基础上进一步改建北京。永乐五年(1407)开始筑北京城及宫殿，前后历时十多年。北京城沿用前代的重城制，设宫城、皇城、内城、外城四重制。宫城也就是紫禁城。皇城周长 18 里，四向辟门，今之天安门，即明皇城南墙正中的承天门。内城东西长 6665 米，南北宽 5350 米，南面三门，东、北、西各二门，这九门都有瓮城，城门台上建有城楼与箭楼，城角还建有角楼。城墙每隔不远处建有城台(马面)，每座城台上建铺房一间，全城共建有城台 176 座。城墙外侧挖掘有城壕。城墙的河水出入处，建有大水关两座，小水关六座。前门是内城的正门，也叫正阳门。明嘉靖修筑的外城最终没能完成，永定门是外城的正门，位于南垣正中。

特别提示

“土木之变”以后，明嘉靖三十二年(1553)为加强京师防御增筑外城，原拟修一个外郭，将整个内城包围起来，但因国力不足，只修筑了南部的外城。东西长 7950 米，南北宽 3100 米。外城共七座门，南面三门，东西各一门。于是北京城的样子成了凸字形。不过也因此而在外城的城垣上多出了两座面朝北方的便门。因为是为方便出行才开辟出的城门，所以东、西便门也成了北京所有城门当中形制最小的门。

清代，北京城在总体格局上保持稳定，唯在城西北郊大规模建设了皇家园林。明清时期的北京城更加紧凑，全城规整方正的格局和中轴线上的系列处理使北京城池的建筑艺术、都市规模均达到了古代社会的最高峰。经过元明清三代七百多年的苦心经营，北京城成为中国现存地面历史文化遗产最丰富的城市。

明、清两代，除了大力构建京城以外，各地方的府、州、县也都构筑城垣。在北方平原地区，这些城垣大多方方正正，四向开门，城台建有城楼，城门外建有瓮城、箭楼和闸楼。这时的城墙城体多用砖包砌。城墙顶上内侧砌女墙，外侧砌垛口，每隔一定距离筑有突出的马面。马面顶上建敌楼，城外掘有城壕。南方州、县的形制，则多因地制宜，较之北方灵活多变。

二、中国古代城防建筑体系的工程结构

中国古代城防建筑主要有两类，一类是古城池，另一类是长城。这里先主要分析一下古城池的防御工程结构。

（一）外围整体防御体系的工程结构

城防建筑是一种拒敌于城外的防御体系，经过各个朝代的不断总结完善，形成了由城墙、城门、城楼、瓮城、城台（马面）、城壕、雉堞、翼城及角楼、敌楼等，整体构成的一道坚固防御体系。而长城还包括障城、烽火台、墩城等建构。各种城池均有相同或相似的外围整体性防卫构筑，当然，高厚封闭的围合性城墙等，还兼有防洪、抗风、阻挡野兽等功效。

1. 城墙

城池外围线性防御设施的主体构成是城墙，城墙在冷兵器时代具有极高的军事防御价值，以明南京城墙为例，明太祖朱元璋动用长江中下游的百万之众，历时30余年，建成了这座明清时期我国最大的砖石城墙。在保卫太平天国都城——天京的战争中，这座城墙帮助守军有效防御达11年又4个月之后才失守于湘军的洋枪火炮之下。

早期的城池，城墙主要是用土夯筑或版筑而成，之后科学技术的发展和筑城技术的进步，促进了筑城材料和建造工艺不断发展。东晋时期，出现了用砖包砌的城墙。到了唐、宋时期，一些较大的城池都用砖包砌城墙。明、清时期，用整齐的条石、块石和大城砖包砌城墙已较普遍。墙体结构简而言之不外夯土结构、砖结构、石结构与混合结构。

夯土墙是中国古代采用最早的防御工程建筑，即史书中说的“版筑墙”。以两版相夹，中置泥土，以杵夯实，逐段逐层加筑而构成墙垣。这种夯土墙要求土质黏性好，夯打匀实，否则容易颓毁。古代筑城常有因当地无好土，需要几十里，甚至百里外取土筑城的例子，如筑嘉峪城墙的土，就是从关西15公里处的黑山脚下挖运来的。黑山土黏结性很强，经过层层夯打，浑然一体，几乎看不出层缝来，筑成的墙垣不变形，不裂缝，坚固耐久。在戈壁滩上还有一种黄土夹沙石的夯筑墙，这是为了节省人力，就地取材而筑造的，却经不起日久的风蚀，易崩塌。

土坯垒筑墙也是一种土筑墙。它是用未经焙烧的土坯垒筑而成，其坚固程度还不如夯土墙，且较费工，故较少采用。

特别提示

夯筑

“夯”是人们利用重物锤击将土一层层砸实的建筑方法。“夯筑”是中国古代建筑房屋基础、墙体、台基时的主要技术，夯筑坚实的墙体，其强度甚至不亚于今天的混凝土。由于古代没有大型机械设备，夯筑主要依靠人力，因此建设城市或大型建筑，必须调集大量人员进行艰苦的劳作，因此宏伟的建筑与强大的的国力直接相关，过度使用民力建造宏大工程甚至会引发国家政权的倾覆。

石墙多见于长城的墙垣，大体上有石筑墙、石垛墙、劈山墙、险山墙等，这些墙多筑于山地。石筑墙是两边外墙面用块石筑砌，中心填以碎石、沙土，顶部以砖砌垛口。筑法是干垒，不灌灰，不抹缝。石垛墙是用石块垛成的墙。它是先砌礤墩，再于礤墩上垒筑块石，于墙顶用砖砌垛口。劈山墙是利用天然的山崖陡坡，凿成直立的竖壁而成。还有一种险山墙，是利用自然山势为基础，将其缺口处垒砌成墙，形成一道完整长城墙，其砌法有用块石包砌的，也有用条石垒筑的。

砖筑墙在明代广为采用，不论都城、地方府城、州县城、万里长城、边防城，还是海防城，多采用取砖筑城墙或砖石混筑城垣。至今保存较为完好的城垣尚有明西安城、开封古城、北京西南郊的宛平城、山西的平遥城、辽宁兴城的宁远卫城等，以及蓟镇长城的若干段。

2. 城门

城门是进出城的通道，早期的城门是在夯土城墙缺口处，在木柱上架梁，构成平顶的城门道，其上建为城楼。一般为一至三层，视重要的程度而建。其目的是便于守望、储存武器与供守城士卒休息。南宋以后，特别是到了明代，梁架式城门道已被砖券洞所替代。城门洞装置木制扇门，木门常用铁叶包裹。为了及时封锁城门，还在城门洞装置吊闸。有的城门还在左、右两侧筑阙形高台，它实际是两座空心城台，称护关台，中间是砖券门洞，门洞上建城楼。

3. 瓮城

瓮城是围在城门外的小城，多为圆形，也有方形的。瓮城与城墙同高，侧向开门，是为了可以从城墙上与瓮城上的两个方面抵御攻打进犯之敌。瓮城顶建有箭楼，设有多层箭窗。

4. 城台与敌楼

有的城墙上每隔几十步远便砌一个由城墙向外突出、台面与城墙顶同高的墩台，这就是城台，因为它形体修长，如同马的脸面也称马面，长城线上叫敌台。两城台的间距,以火力能交叉为限。这种设置既增强了墙体的牢固性,又为在敌军逼近城根时,方便城上守卒从两个侧面夹击敌人。

马面上筑有瞭望敌情的楼橹,称"敌楼"。敌楼骑墙而筑,凸出于城墙之外,高于城台之上,有两层,供士兵眺望、守卫与规避风雨、住宿、储物之用。明戚继光在任蓟镇总兵时,在他所属防线的长城上建造了一千多座空心敌台,极大地增强了长城的防御能力。

图 2-1　敌楼与马面

5. 城壕

有城必有池,自古城池并称。这里说的池是指护城河,也叫城壕。古代,在战场上常常临时挖掘壕沟以阻挡敌军进攻(即堑壕),也属防御工程,但与城壕有所不同。根据考古发掘,商代早期的盘龙城,城墙之外侧有上宽下窄的城壕。以后各代都城及地方城都沿用这种形制。北宋的东京汴梁城有三重城垣,每重城垣之外都挖有护城河。明、清北京城的外城、内城,宫城的城垣之外,也都有城壕。长城因多建于崇山峻岭之中,无法挖护城河,但也于墙垣之外侧铲削山坡,或筑挡马墙;而修筑在平原之地的长城外侧,则常挖掘城壕(也称外壕)。

6. 翼城

翼城也叫雁翅城,是筑在主城两侧的小城,与主城互为犄角,以利彼此支援。譬如山海关关城的两侧就有两翼城。北翼城建在北上燕山的长城线上,南翼城建在南下渤海的长城线上,于海滨更有宁海城与之互相呼应。

7. 雉堞

雉堞也叫垛口,它是城墙上靠外侧一面用砖砌筑以对抗敌人进攻的垛口,一般高约 2 米,上部开有望孔以望来犯之敌,下部开射孔(即射眼)用以射击敌军。另外,修筑在城墙顶上里侧的短墙叫宇墙(女墙),高逾 1 米。还有上下城墙梯道及马道，都是城墙结构不可缺少的组成部分。

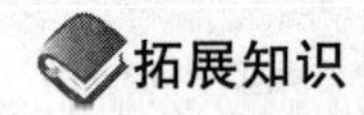

拓展知识

明清北京城的防御工程结构

明清北京城是中国有史以来设备最周全、构筑最坚固的城防体系。其城垣防御体系的结构包括城门、城楼、箭楼、闸楼、角楼、敌台和护城河。城门既是出入城市的交通咽喉和在战斗中出击敌人的孔道，又是受敌袭击时的薄弱环节。所以北京城采取构筑瓮城、箭楼、闸楼的方法，使城门成为独立进行战斗的坚固支撑点。九座城门都构筑了瓮城，一般瓮城只偏开一门，且相邻者遥相对开，以便支援。例如，东直门的瓮城城门向南，朝阳门瓮城的城门则向北。正阳门的瓮城在东、西、南三面各开一门，但正南一门只是供皇帝出入。瓮城上设有箭楼或闸楼，箭楼每面墙壁上下有四排射孔，可以对敌人进行大面积的射击。一般箭楼下无城门洞，只有正阳门箭楼例外，因此在正阳门箭楼的门洞中，在门前 3 米处增设可升降的铁闸门。在一般瓮城的城门洞上都设有闸楼，敌人迫近时，从闸楼上可以一面放闸关门，一面从射孔射击。角楼是城墙四隅上的防御据点，既可供瞭望，又有射孔，可以射击。由于角楼突出城墙之外，可侧射迫近城墙下部的敌人。内城城墙上设有敌台 172 座，每座小台夹一座大台，敌台与城墙同高，间距在武器的射程之内(60～100 米)。护城河宽约 30 米，深约 5 米，距城墙约 50 米，在各城门外设有石桥，石桥外设置能开关的铁栅栏，有敌情时即行关闭。

(资料来源：根据中国建筑出版社编的《城池防御建筑》等相关的历史资料整理)

险要的地势、高大坚固的城墙、难以逾越的沟堑，作为城市最为基本的外围防御工事，在抵御外来入侵中具有重大作用。

(二)内部街巷的布局与设置

街巷作为城防体系中的重要环节，其设置与布局对城防有着独特的作用和意义，从一个方面展现了特殊时代的军事防御水平。

不同形式的城池内部街巷构成往往表现出不同的思路。首先，对于地势平坦且经统一规划建设的城市，基于对传统文化中礼与秩序的强调，其道路系统往往呈规则的几何形，端正方整，泾渭分明，如“日”、“田”、“王”形或叶脉状道路。城中许多街门、房门等的设置，深受城市“里坊制度”的影响。一些沿城墙内壁布有环形道路的布局，体现出重视防御移动性的周到考虑。其次，在一些山地城池，城墙大多与城池的自然形态一致。为防止外敌入侵，街巷通过宽窄、坡度的变化，丁字路口的处理，尽端小巷的安排，街门过街楼的设置等方式造成丰富、多变的景观与迷离莫测的气氛。另外,一些城池中还挖有地道,与地面街巷网络一起构成三维立体防御系统。无论哪种形式,其实都是共同的设防心理在不同环境、不同人文风俗等制约条件影响下的具体表现。

同时,城池对建筑空间的某些处理,使"监视功能"得到强化。如城墙上的角楼、敌楼、堞垛,街巷中的街门或过街楼、街道两侧房屋的错落排列,住宅院落中的望楼或城池关键部位的雕楼等。

总之,古代城市从帝京到郡、州、府、县以及一些镇、乡都有城墙和护城河。城墙上有城门、城楼、角楼、墙台、敌楼、垛口等防御工事,构成了一整套坚固的城防体系。

第二节　中国古代城防建筑的形制与营造

中国古代特殊的政治、经济、文化体制形成了特色鲜明的中国古代城池建造风格。

一、古代城防建筑的形制

中国古代城防建筑的形制主要表现为以下几个方面:

(一)遵循礼制等级的规定

中国古代是一个崇尚礼制的社会,一向是用礼来"经国家,定社稷,序人民",对城防建筑也不例外,有许许多多城垣建置的严格规定,如果背离了这些规定,就被视为"僭越",要受到处罚。早期的《周礼·考工记·匠人》中已谈到了西周营建城垣的规定:把城邦国家建置体制与城邑建设体制统一起来,从城池的规模、城垣高低、城门的数目及道路轨涂,均制定了严格的礼制营建制度。甚至连宇城(女儿墙)、隅墙(城角)也都有规定,后世大体上也是沿革这个规范而营建。譬如三级城邑制度,一直到明、清大体上也是国都城(相当于皇城)、省府城(相当于诸侯城)、州县城(相当于大夫采邑)三级制。又如五门三朝之制的五门,明清皇城、宫城的天安门、端门、午门、太和门、乾清门就是源于《礼记》中在王城中轴线上依次设的皋门、库门、雉门、应门、路门之制而建置的。

(二)选址必于形胜之地

筑城必于形胜之地,不论是都城、地方城 ,还是长城线上的各类城均无例外。中国八大古城之一的西安,前后有十三代王朝在此建都一千余年,就是因为关中地理条件形胜。汉初建议高祖刘邦定都关中的娄敬认为长安"被山带河,四塞以为固,所谓天府之国,地势便利,犹居高屋之上建瓴水"。九朝古都洛阳也是因其为"河山控戴,形势甲于天下"的形胜之地。其他如水陆交通便利,"四通辐辏"的开封，“龙盘虎踞”的南京，“江海故地”的杭州，也都是因为拥有天时、地利、人和的优越条件，才能成为古都名城。

在万里长城防线上，九镇总兵驻所都有镇城，镇以下还有路城、卫城、所城、堡城，城垣交通要冲，还有众多关口。这些城与关的选建，都择于地势险峻与军事要冲之地。如蓟镇东端的山海关，就是一处“带山襟海”的要冲之地，自古为兵家必争之地；嘉峪关则北屏马鬃山，南扼祁连山，关城居中险峻天成，自古以来就是交通西域和经略西北的要道。

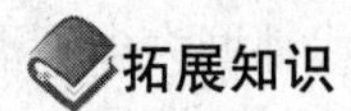
拓展知识

古人相宅

古人相宅（小则宅院、坟茔的选址，大则堪舆都城），多受风水理论影响，其目的无非是为了选择一处宜于生活、居住的环境，益于日后的昌盛发展，它对都城形制的构成也产生一定的作用。古代都城或阴阳宅院，运用“背山面水”模式，多出于这种影响。另外还常借用某种形象的寓意来确定都城，譬如建业“钟山龙蟠，石城虎踞”、“金陵地形有王者都邑之气”，被孙权选择作为东吴的都城。秦始皇称咸阳“渭水贯都，以象天汉；横桥南渡，以法牵牛”，以都城咸阳象征天宇，显示他统天下为一家的寓意。汉代的长安城，以城南垣为南斗形，北垣为北斗形，被称为斗城，也无非以都城象征天宇，寓意刘汉天下“受命于天”，“国祚长久”。元代的大都城，南、东、西各辟三座门，北辟二门，据说“燕城系刘太保（刘秉忠）定制，凡十一门，作哪吒神三头、六臂、两足”。当时有诗：“大都周遭十一门，草苫土筑哪吒城，谶言若以砖石裹，长似天王衣甲兵。”当然刘秉忠是否真有这种寓意于大都城不得而知，或系他人所附会，但古人常以某种思想寓意都城的形制是常有的事。

（资料来源：根据中国建筑出版社编的《城池防御建筑》及徐怡涛的《中国建筑》等相关资料整理）

（三）通过重城制等形制建构加强城池防御体系

城防建筑体系的总体结构除城墙、城门、瓮城、城台、城壕、翼城等以外，在都城与一些军事重镇，则通过重城制、依江河以为天险等形制加强城池防御体系。

重城制是中国古代早就采用的一种多重防御措施，从古人拟制的《考工记图》、《三礼图》中可以得知重城制由来已久。西周经营洛邑，其中之一的皇城，即为重城，其制外为皇城，皇城之中为宫城。春秋战国时各诸侯国的都城也多为重城，不过其平面形式各不相同，齐临淄为套环形，赵邯郸为品字形，韩新郑城与燕下都为并列形。这些都是出于防御要求而建置，属于重城制的变通形式。经秦、汉、两晋、南北朝,不论是南朝的建康城,还是北朝的洛阳城,重城制更趋于定型。由隋、唐而宋,重城制逐渐定型为三重城,如北宋京城汴梁即有宫城、内城(旧城)、外城(新城)三重城,而且平面比较方正。此种形制发展到明代的北京城更为完善。清入关以前建了一座盛京城(今沈阳),也是采取三重城建置。重城的建置主要出于多重防御的需要,这些王朝的统治者,既要防御外来入侵之敌,也要防御内部之敌,故此城制有了多重的演变。

城池离不了水源,不少都城重镇或依河以为天险,如长江之于建康(今南京);或为了便利漕运引水贯都,如通惠河之于北京,大运河之于临安(今杭州),洛水之于洛阳,渭水之于长安。当然更重要的是作为饮用水的水源,古代都城大多不下几十万人、上百万人口,没有充沛的水源则无法存在下去,故引水贯都几成定制。

二、古代城防建筑体系的营造

中国古代城防工程的营造主要表现为以下几个特征:

(一)居险设防、因地制宜

城池要具有极强的军事防御功能,选址事关重大。《管子》主张城池的建造应该:"因天时,就地利,故城郭不必中规矩,道路不必中准绳。"至于纯防御性的城池(长城)更是自秦始皇开始就确定了"因地形,用险制塞"的原则,并被历代采用,一直沿袭到明朝。古代城池大多建在交通便捷的战略要地,且充分利用周边的天然屏障,或历史上形成的地形地物作为筑城的基础,因地制宜。明南京城以长江为城北屏障。我们也可以从明代构筑的长城线上看到许多因势制塞的佳例,如山海关、黄崖关、古北关、居庸关、雁门关、娘子关、嘉峪关等,充分利用了有利的自然环境,体现出居险设防的筑城思想。还有蓟镇长城的劈山墙、险山墙,都是因险构筑,就地制塞的杰作。而依据地势修筑的重庆合川钓鱼城,在抵抗蒙古军队的战斗中,更是坚守了36年之久,被称为"东方麦加城"和"上帝折鞭处"。居险设防、因地制宜,不但独具形胜,而且节省工料。

(二)深沟高垒、综合防御

历代城池的修建都强调深沟高垒,重视城墙与护城河(或壕堑)相结合的防御措施。如汉长安城(今西安市西北)为二重城,外城城墙高达8米,底厚3.5米,顶厚2米,墙外有宽约7米、深约4.7米的护城河环绕;汉末曹操改建的邺城(今河北临漳县西)、隋代的长安城(今西安市区)均为三重城;汉魏洛阳城的护城河宽18~40米、深3~4米。据考古发掘,唐代长安城城墙的底厚达12~20米,城壕宽9米、深4米。宋代的城池除沿袭重城和保持唐代城池城墙的厚度外,为加强城池防卫作战中的侧击能力和友邻互相掩护,在城墙上加筑了突出于城墙外侧的马面,形成了城墙马面筑城体系;而且加宽了护城河,宋东京城壕宽80米、深4 .8米,在历代都城的城壕中都是比较宽的。明代南京城,其外秦淮河的宽度竟达到120米。

（三）城门设防,重点防御

城门是城防建筑工程的薄弱部位,攻城往往以易于攻破的城门为目标。因而城门也是历代城池发展中研究和改进的重点。周代在城门外加筑有突出于城墙的城阙,防守的士兵可在城阙上以弓箭侧射掩护城门。汉代又在主要城门外加筑了瓮城,瓮城有的亦称月城,它是突出于城门外的半圆形或方形的护门小城。这种建筑形式一直延续到明代,其设施较前代又有发展。如明代的城门,有的构筑双重瓮城,明南京城聚宝门的设防采用了三重瓮城、设置了四重城门、千斤闸等。

（四）就地取材,工艺精湛

筑城总离不开动用大量的土石、砖、灰。这一切的采制、运输均要花费大批劳动,故就地取材就成为不可或缺的原则。虽然历史上也有远程取土筑城的例子,但总归不可能大量采用。于是古代的营造者创造出令人难以想象的做法,并取得惊人的效果,如戈壁滩上的红柳、芦苇、砾沙墙。明、清时期,用整齐的条石、块石和大城砖包砌城墙已较普遍。而在地质条件复杂地区则采用巧妙的筑基技术,减轻城墙对地表的重荷,避免城墙塌陷的危险。如明初的南京城墙构筑在土质比较松软的地段,于是在两端建筑坚固的墩基,在墩基上再交错支架多层大粗木排,把城墙对地表的压力通过木排转移到墩基上。此外,还修建了完备的排水和控水设施,使城内不受旱涝之患。

第三节　现存著名的古代城防建筑

全国遗存的大小城墙,多是明代所筑砖砌城墙。其中,保存较完整的有江苏南京城、陕西西安城、山西平遥城等,均为古代城防建筑的典范之作。

一、明南京城

南京现存古城垣修筑于明初,即应天府城,始于元末至正二十六年(1366)至明洪武十九年(1386)完成,从内到外由宫城、皇城、京城、外郭四重城墙构成。其中,南京城墙,不循古代都城取方形或者矩形的旧制,设计思想独特、建造工艺精湛、规模恢弘,坐落在钟灵毓秀的南京山水之间,仅内城(京城)周长蜿蜒盘桓达33.676公里,比首都北京的古城墙还长出0.776公里。城墙高度为12米以上,厚7.62米至12.19米。城以花岗石为基,巨砖为墙,每砖侧面均有造砖者及府县官衔名和年月日,规格一致,筑成时用石灰、桐油、糯米汁混合夹浆,十分坚固,屹立数百年,巍然无恙。而城垣自身防、排水和对城区的防、排水两部分,更是设计巧妙、结构合理。

特别提示

据考证，明南京城的城砖来自长江中下游的各府、州、县。每块砖上都刻有铭文，府县铭文印着产地、负责官员及生产工匠的姓名，体现了制砖责任制；城砖的质量非常好，分瓷土砖和黄土砖两种，瓷砖呈白色和米黄色，质地坚硬，至今毫无风化；城墙砌砖用的胶结材料有的是用糯米石灰浆，城门起拱是用桐油拌和石灰胶结，故历经数百年仍坚实如初。

原建的宫城、皇城、外郭已毁，现仅剩京城城垣。上有碉堡2000座，原有城门计有13座，水关两座；其中聚宝（中华）、石城、神策、清凉四门保存至今。当时各道门都有内外两门。外门是从城头上放下来的“千斤闸”，具有坚固的防御作用；里门是木质外加铁皮的两扇大门。其正南门，俗称“聚宝门”是南京城墙上最大的一座城门，也是我国现存最大的一座城堡，1931年改为中华门。中华门建筑形体像瓮，故亦称瓮门，是专门为抵御敌军攻城而设计的。瓮城工程雄伟，结构复杂，城分两层，门有四重，建有27个藏兵洞，能藏兵3000。它是我国最大的瓮城，现设有瓮城历史陈列室。而南京古城墙的外郭城周长则为60公里，今已不存，但外城的18个城门名称仍沿用至今。南京城墙现存21.351公里，为国家级重点文物保护单位。

明南京城墙为我国古代军事防御设施、城垣建造技术集大成之作。无论历史价值、观赏价值、考古价值以及建筑设计、规模、功能等诸方面，现存国内外城墙都无法与之比拟。南京古城是我国重要的名胜古迹。

二、古城西安

现存西安古城墙位于西安市中心区，呈长方形，墙高12米，厚16.5米，底宽18米，顶宽15米，总周长11.9公里。古城有城门四座：东长乐门，西安定门，南永宁门，北安远门，每座城门都建瓮城，由闸楼、箭楼和城楼组成。城垣外围护城河宽20余米，深10余米。现存城墙主要建于明洪武七年到十一年（1374—1378），是在唐皇城的基础上围绕“防御”战略体系而建成的，至今有600多年历史。城墙的厚度大于高度，稳固如山，墙顶可以跑车和操练。此外还包括护城河、吊桥、闸楼、箭楼、正楼、角楼、敌楼、女儿墙、垛口等一系列军事设施。城墙自建成后历经三次大的整修，明、清时各有一次，1983年政府对城墙进行了大规模修缮。现在的城墙不仅恢复了完整风貌，更与护城河及独具特色的环城公园一起焕发出新的风采，成为西安市一大旅游景观。

西安作为千年古都，历代曾多次修筑城池，但多数已湮没在历史长河中。明西安城的规模远小于唐长安城,因此大量重要的唐代建筑遗址分布在今西安城墙之外的郊野中。

三、平遥古城

平遥位于山西中部,太原盆地南端,是一座历史悠久的古城。据史料记载,平遥始建于西周宣王时期,至今已有 2700 多年的历史。明洪武三年(1370),出于军事防御的需要,扩建为今天的砖石城墙;以后明、清两代都有补修,但基本上还是明初的形制和构造。城墙周长 6.4 公里,城为方形,墙高 12 米左右,外表全部砖砌,墙上筑的垛口,墙外有护城河,深宽各 4 米,城周辟门六道,东西各二,南北各一。基本完整的城墙、井然的街道、雕饰精美的四合院、匠心独具木结构的佛寺、道观,构成一幅完整的古代县城风情画。城内文物古迹保存之多,品位之高,为国内所罕见。平遥古城是晚清时期中国最发达的金融都市,中国第一家票号“日升昌”诞生于此,开创了中国票号史的新纪元。平遥古城与湖北的荆州古城、西安古城、辽宁兴城并称为我国保存完好的四座古城。

四、宁远卫城

宁远卫城即今兴城市,位于辽宁省西南部、辽西走廊中部,东临渤海、北枕首山,是集“山、海、泉、城、岛”于一身的美丽城市。兴城古城位于兴城市市中心,始建于明宣德五年(1430),称宁远卫城;清代重修,改称宁远州城。古城呈正方形,边长 830 ~ 840 米,墙高 8.8 米,厚实的古城墙至今保存完好。古城四周各设一门,每座城门外原有半圆形瓮城,以护城门,现仅存南面一座。每座城门的墙上都建有城门楼,又称箭楼,门楼旁还陈列着当年明军抗清的古炮。兴城古城内四街十字相交,古城中央耸立着钟鼓楼一座,登楼鸟瞰全城,古朴典雅的明代一条街、乾隆帝赋诗评价过的祖氏石坊尽收眼底。

宁远卫城自古以来都是边防重镇,乃兵家必争之地。1626 年明末蓟辽总督袁崇焕仅以一万军民大败清太祖努尔哈赤的 13 万后金兵于城下,努尔哈赤也因炮伤身亡,史称“宁远大捷”。由于小城遗址保存完好,新中国成立后许多影视片如《平原游击队》、《三进山城》、《吉鸿昌》、《甲午风云》等都选这里作实地拍摄场所。

五、荆州古城

现存这座雄伟的荆州古城为明清两代所修造。砖城逶迤挺拔、完整而又坚固,是我国府城中保存最为完好的古城垣。砖城厚约 1 米,墙内垣用土夯筑,下部宽约 9 米。墙体外用条石和城砖砌筑。砖城通高 9 米,周长 11 公里。砖城墙体用特制青砖加石灰糯米浆砌筑。特制大青砖每块重约 4 公斤,有的烧制有文字。荆州古城墙作为古时的一项大型军事防御工事，除高大坚固的墙体和瓮城等建筑外，城墙之上还有众多配套的军事设施，如今尚存且最具作战防御功能、最有特色的要数暗设的四座藏兵洞，东西南北各一座，每座长 10.5 米，宽 6.3 米，深 6 米，分上下两层，可容 100 多人。

作为楚文化的发源地之一，荆州古城的周围出土了大量珍贵文物，属于国宝级文物的有西汉古尸、战国丝绸、越王勾践剑等。城北五公里处的纪南城曾作为春秋战国时期楚国的国都长达 411 年，留下了丰厚的历史文化遗存。

六、苏州古城

苏州古城，始建于公元前 514 年，从吴王阖闾令伍子胥建城至今，已有近 2500 个寒暑，虽然当年伍子胥“相土尝水，象天法地”设计和督造的古城早已不在，但至今苏州古城的城址位置却仍坐落在春秋时代的原址上。与宋《平江图》（中国现存最早的城市平面图）相对照，总体框架、骨干水系、路桥名胜基本一致，这在世界上也是罕见的。闻名中外的古水陆城门——盘门位于古城西南隅，是古城八门之一，也是苏州古城遗址中保存最为完整的部分。此门初名蟠门，因为吴王曾令工匠在门上雕刻蟠龙以威慑越国而得名，又因其水陆参半，迂回屈曲，故又称为“盘门”。城门包括两道陆门和两道水闸门，两道陆门间由门与城垣构成瓮城。现存城门为元至正十一年（1351）重建而成，明清两代迭有重修。

苏州也是中国最精致的城市，古城基本保持着古代“水陆并行、河街相邻”的双棋盘格局、“三纵三横一环”的河道水系和“小桥流水、粉墙黛瓦、古迹名园”的独特风貌，是全国河道最长、桥梁最多的水乡城市，被马可·波罗称为“东方威尼斯”，被法国启蒙思想家孟德斯鸠称赞为“鬼斧神工”。

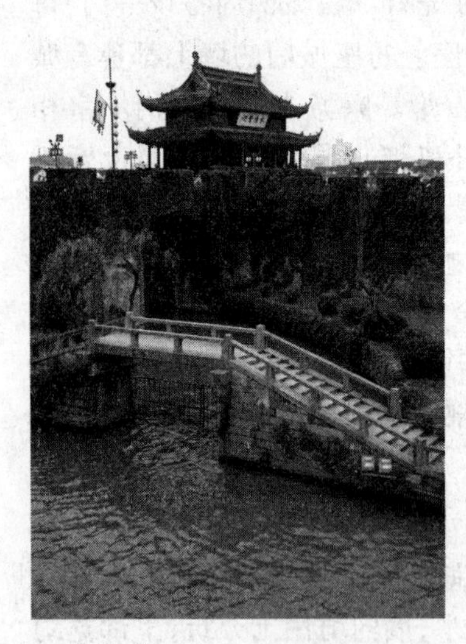

图 2－2　苏州盘门

七、丽江古城

滇西北的丽江古城，坐落在丽江坝子中部，面积约 3.8 平方公里，已有 800 多年的历史。丽江古城始建于南宋末年，是元代丽江路宣抚司、明代丽江军民府和清代丽江府驻地。丽江古城选址独特，布局上充分利用山川地形及周围自然环境，发源于城北象山脚下的玉泉河水分三股入城后，又分成无数支流，穿街绕巷，流布全城，形成了“家家门前绕水流，户户屋后垂杨柳”的诗画图。街道不拘于工整而自由分布，主街傍水，小巷临渠。300 多座古石桥与河水、绿树、古巷、古屋相依相映，极具高原水乡的美学意韵，被誉为“东方威尼斯”、“高原姑苏”。充分利用城内涌泉修建的多座“三眼井”，上池饮用，中塘洗菜，下流漂衣，是纳西族先民智慧的象征，是当地民众利用水资源的典范杰作，充分体现人与自然和谐统一。

**特别提示**

丽江古城与中国大多数古代城池不同，不筑城墙，据说，丽江当时的统治者姓木，他认为，若筑城墙，木字加框便成了“困”字，忌讳围墙。所以，丽江没有森严壁垒的城墙，只有因山而设的关隘。丽江古城是一座人文的小城，明亮的阳光下，总会有步履缓慢的上了年纪的纳西老人悠闲地踱步，他们身着遥远年代的靛蓝色衣服，头戴红军时期的八角帽，哼着一首叫《纳西净地》的歌曲，吟唱着心中的净地，对眼前身后猎奇的目光视而不见、不屑一顾。古城以其独特的风格，为研究我国古代城市建设提供了宝贵的实物资料，它是珍贵的历史文物，是中华民族的瑰宝。

古城心脏四方街明清时已是滇西北商贸枢纽，是茶马古道上的集散中心。四方街以彩石铺地，清水洗街，日中为市，薄暮涤场的独特街景而闻名遐迩。古城中至今依然大片保持明清建筑特色，雕绘装饰，外拙内秀，玲珑秀丽，被中外建筑专家誉为“民居博物馆”。丽江古城文物古迹众多，文化蕴含丰厚独特，是我国保存最完整、最具民族风格的古代城镇。作为古城居民的纳西族拥有悠久丰富的传统文化，闻名遐迩的东巴文化、纳西古乐、白沙壁画等展现了其厚重的内涵。丽江古城 1986 年被国务院公布为中国历史文化名城；1997 年 12 月 4 日，又以悠久的历史、独特的风格、灿烂的文化被联合国世界文化遗产组织列入世界文化遗产名录，成为中国首批受全人类共同承担保护责任的世界文化遗产城市。

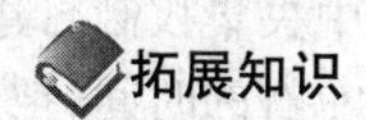

“纳西古乐”与“东巴文”

丽江纳西人历来重教尚文，许多人擅长诗琴书画。在古城多彩的节庆活动中，除了通宵达旦的民族歌舞和乡土戏曲，业余演奏的“纳西古乐”最为著名。其中，《白沙细乐》为集歌、舞、乐为一体的大型古典音乐套曲，被誉为“活的音乐化石”；另一部丽江《洞经音乐》则源自古老的道教音乐，它保留着许多早已失传的中原辞曲音韵。丽江纳西古乐曾应邀赴欧洲多国演出,受到观众的热烈欢迎和赞誉。由于乐队成员多是来自民间年逾古稀的老人,因此又有"纳西寿星乐团"的美誉。

丽江一带迄今流传着一种图画象形文字"东巴文"。这种纳西族先民用来记录东巴教经文的独特文字,是世界上唯一活着的图画象形文。如今分别收藏在中国以及欧美一些国家图书馆、博物馆中的20 000多卷东巴经古籍,记录着纳西族千百年辉煌的历史文化。其中称作《磋模》的东巴舞谱,包括数十种古乐舞的舞蹈艺术,是极为罕见的珍贵文献。被誉为古代纳西族"百科全书"的东巴经,对研究纳西族的历史、文化具有重要价值。

(资料来源:根据中国旅游网相关资料整理)

第四节　世界遗产——万里长城

中国万里长城是世界上修建时间最长、工程量最大的一项古代防御工程。自公元前七八世纪开始,前后延续不断地修筑了2000多年,绵延于中国北部和中部的广大土地上,总计长度达5万多公里。"上下两千多年,纵横十万余里"的巨大工程,其工程量之大,令人叹为观止,被称为人类建筑史上的奇迹之一。1987年长城被列入《世界遗产名录》。

一、长城修筑的历史

长城修筑的历史可上溯到公元前9世纪的西周时期,当时周王朝为了防御北方游牧民族的袭击曾修筑列城和烽火台。春秋、战国时期各国诸侯为了争霸、相互防御,在各自的边境上修筑起长城,最早建筑的是公元前7世纪的楚长城,其后齐、韩、魏、赵、燕、秦、中山等大小诸侯国都相继修筑长城以自卫。这一时期各国所建长城的形式和所用材料各不相同,长度大都较短,为了与后来秦始皇所修万里长城区别,史家称之为"先秦长城"。

公元前221年,秦始皇灭六国,建立起第一个多民族统一的中央集权制封建国家。为防御匈奴侵扰、巩固边防,从公元前217年起,花了10年左右的时间,把秦、赵、燕三国的长城连成一体,修建了西起甘肃临洮,北傍阴山,东至辽东,蜿蜒万余里的中国历史上第一道万里长城。

汉武帝时也曾数次修筑长城,用来保护河套、陇西等地区以及东西往来的交通安全;汉长城长达2万余里,西起新疆罗布泊东到鸭绿江口,古丝绸之路有一半的路程就是沿着这条长城而行的,汉长城是中国历史上最长的长城。

此后,南北朝、隋、宋、辽、金、明等各代均对长城进行不同规模地修筑。其中有两个朝代没有修筑长城，即以经济实力辐射周边的唐朝和以军事势力征服世界的元朝。明代为了防御鞑靼、瓦剌族的侵扰，对长城进行了20次大规模的修建，工程延续了200多年，初期修建的长城东起鸭绿江，西到祁连山麓，全长7300多公里；如今人们见到的长城大都是明中叶以后经过修缮至今比较完好的，西起嘉峪关，东到山海关，横跨甘肃、陕西、宁夏、内蒙古、山西、北京、河北7个省区，长达5660公里。明长城修筑规模之宏大，防御组织之完备，所用建筑材料之坚固，都大大超越以前各个朝代。中国长城的大规模修筑伴随明朝的灭亡，于17世纪中叶结束。

长城作为一座历史的实物丰碑，身上所蕴藏的中华民族两千多年光辉灿烂的文化艺术内涵极为丰富。古往今来不知有多少帝王将相、戍边士卒、骚人墨客、诗词名家为长城留下了不朽的篇章。

二、长城的防御工程体系

现存明长城，其防御体系由军事建筑和与之配套的军事机构组成。

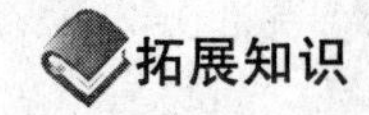

明长城的军事机构

明长城的防御工程体系，由各级军事指挥系统层层指挥、节节控制。在万里长城防线上分设了辽东、蓟、宣府、大同、山西、榆林、宁夏、固原、甘肃九个军事管辖区，来分段防守和修缮东起鸭绿江，西止嘉峪关，全长7000多公里的长城，称作"九边重镇"，每镇设总兵官作为管辖区的军事长官，受兵部的指挥，负责所辖军区内的防务或奉命支援相邻军区的防务。明代长城沿线约有100万人的兵力防守。总兵官平时驻守在镇城内，其余各级官员分驻于卫所、营城、关城和城墙上的敌楼和墩堡之内。

（资料来源：根据柳正桓的《中国世界自然与文化遗产旅游》等相关资料整理）

明长城的军事建筑防御体系并不只是一道单独的城墙，而是由城墙、敌楼、关城、烽火台及墩堡、营城、卫所、镇城等多种防御工事所组成的一个完整的防御工程体系。长城作为一项防御工程，人们在2000多年的修筑过程中积累了丰富的经验。首先，在布局上，秦始皇修筑万里长城时就总结出了"因地形，用险制塞"的经验。2000多年一直遵循这一原则，成为军事布防上的重要依据。其次，在建筑材料和建筑结构上以"就地取材、因材施用"的原则，创造了许多种结构方法。有夯土、块石片石、砖石混合等结构；在沙漠中还利用了红柳枝条、芦苇与砂粒层层铺筑的结构，可称得上是“巧夺天工”的创造。

（一）城墙

长城的城墙是这一防御工程的主体部分。它建于高山峻岭或平原险阻之处，根据地形和防御功能的需要而修建，凡在平原或要隘之处就修筑得十分高大坚固，而在高山险处则较为低矮狭窄，以节约人力和费用。在一些无法修筑的险峻之处，则采取了“山险墙”和“劈山墙”的办法。

在居庸关、八达岭和河北、山西、甘肃等地区的长城城墙，一般平均高达七八米，底部厚约六七米，墙顶宽约四五米。在城墙顶上，内侧设宇墙，高1米余，以防巡逻士兵跌落，外侧一面设垛口墙，高2米左右，垛口墙的上部设有望口，下部有射洞和礌石孔，以观看敌情和射击、滚放礌石之用。有些重要城墙顶上，还建有层层障墙，以抵抗万一登上城墙的敌人。到了明代中期，抗倭名将戚继光调任蓟镇总兵时，对长城的防御工事作了重大的改进，在城墙顶上设置了敌楼或敌台，以住宿巡逻士兵和储存武器粮草，使长城的防御功能得到了极大的加强。

图2-3　长城上的敌台与敌楼

特别提示

在蓟镇长城的墙垣顶上，接近敌台之处，往往建有一排排的短墙，高逾2米，名叫障墙或战墙。这种障墙之上筑有望孔与射孔，是为了阻挡已经登上城墙的敌人逼近和攻占敌楼，多排障墙便于步步抵抗上城之敌。这种障墙是蓟镇长城的特殊结构，为戚继光的创举。

在今甘肃玉门关和阳关以西的汉长城的墙体，大多是用红柳、芦苇夹沙砾修筑的。这是因为在戈壁滩上既无石块又无黏土，只有流沙、砾石以及水泊中的芦苇和红柳，就地取材筑城只能用这些材料。从现存的这种城体结构看，虽经过两千多年的风霜雨雪，砾沙与柳苇仍坚固地黏结在一起，不少地段城体屹立，达数米高。

在明长城东端的辽东镇与西端的兰州镇，还有一种木栅墙。这是一种用柞木编制的木栅墙，或用木板做的木板墙，属于另一种长城墙体结构。

（二）关城

关城通常建于关津要隘之处，是万里长城防线上最为集中的防御据点。关城所处位置都控制着内外通路，而且地势险峻，凭险筑关，易守难攻，一夫当关，万夫莫敌。它通常选择和构筑在具有重要战略、战术价值和敌我必争的高山峻岭之上，深沟峡谷之中，依山傍水的咽喉之地；或构筑在能控制江河海湾的要地，能以较少兵力抗击较多敌人的进攻。关隘上所构筑的关城，是长城防线上起支撑骨干作用的守御要点，是和长城防线在某一地区的安危直接相关的。

长城沿线的关城有大有小，数量很多。以明长城的关城来说，大大小小有近千处之多，著名的如山海关、黄崖关、居庸关、紫荆关、倒马关、平型关、雁门关、偏关、嘉峪关以及汉代的阳关、玉门关等。有些大的关城附近还带有许多小关城，如山海关附近就有十多处小关城，共同组成了万里长城的防御工程建筑系统。有些重要的关城，本身就有几重防线，如居庸关除本关外，尚有南口、北口、上关三道关防。北口即八达岭，是居庸关最重要的前哨防线。

（三）烽火台

烽火台又称亭隧、烽燧，俗称烽堠、烟墩，是传递军情的墩台建筑，是万里长城防御工程中最为重要的组成部分之一。烽火台都建在山岭最高处，相距约 1.5 公里；一般烽堠用夯土筑成，重要的烽堠在外包砖，上建雉堞和瞭望室。

烽火台这种传递信息的工具很早就有了，长城一开始修筑的时候就很好地利用了它而且逐步加以完善。信息传递的方法是白天燃烟、夜间举火。这是一种传递信息很科学又很迅速的方法。为了报告敌兵来犯的多少，采用了以燃烟、举火数目的多少来加以区别。到了明朝还在燃烟、举火数目的同时加放炮声，以增强报警的效果，使军情传递顷刻千里。在古代没有电话、无线电通信的情况下，这种传递军情信息的办法可以说是十分迅速了。

烽火台布局在高山险处或峰回路转的地方，相邻的烽火台能够彼此相望，其作用除了传递军情之外，还可为来往使节提供安全保护、食宿，供应马匹粮秣等服务。有些地段的长城只设烽台、亭燧而不筑墙，可见烽火台在长城防御体系中的重要性。

长城作为防御工程，它翻山越岭，穿沙漠，过草原，登绝壁，跨河流，所经地形之复杂，所用结构之奇特，在古代建筑工程史上可谓一大奇观。

三、长城的主要游览胜地

明之前的长城多为夯土筑成，久经风雨侵摧，多已颓毁，以致秦汉长城在今天仅存少数烽燧和断垣的遗迹，现在看到的蜿蜒于群山之巅的砖砌长城均建于明代。目前，古老的长城经过修整，许多区段成为游览胜地。长城的游览胜地主要有：北京延庆县的八达岭长城、北京怀柔区的慕田峪长城、北京密云县的司马台长城、河北滦平县的金山岭长城、天津蓟县的黄崖关长城、河北秦皇岛市的山海关、甘肃嘉峪关市的嘉峪关等。尤其以山海关、八达岭、嘉峪关、雁门关和玉门关等最为知名。

（一）山海关

山海关是举世闻名的万里长城第一关，位于秦皇岛市东北 15 公里处，北接峰峦起伏的燕山山脉，南临波涛汹涌的渤海之滨，枕山襟海，形势险要，是东北、华北间的咽喉要冲，素有“两京锁钥无双地，万里长城第一关”之说，自古以来就是兵家必争之地。

山海关又名榆关，筑于明洪武十四年，为明朝魏国公徐达所建。因关在山与海之间而得名。山海关以关城为主体，融山、海、关为一体，气势磅礴；城高 14 米，周长 4 公里，全城有四座主要城门，其中东门正中高悬一块“天下第一关”的匾额，为明代著名书法家萧显手书。关城和东西罗城、南北翼城和威远城、宁海城共七个城堡组成结构严谨的古代城防建筑群。现存山海关关城和附近的长城、城堡、墩台都是明代建筑。

（二）居庸关与八达岭长城

居庸关位于北京昌平区。“居庸关”一名始自秦代，相传因秦始皇“徙居庸徒”（佣工）到此修筑长城而得名。现存关城建于明初。关城位于长达 20 公里的深谷之中，是北京西北的门户。明代在关城设卫所，驻重兵把守，并统辖附近长城沿线的守军。关城中心有一过街塔基座，名云台。云台建于元至正五年(1345)，以白色大理石砌成，正中开一石券门，门道可通车马。券门和券洞刻有浮雕图案，艺术价值很高。

八达岭长城位于北京市北郊延庆县境内军都山上，是“天下九塞”之一的居庸关外镇，海拔逾千米，地势极为险要，历代都派重兵把守。古人说：“居庸之险不在关而在八达岭。”至今八达岭山崖下，还留有“天险”二字的题记。八达岭长城主要由关城、敌楼、城墙和烽火台组成，关城墩台高大，墙宽 20 多米，厚 17 米，高 7.8 米，下面建有大门，顶部为长方形城台，四面筑有宇墙、垛口，城台两侧各建敌楼一座，以墙连通，与关城构成掎角之势。八达岭长城城墙雄伟壮观，城墙下部是就地开采花岗岩石条，上部是特制大砖，缝部灌以灰浆，平均高 7.8 米，顶宽 4.5 至 5.8

米,可容“五马并骑,十行并进”。八达岭长城每隔一段就有一座敌楼,上下两层都有射击口、瞭望口、吐水嘴,楼顶有垛口。登上八达岭长城,极目长天,只见群山逶迤,峰峦叠嶂,万里长城似一条巨龙,翻山越岭,一个堡垒连着一个堡垒,一段城墙连着一段城墙,一望无际,气势非常雄伟。

(三)嘉峪关

嘉峪关位于甘肃省西北部,嘉峪关市西南,是明代万里长城西端的终点,始建于明洪武五年(1372),南面为终年积雪的祁连山,北面是起伏连绵的马鬃山,地势险要,气势雄伟,以巍峨壮观著称于世,被誉为“天下雄关”。关城平面呈梯形,周长 733 米,面积 3.3 万平方米,城墙高 10 米。西城墙外侧又加筑了一道厚墙,使防御更加坚固。南北城墙外侧有低矮土墙与其平行,构成罗城。城关有东西二门,其上各筑有关楼一座,高约 17 米,结构精巧,气势雄伟。东西二门外建有瓮城。关城四隅有角楼,高两层,形如碉堡。

登楼远望,长城游弋于茫茫戈壁滩,若隐若现,天晴之日,或海市蜃楼、或塞上风光,奇特景色尽收眼底。据传当年建关时,匠师计算用料十分精确,竣工后只剩一块砖。此砖今存西瓮城门楼后檐台之上。

(四)司马台长城

司马台长城位于北京市密云县东北部的古北口镇境内,距北京 120 公里。司马台长城始建于明洪武初年(1368),加修于明隆庆至万历年间戚继光任蓟镇总兵之时,隶属明代“九镇”中蓟镇古北口路所辖。它东起望京楼,西至后川口,全长 5.7公里,敌楼 35 座。司马台长城山势陡峭,地势险峻,工程浩大,虎踞龙盘,气势非凡。整段长城构思精巧,设计奇特,结构新颖,造型各异,堪称万里长城的精华。著名长城专家罗哲文教授赞誉道:中国长城是世界之最,而司马台长城又堪称中国长城之最。这是险峻雄奇与丰富多彩相结合的奇观,是大自然与独到匠心共同营构的奇观。

这段奇妙的长城历经四百多年的风雨洗礼,至今仍然较好地保存了明长城原貌,最大限度地保留了历史信息。那苍老的颜色,斑斑点点的“伤迹”,大量的文字砖群,技艺精湛的浮雕,完美的建筑工艺和长城磅礴飞舞的身躯,为人们欣赏、了解和认识长城增添了极大的乐趣。

思考与练习

一、填空题

1. 把城邦国家建置体制与城邑建设体制统一起来,规定了严格的礼制营建制度的朝代是________,________中谈到了西周营建城垣的规定。

2. 在中国城市规划史上，________的改建使都城布局发生了一次划时代的转折。全城自内而外有________、________、________三重城墙，各有护城河。之前的________两代将中轴对称，分区明确的方格网、封闭坊市类型的城市发展到了巅峰，影响遍及东亚地区。

3. 南京现存古城垣修筑于________，即应天府城，从内到外由________城墙构成。其正南门，俗称________是南京城墙上最大的一座城门，也是我国现存最大的一座城堡，1931 年改为中华门。

4. 丽江古城始建于________，街道不拘于工整而自由分布，主街傍水，小巷临渠。极具高原水乡的美学意韵，被誉为________。作为古城居民的________族拥有悠久丰富的传统文化，闻名遐迩的________、________等展现了其厚重的内涵。

二、简答题

1. 请简要阐述城池与长城的防御体系的工程结构。

2. 请简要阐述中国古代城防建筑的形制与营造特征。

3. 请简要阐述长城历史上的三次修筑高潮与现存长城的主要游览胜地。

4. 城防建筑是我国古建筑的重要类型，是灿烂的中华文明的一颗明珠，你认为在这类旅游资源的讲解中应抓住哪些要点，以你感兴趣的古城池为例进行导游讲解。

案例分享

城垣的营造

城垣的营造是一项艰巨工程。夯筑墙要备好夹版、立柱、夯杵等筑城器具。然后选土，筛出杂质才可用以筑城。要一层层、一段段夯打坚实。为了防碱，还要在夯筑时于墙体下层每隔一定距离铺一层纵横交错的芦苇，以防止地下碱随水分渗入城墙而损害墙体。石墙要采石、选石、凿成长方形条石。筑砌要顺势（顺山势）找平，城基虽有起伏，但筑砌成的条石，一定要水平平行，否则会因条石受力不匀而断裂，使墙体塌陷。

筑城墙要打好基础，先砌两边，然后层层上砌，层层填厢，直至结顶。墙顶一般要平铺数层砖，用石灰筑缝，使野草杂树无法扎根生长，以保墙体不坏。在起伏延伸的城墙上，当坡度不大时，可以砌筑斜坡，而当坡度超过 45°时，就要砌成梯道形。在长城上这种梯道不少，其做法是先砌高约 1～3 米的大梯，然后再在大梯之内砌筑小梯（正常踏步）。

在新疆罗布泊与玉门关一带的柳苇夹砂砾墙，筑造更为困难，先在地基上铺一层 5 厘米厚的芦苇或红柳枝条，上面铺一层 20 厘米厚的沙砾，如此交替铺筑至五六米，芦苇和砾沙铺筑20层左右。

古代君王对筑城质量要求苛刻，据《太平御览》所引《晋载记》："赫连勃勃，以叱干呵利领匠作大匠，乃蒸土筑城。以锥刺之，锥入一寸，杀做者，不入即杀行锥者。"修筑其他城垣也有类似例子，用箭射新修筑的城墙，不入谓之佳，射入谓之劣，颓而重修。

备料与运输是营城的要务，包括取土、采石、选木、烧砖、烧石灰，将这些材料运至砌筑现场要花费巨大的劳力。从现存的记功碑文中，可以得知挖土、采石、烧砖、烧石灰都有专职官员和石场、窑厂负责采办、烧制。

古代搬运筑城材料最原始的方法是人背、肩扛、担挑、杠抬来运输大量的城砖、土石、石灰。在人多务急时也采取排队传递的方法。《析津志》记载："金朝筑燕城（即中都），用涿州土，人置一筐，左右手排立定，自涿至燕传递，空筐出，实筐入，人止土一畚。"在平川之地也常用手推车推运土石砖木。若是向山头运送大块砖石或木材则常使用滚木撬杠或用绞盘。跨谷运输则用"飞筐走索"的办法。畜力车运土、石也是常用的办法之一，多用于平原筑城。若是山坡、山脊筑城，就只得采用驱赶山羊、毛驴驮运砖、灰上山。

筑城与运输筑城土石需要大量的劳力，历代王朝为筑城要征收大批劳役。史书记载秦始皇筑长城征役力50万人，汉惠帝两次征发京兆、冯翊、扶风三郡男女逾14万筑长安城。另外北魏、北齐、隋、金、明也都曾使用几十万或上百万的劳力筑城。这些劳役，一种是力役，即征调的民夫，一种是军卒，还有一种是刑徒。自古以来筑城就是一种艰苦的力役，使民众蒙受无尽的苦难。金代营造中都，几乎动员了全国的人力物力。据记载动用民夫、工匠、士卒达120万人之多，加以工程浩大，时间紧迫，官吏暴虐，暑月工役多疾，死者不可胜计。

（资料来源：根据中国建筑出版社编的《城池防御建筑》及相关的历史资料整理）

案例思考题："万里长城今犹在，不见当年秦始皇。"你认为秦始皇为什么要修万里长城？应当怎样评价秦始皇筑长城的功与过？

第三章 宫殿建筑

引 言

宫殿是封建社会政治与伦理观念的直接投射。中国历代封建王朝都非常重视修建象征帝王权威的皇宫，并逐渐形成了完整的宫殿建筑体系。与西方和伊斯兰世界宗教建筑注重单体建筑的宏伟、典雅、奢华不同，中国宫殿建筑以群体布局的空间处理见长。其以规模宏大，格局严谨，给人强烈的精神感染，凸显皇权的至高无上而著称。中国建筑成就最高、规模最大的就是宫殿建筑，可以说，宫殿建筑凝结了中国古典建筑风格与技术的全部精髓。本章将向大家介绍中国古代宫殿建筑的起源与发展、布局与造型艺术及现存著名宫殿建筑。

学习目标

1. 了解中国古代宫殿建筑的起源与发展。
2. 熟悉宫殿建筑的布局与造型艺术。
3. 掌握现存著名宫殿建筑。
4. 掌握中国古代宫殿的建筑礼制观念。

第一节 中国古代宫殿建筑的起源与发展

如果说西方古代建筑的历史是以大量宗教建筑“组织”起来的，那么中国建筑文化，无疑是围绕着都城的宫殿而“写就”的。中国历来是一个“淡于宗教”、浓于“政治伦理”的东方古国，宫殿建筑是中国建筑文化类型的主角。

一、宫殿建筑的起源

宫殿既为帝王所专有，显然是进入阶级社会后的产物。秦汉以后，只有王者所居的地方才称为宫,与公务殿堂一起统称为宫殿。但是,在中国古代早期文献中,“宫室”并非专指帝王的宫殿,而是对房屋的通称。以宫室的“宫”的象形文字来看,它主要表现为有墙有顶的房屋。由此可知当时所谓的“宫室”不过是区别于掘地成穴的穴居和构木为巢的巢居的另一种建筑形式,但它无疑是一种较为高级的形式。

这种原始的仅以墙体和屋顶区别于巢穴的房屋如何成为最早的宫殿,或许从氏族公社晚期的遗址中可以找到它的历史线索。

(一)氏族盛期的“大房子”

原始社会晚期,母系氏族公社繁荣阶段的聚落中心广场附近都建有体量比较大的房屋,考古学把它叫作“大房子”。在黄河中上游流域已发现的典型实例是西安半坡仰韶文化遗址。“大房子”为一般住房所环绕,有的聚落遗迹中发现一座(如西安半坡),有的发现数座(如临潼姜寨)。这是氏族公社时期一种最早出现的公共建筑。

根据现存民族学的材料可以推知,原始氏族时期的“大房子”除了氏族首领居住外,也是丧失生产能力的和不能独立生活的社会被抚养人口,诸如老年、儿童以及病、残成员的集体宿舍。这些人集中居住,便于社会的照顾。同时,由于这里居住着最受尊敬的氏族首领及老年人,而且建筑空间较大,所以它又是氏族集会议事和举行仪式的场所。因此“大房子”成为当时最重要的建筑物,它的建造需要动员全公社的人力、物力。它不仅建筑规模大,而且在工程质量上也是全公社最好的。

“大房子”的出现,使原始聚落的建筑群形成了一个核心,它反映了团结向心的氏族公社的原则。当原始公社解体、奴隶制度确立之后,氏族社会所留下的建筑遗产中,最高水准的“大房子”必然被已蜕变为奴隶主的首领所占用,使它发生质的变化,从而出现了历史上最古老的统治阶级的宫殿。

(二)夏商时期的宫殿

迄今考古发现最早的宫室建筑遗址,是河南省偃师县二里头村商代早期的建筑遗址。该遗址被认为可能是成汤都城西亳的宫殿遗址。考古界也有人推测为夏代的遗存。不论是夏或商都,这组规模较大、布局完整的建筑遗址,显然属于大奴隶主统治者所有,它提供了中国早期宫室建筑的一种形制。这座宫室建筑的基址是经垫土夯筑的,也可以说整组建筑是建造在一个低矮而广大的土台之上。夯土台平面近方形而缺东北一角,东西长 108 米,南北长 101 米(图 3－1)。在夯土基址上,有廊庑沿台的周边围成一个封闭性的广场——“庭”,是举行朝觐等仪式的场地。在“庭”的中部偏北又有高起的土台,长约 36 米,宽约 25 米,是主要殿堂的基座。其上宫室,长 30.4 米,宽 11.4 米,从柱洞的排列可知,为一座面阔八间、进深三间的殿堂。

这种面阔取双数开间的做法，在湖北黄陂盘龙城商代中期宫殿遗址及河南安阳小屯商代晚期遗址中都有发现。奴隶制时代崇尚中央的观念，反映在建筑上即崇尚中轴对称的形式。双数开间是古代早期建筑强调中轴对称的一种形式，即在中轴线上布置柱子，两侧对称地分设开间和东西阶。但殿堂居中立柱对于居中设座是有妨碍的，这也许是后来面阔开间由双数改为单数的原因。

此座殿堂大柱洞外还有小柱穴，当是撑檐柱的遗迹，表明这座殿堂在屋顶下设有披檐，如此，这座殿堂也就是《周礼·冬官·考工记》所载的“四阿重屋”（四坡顶重檐）、“茅茨土阶”（草顶土台基）。

“四阿重屋”、“茅茨土阶”乃是中国古代早期宫室的典型形式。这种形式，也是在历代宫殿营造经验的基础上产生的，首先它是由实用功能所要求的。以土、木为主要材料的建筑，需要有高出地面的夯土台基以利于防水避潮，而为保护其夯土台基和墙体、柱子免遭风雨的侵蚀，开始曾用擎檐柱来加大出檐，而更好的方法则是在屋盖下另出一周檐廊或披檐。这在外观上看去便成为重檐屋盖。古书中所谓“四阿重屋”即重檐四披顶的意思。

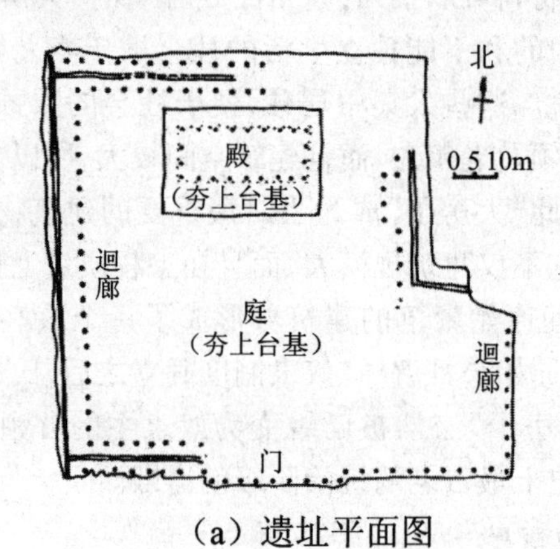

（a）遗址平面图

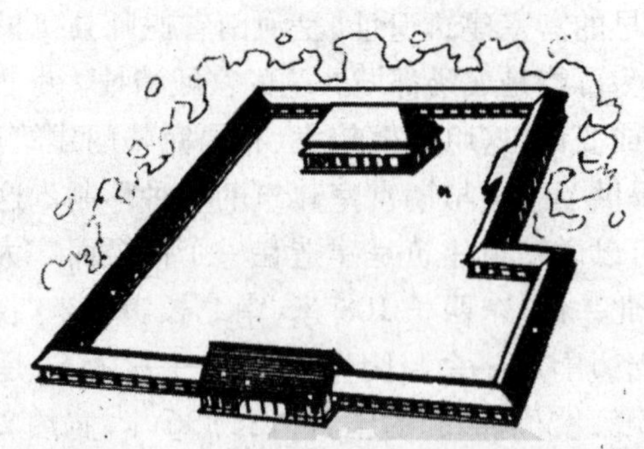

（b）复原鸟瞰图

图 3－1　偃师二里头宫殿遗址

“四阿重屋”建筑高大,防雨、防晒,保证夏季通风和冬季日照,同时造形高崇壮观,成为宫殿建造的范例。于是相沿成习,被后人奉为至尊的式样,以致此后三千余年一直成为宫殿主体殿堂的定制,如明清北京故宫的太和殿。

(三)东周时期的宫殿——高台宫室的出现

东周时期盛行高台建筑,从已经发现的春秋战国时期的宫殿遗址得知,燕国下都和赵国邯郸都是在中轴线上串联的一些高台建筑宫殿。东周的宫殿通常是在高七八米至十余米的阶梯形夯土台上逐层构筑木构架殿宇,形成建筑群,外有围墙和门。这种高台建筑既有利于防卫和观察周围动静,又可显示出帝王的威严。

拓展知识

成书于战国时代的《考工记》记载了当时人们对宫殿建筑的规划,认为宫殿的基本布局应该分为举行重大仪式和政治活动的“外朝”、处理日常政务的“治朝”和起居生活的“燕朝”。“内有九室,九嫔居之”,“外有九室,九卿朝焉”,整个宫殿布局前朝后寝,左祖右社,有中轴线,筑城墙,形成宫城。《考工记》在西汉中期正式列为儒家经典,其宫室制度对汉代以后各代的宫室营造有极大影响。

(资料来源:根据黄振宇、潘晓岚的《中国古代建筑与园林》等相关资料整理)

二、宫殿建筑的发展

我国历代皇家大都集中了当时的能工巧匠,动用大量人力和财力,建筑起庞大的宫殿建筑。这些作为皇权象征的古代宫殿,代表了当时最高的建筑技术和建筑艺术,形成了不同时代的宫殿建筑特征,造就了我国独特的宫殿文化。

(一)秦汉时期的宫殿建筑

从秦朝开始,“宫”成为皇帝及皇族居住的地方,宫殿则成为皇帝处理朝政的地方。秦汉两朝宫殿的特点,主要突出一个“大”字。人们常说故宫是中国现存最大、最完整的古建筑群,其实,与秦汉时期的宫殿相比,故宫只能算是“迷你宫殿”。

1.秦代宫殿

秦朝是我国历史上的一个极为重要的朝代。秦朝虽然历时很短,但对后世影响极大。

秦始皇的好大喜功在建筑上表现得十分突出,他统一全国后,建造了规模空前的宫殿,分布于关(函谷关)中平原,绵延数百里,开帝王为自己建造大宫殿之先河。据《史记·秦始皇本纪》记载:“始皇以为咸阳人多,先王之宫廷小……乃营作朝宫渭南上林苑中。先作前殿阿房,东西五百步,南北五十丈,上可以坐万人,下可以建五丈旗。周驰为阁道,自殿下直抵南山,表南山之巅以为阙。”《阿房宫赋》中也有“阿房宫,三百里”的说法,足见其规模之大。

2.汉代宫殿

汉代宫殿继续追求规模的宏大。汉长安城的宫殿几乎占了长安城的一半地方。如果按照宫殿所在区域划分,大致可以分为未央宫区、长乐宫区和建章宫区,这是一个庞大的建筑群体,不仅占地广阔,而且高殿低宇,鳞次栉比,各有特色。皇帝居住的未央宫是皇帝与群臣进行政治活动的地方,长乐宫则是太后进行政治活动的场所。汉长安城的长乐宫虽然是太后之宫,但从多年宫殿建筑的考古发掘来看,其重要性不亚于皇帝所居住的未央宫。这显示出西汉时期太后的政治地位与皇帝不相上下。同时各宫都围以宫墙,形成宫城,宫城中又分布着许多自成一区的“宫”,这些“宫”与“宫”之间布置有池沼、台殿、树木等,格局较自由,富有园林气息。

(二)魏晋时期的宫殿建筑

魏晋时宫殿建筑集中于一区,与城市区分明确。但从南朝建康起,各代宫城基本呈南北长的矩形,宫殿布局多取南北纵深的方式,大致是在宫城内设前朝、后寝,宫城北面常有苑囿。这个时期的宫城开始有中轴线,南面开三门。隋、唐、北宋、金、元的宫城均如此,至明代又改为南面一门。这个时期宫城内的朝会部分还流行三座大殿呈“品”字形布局的方式。

(三)隋唐时期的宫殿建筑

隋唐宫殿建筑总结了魏晋宫殿建筑的经验,在方整对称的原则下,沿着南北轴线,将宫城和皇城置于全城的主要部位;三朝五门南北纵列布置,门内中轴线上建太极、两仪两组宫殿,前者为定期视事的日朝,后者为日常视事的常朝。五门依次是:承天门、嘉德门、太极门、朱明门、两仪门。这种门殿纵列的制度为宋、明、清各朝所因袭,是中国封建社会中、后期宫殿布局的典型方式。

唐高宗时在长安城东北外侧御苑内建大明宫,前部中轴线上建三组宫殿,以含元殿为大朝,宣政殿为日朝(又称“正衙”),紫宸殿为常朝(又称“内衙”)。内廷殿宇则自由布置,并和太液池、蓬莱山的风景区结合,这是汉、魏以来宫与苑结合的传统布局。隋、唐两代,离宫也很兴盛,重要的有终南山太和宫(唐改为翠微宫)、唐时的华清宫等。在赴离宫的沿途又建有大量行宫。

(四)宋、金、元时期的宫殿建筑

两宋时期,由于琉璃、彩画和雕刻技艺大量用于建筑,唐代刚劲豪放、朴实无华的建筑风格慢慢被充满色彩和装饰的宋代建筑所取代。这一时期的斗拱比唐代减小,柱子比唐代纤细,梁枋柱头遍绘各种装饰,门窗的棂花纹样渐多,窗扇从固定变为可灵活开放,华夏最神圣的图腾——龙的纹样,开始在宫殿建筑上出现。唐代比较简洁的低矮台阶,开始被多层腰带装饰的须弥座所替代。

金朝的建筑最初继辽代的传统,尚存唐代建筑的豪放风貌;后期讲求华丽,其宫殿富丽堂皇。其后蒙古人建立的元朝,充分利用宗教作为统治工具,在继承和吸引传统建筑艺术的基础之上,融合各民族的文化特色,在装饰手法上取得很大突破。

1. 北宋汴京宫殿

北宋汴京宫殿是在原汴州府治的基础上改建而成,宫城面积仅及唐大明宫的十分之一左右,官府衙署大部分在宫城外同居民住宅杂处,苑囿也散布城外。宫廷前朝部分仍有三朝,但受面积限制,不能如唐大明宫那样前后建三殿。其宫城正门为宣德门,门内为主殿大庆殿,供朝会大典使用,相当于大朝;其后稍偏西为紫宸殿,是日朝;大庆殿之西有文德殿,称“正衙”。其后有垂拱殿,是常朝;三朝不在一条轴线上。为了弥补宫前场面局促的缺陷,宣德楼前向南开辟宽阔的大街,街两侧设御廊,街中以杈子(栅栏)和水渠将路面隔成三股道,中间为皇帝御道,两侧可通行人。渠旁植花木,形成宏丽的宫城前导部分,这种布局成为金、元、明、清宫前千步廊的滥觞。

2. 金中都宫殿

金中都宫殿位于明北京城西南,承袭北宋规制,但中轴线上建筑分皇帝正位和皇后正位两大组,由于广泛使用青绿琉璃瓦和汉白玉石,建筑物绚丽多彩。

3. 元大都宫殿

元大都宫殿在都城南部,分三部分:大内宫城是朝廷所在,在全城中轴线上;宫城之西有太后所居的隆福宫和太子所居的兴圣宫;宫城以北是御苑。宫内继承金中都宫殿在中轴线上建大明殿、延春阁两组,为皇帝、皇后正位。其他殿宇也有不少特色,如在传统汉式殿宇内用毛皮或丝织品作壁障、地衣,不显露墙面、地面和木构架,保持了游牧民族毡包生活习尚;琉璃瓦当时已发展成黄、绿、青、白等多种色彩,加之喜用红地金龙装饰,充分展现了多民族的建筑风格。

(五)明清时期的宫殿建筑

明清时期的宫殿建筑与汉唐时期差别比较大,规模和建筑形式已经有了极大的改变。汉唐时期的宫殿通常把阙和正殿建造在一起,这样两侧有高阙,水平、垂直两方向都显得更宏伟一些;而明清时期的紫禁城用阙的只有午门,三大殿都没有使用。在规模上,明清时期的宫殿也远远小于汉唐时期。朱元璋尚节俭,所以修筑明南京宫殿的时候,规模就比较小;朱棣营建北京紫禁城时,仍然是按照明南京故宫的格局,只是做了一些放大和改动,所以整体规模仍然比较小。

第二节　中国古代宫殿建筑的布局与造型艺术

中国古代宫室殿堂的布局特别讲究“庭院式组群”的平面布局和组合原则,以自然的“天时地利”和“人和”为最主要的设计思想,从而追求体现“天人合一”的自然审美观。另一方面,"循序渐进、逐步深入"的礼仪规范和"尊卑有序,上下有别"的道德秩序在中国古代宫室殿堂的布局和造型艺术中得到充分体现。

一、宫殿建筑的布局特征

我国古代宫殿经过长期的发展,形成了一定的布局形制,主要有以下一些特征。

(一)严格的中轴对称

为了体现皇权的至高无上,表现以皇权为核心的等级观念,中国古代宫殿建筑采取沿中轴纵深发展、对称布局的形式。中轴线上的建筑高大华丽,中轴线两侧的建筑相对低小简单,形成鲜明对比,显示帝王宫殿的尊严、华美和皇权的绝对权威。

(二)左祖右社

中国文化中有一个重要内容就是祖先崇拜,所以在建筑中祖庙显得非常重要。中国是个传统的农耕社会,"民以食为天",所以祭祀土地神和粮食神非常重要。宫殿建筑中"左祖右社"形制的设立正好体现了这些观念。

左祖右社布局即宫殿的左前方通常设祖庙(也称太庙),供帝王祭拜祖先,右前方则设社稷坛,供帝王祭祀土地神和粮食神(社为土地,稷为粮食)。古代以左为上,所以左在前,右在后。在宫殿的左边(东)设祖庙,右边(西)设社稷,左右对称,便成了中国宫殿的"标准配置"。

(三)前朝后寝

"前朝后寝"或者说"前殿后宫"是宫殿自身的布局方式。"前朝"是帝王办公、处理政务、举行大典之处,"后寝"是皇帝与后妃们居住生活之所在。

从文化的角度讲,"宫"更带有私密意味,具有阴柔的内在功能;"殿"则更多地带有公开性,具有阳刚的外在张扬性。所以,中国的宫殿建筑一般都表现为"前殿后宫"的格局和"前明后幽"的思想。如北京故宫前殿看不到一棵树,而后院引进了园林建筑文化,明显形成不同韵味的建筑风格和气氛。

中国宫殿建筑不管怎么变,都沿袭了这样一个基本格局。例如,夏商宫殿,已经出现"前朝后寝"的格局,虽然不像明清故宫正好在一条轴线上,但已经初具雏形,而后的《周礼》更是明确规定了前朝后寝的形制。以后历代都比附《周礼》,"前朝后寝"由此成为最基本的宫殿设计布局。

(四)三朝五门

门阙森森,宫殿重重,这种所谓九重宫阙帝王家的层层门殿的宫殿制度始于周朝,并世代沿袭至清朝。三朝是指外朝、内朝、燕朝(在不同朝代三朝有不同的称谓)。以明、清故宫为例,午门至天安门之间称外朝,外朝是举行重大仪式和重大政治活动的地方;太和门内及太和殿之间为内朝,内朝是皇帝处理日常政务、会见百官的地方;乾清宫为燕朝,是皇帝日常生活起居的地方。明清北京故宫五门是指大清门、天安门、端门、午门、太和门。

（五）阴阳五行学说的体现

所谓阴阳，是指宇宙间一切事物相互对立的两面，如上与下、奇数与偶数、寒与暑等；五行是指金、木、水、火、土五种物质。宫殿建筑的布局，从哲学上，就是这种阴阳五行学说的体现。在宫殿建筑中，外朝属阳，内廷属阴。因此，外朝的主要布局采用奇数，三朝五门制即是如此。而内廷的宫殿却多用偶数，如北京故宫后廷的两宫六寝。五行学说在社稷坛的建造中则以“黄、红、青、白、黑”五色体现出来。

二、宫殿建筑的造型艺术

宫殿是帝王朝会和居住的地方，以其巍峨壮丽的气势、宏大的规模和严谨整饬的空间格局，给人以强烈的精神感染，凸显帝王的权威。宫殿建筑作为中国古建筑最瑰丽的奇葩，不论是建筑结构，还是室内外陈设，都显示了皇家的尊严和富丽堂皇的气派，从而区别于其他类型的建筑。

（一）宫殿建筑的内外陈设与造型艺术

1. 室内陈设

中国古代宫殿建筑的室内陈设主要有以下几种。

(1)太平有象：传统吉祥纹样。太平有象即天下太平、五谷丰登的意思。瓶与平同音。故吉祥图案常画象驮宝瓶，瓶中还插有花卉作装饰。里面放有五谷，寓意天下太平，吉庆有余。太平，谓时世安宁和平。象寿命极长，可达二百余年，被人看作瑞兽。而象身四脚立地，稳如泰山，象征社会和政权的稳固。

(2)屏风：屏风最初专门用于皇帝宝座后面，称为“斧钺”。它以木为框，上裱绛帛，内画斧钺，为帝王权力的象征。《史记》中记载：“天子当屏而立。”屏风在三千年前的周朝就以天子专用器具出现，作为名位和权力的象征。经过不断的演变，屏风成为防风、隔断、遮隐之物，并且起到点缀环境和美化空间的功效。之后又经过漫长时间的发展，屏风开始普及到民间，走进寻常百姓家，成了古人室内装饰的重要组成部分。

(3)角端：是传说中的一种神兽，其形怪异，犀角、狮身、龙背、熊爪、鱼鳞、牛尾。故宫太和殿两边就放有一对，用角端护卫在侧，显示皇帝为有道明君，身在宝座而晓天下事，做到八方归顺，四海来朝，圣明地治理天下。

(4)如意：自古被赋予吉祥驱邪的含义，成为承载祈福禳安等美好愿望的象征。臣子们常进献如意祝贺皇室寿辰，皇族也拿如意赏赐王公大臣，如意渐渐地成了上层人物权力和财富的象征。如意的材质极为多样，各色玉石、金、银、铜、铁、犀角、象牙、竹、木、陶瓷等应有尽有；如意的品类极多，工艺繁复的如珐琅如意、木嵌镶如意、天然木如意、金如意、玉如意、沉香如意等，多雕有龙纹，有的还在玉制的如意上,嵌上碧玺、松石、宝石所雕成的花卉、桃果、灵芝、蝙蝠之类。蝙蝠寓意多福,桃寓意长寿,是明清常见的祝颂图案。

中国古代宫殿建筑的室内陈设除了以上四种之外还有仙鹤、香亭和轩辕镜等陈设。仙鹤被古人认为是一种长寿鸟,象征江山长存。香亭是从香炉演变而来的,放在殿中,象征国家安定。轩辕镜是宫中藻井上游龙戏珠雕塑中涂上水银光滑如镜的铜珠,相传为中华民族祖先之一的轩辕黄帝所创。皇帝御座上方置轩辕镜,是为了表示皇帝为轩辕氏的后裔,是黄帝的正统继承者。

2. 宫殿建筑的室外陈设

我国古代宫殿外面有许多室外陈设,如华表、日晷等,这些室外陈设在起到重要装饰作用的同时又具有丰富的文化内涵。

(1)华表:华表也称华表柱,是古代设在宫殿、陵墓等大型建筑群前面做装饰用的大石柱,其含义是纳谏。柱身多雕刻云龙等图案,上部横插着雕花的石板,称云板。云板一头大一头小。柱顶蹲一异兽,俗称"望天犼"。华表源于原始社会的木制墓碑,木制墓碑后来演化为指路牌。那时的部落首领为了让群众监督自己的言行,提倡人们在指路牌上刻写意见,因而这种刻写有意见的指路牌又称为诽谤(当时意为指责)木。到了奴隶社会,统治者再也不容许人们指责自己的过失,于是诽谤木便演变为体现权威并具有装饰作用的华表。

元代以前,华表主要为木制,上插十字形木板,顶上立白鹤,多设于路口、桥头和衙署前。明代以后多为石制,下有须弥座,四周围以石栏。明清的华表主要立于宫殿、陵墓前。

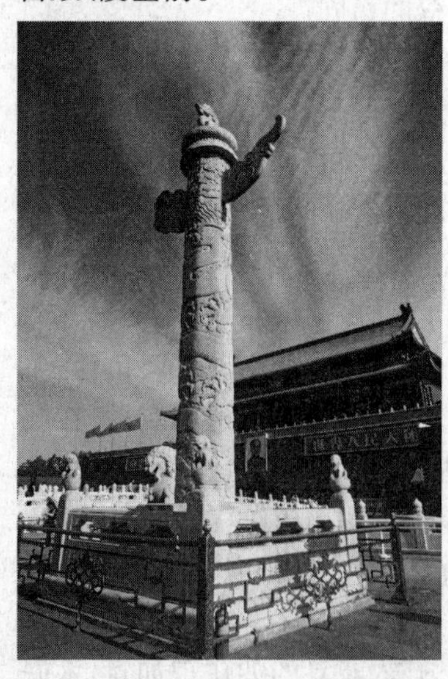

图3-2　北京天安门前的华表

拓展知识

我国现在最精美、最著名的华表,是北京天安门前后两对巨"犼"华表。传说"犼"性好望。天安门前那对华表上面头朝南(外)的"犼"表示"望君归",即希望皇帝不要在外迷山恋水,早作归计,以理朝纲;头朝北(内)的"犼"表示"望君出",即希望皇帝不要在宫中沉湎于声色而经常外出体察民情。远远望去,高高耸立的华表柱身似乎直插云霄,它既体现了皇家的尊严,又给人以美的享受。

(资料来源:根据旅游教育出版社的《导游基础知识》等相关资料整理)

(2)石狮:在宫殿大门外大门前一般放置一对石狮或铜狮。古人认为狮子是兽中之王,于是,宫殿在大门前置一对石狮或铜狮，既可以避邪又显示了尊贵和威严。按照中国的传统习俗，成对的石狮左雌右雄。另外还可以从狮子爪下的东西来辨别：如果爪下为球，象征着统一寰宇和无上权力，必为雄狮；爪下踩着幼狮，象征着子孙绵延，是雌狮。

(3)日晷：日晷是明代发明的一种测时仪器，由晷盘和晷针组成。针影随着太阳运转而移动，刻度盘上的不同位置表示不同的时辰。古代分十二时辰计时法，即把一天一夜分为子、丑、寅、卯、辰、巳、午、未、申、酉、戌、亥12个时辰，子时为晚上十一时至一时，丑时为一时至三时，以此类推。日晷的设置，既是为计时之用，又显示朝廷办事守时讲效率的威望。

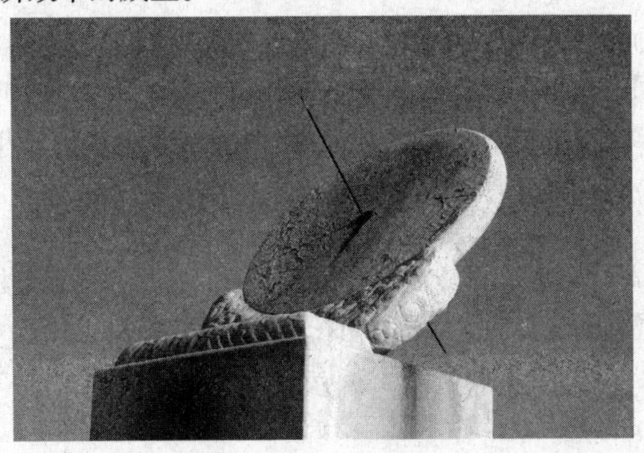

图3-3　故宫太和殿前的日晷

(4)嘉量：是中国古代的标准量器。一套嘉量从大到小分为斛、斗、升、合、龠五种。《考工记·桌氏》说："嘉量既成，以观四国。"其意为用嘉量统一计量标准。宫殿内设置嘉量，表示皇帝办事公正(有点类似今天法院的标志"天平")，是皇权的象征。

(5)吉祥缸：是陶制或铜制的大水缸，盛满水置于宫殿前作防火灾之用，古人称其为"门海"，意为缸内盛有似海水多的水足以扑灭火灾。

(6)鼎式香炉：有盖为鼎，无盖为炉。鼎式香炉是三足无盖的香炉，是燃烧檀香或松枝的一种礼器。宫中用鼎式香炉燃香具有奉祀神佛以求吉祥之意，又可以驱走秽气。每逢大典，在香炉内燃起檀香和松枝，使整个宫殿香烟缭绕，并蒙上一层神秘色彩。

这些宫殿内外的陈设是中华历史文化与皇家气派的体现，具有很高的审美价值。

(二)我国古代宫殿建筑的基本构件与造型艺术

我国古代宫殿建筑常采用一些基本构件来显示皇家建筑与众不同的威严与气

派,宫殿建筑的主要基本构件有以下几种:

1. 台基

台基又称基座,是承托建筑物的高出地面的建筑物底座。台基直接源于古代的“祭台”,它不仅是突出建筑的象征性设施,同时也起着通风、稳定立柱、防潮防腐作用,并用以弥补中国古代单体建筑不甚高伟的欠缺。用于宫殿建筑的台基称须弥座或金刚座,一般用砖石砌成,上有凹凸线脚和纹饰,台上建汉白玉栏。而皇宫中心的最高级建筑其台基通常由几个须弥座相叠而成,使建筑物显得博大雄伟、壮观森严,如故宫的三大殿。

2. 开间

由四柱围合而成的“间”,是中国古殿堂建筑空间组成的基本单元。处于建筑正面间数叫“开间”,纵深间数叫“进深”。中国建筑以单数为阳数,属吉祥,故开间多为单数,开间越多等级越高,如“九五之尊”的帝王宫殿就是开九进五;而一至三品的官员为七间;四、五品为五间;六品以下为三间。

3. 斗拱

斗拱是中国木构架建筑中最特殊的构件。斗是斗形垫木块,拱是弓形短木,它们逐层纵横交错叠加成一组上大下小的托架,安置在柱头上用以承托梁架的荷载和向外挑出的屋檐。到了唐、宋,斗拱发展到高峰,从简单的垫托和挑檐构件发展成为联系梁枋置于柱网之上的一圈“井”字格形复合梁。它除了向外挑檐,向内承托天花板以外,主要功能是保持木构架的整体性,成为大型建筑不可或缺的部分。宋以后木构架开间加大,柱身加高,木构架结点上所用的斗拱逐渐减少。到了元、明、清,柱头间使用了额枋和随梁枋等,构架整体性加强,斗拱的形体变小,不再起结构作用了,排列也较唐宋更为丛密,装饰性作用越发加强,形成显示等级差别的饰物。

4. 屋顶

屋顶是中国古代建筑最富有艺术魅力的组成部分之一,被誉为是建筑的冠冕。中国传统屋顶有庑殿顶、歇山顶、悬山顶、硬山顶、卷棚顶等类型。其中以重檐庑殿顶、重檐歇山顶为级别最高,其次为单檐庑殿、单檐歇山顶。如故宫太和殿为重檐庑殿顶,是最高级别的屋顶。

5. 屋顶装饰

中国古代宫殿建筑对于装修、装饰尤为讲究,凡一切建筑部位或构件,都要美化,所选用的形象、色彩因部位与构件性质不同而有所区别。我国古代宫殿屋顶常用以下几种装饰。

(1)藻井:中国传统建筑中天花板上的一种装饰。名为“藻井”,含有五行以水克火,预防火灾之义。一般都在寺庙佛座上或宫殿的宝座上方,是平顶的凹进部分，有方格形、六角形、八角形或圆形，上有雕刻或彩绘，常见的有“双龙戏珠”。

(2)兽吻：大屋顶、斜坡面、深出檐、高翘角是中国古代宫殿建筑的特点，而脊吻、走兽又是屋顶装饰不可缺少的部件。兽吻是屋顶正脊两端的装饰物，多由陶或琉璃制成。汉代称鸱吻，为尾部翘卷的鱼形，从元代开始逐渐演变为龙吻，即以龙头装饰，张牙舞爪，咬住正脊，又称“吞脊龙”。重要的宫殿、殿堂等建筑中，大多使用琉璃吻，北京明清紫禁城中的主要宫殿正脊两端的兽吻都是琉璃制品。太和殿屋脊上的大吻是最典型的一例，此大吻高达 3.4 米，重约 4.3 吨，由数块琉璃件拼合而成。

(3)垂脊兽：在古代建筑的屋脊上，除了正脊两端的吻兽之外，还有很多走兽类的装饰，因为它们的形象都非凡间可见，所以也称为“神兽”。它们的位置在垂脊或戗脊的脊端。这些小神兽的排列和所用数量是很有讲究的。在宫殿上所用神兽的数量，其最高等级是十个，外加一个跨凤仙人。按顺序分别是仙人、龙、凤、狮子、天马、海马、狻猊(suān ní)、押鱼、獬豸(xiè zhì)、斗牛、行什。

关于建筑上神兽的使用，清朝规定，仙人后面的走兽应为单数，按三、五、七、九排列设置，建筑等级越高，走兽的数量越多。例如乾清宫，它是明清两代帝王的寝宫，在脊上就排列有九个走兽，按理说应该是最高等级。但太和殿的地位显然比乾清宫更为显赫，因此在太和殿的脊上多设了一只神兽——行什，它是能飞的猴子，可以通风报信。而交泰殿是皇后在重要节日接受朝贺的地方，较乾清宫又低了一级，所以只有七个小兽。

故宫宫殿脊上的神兽，在色彩与材质上均与殿的屋瓦一致，和谐统一。它们立于脊上，除了区分等级，还有重要的装饰作用，给庄严肃穆而恢宏的宫殿中增添了一道活泼、灵动、可爱的风景。

6. 彩画

于建筑物上施彩绘是中国古代建筑的一个重要特征，彩绘是建筑物不可缺少的一项装饰艺术。它原是施之于梁、柱、门、窗等木构件之上用以防腐、防蠹的油漆，后来逐渐发展演化而为彩画。古代在建筑物上施用彩画，有严格的等级区分。庶民房舍不准绘彩画，就是在紫禁城内，不同性质的建筑物绘制彩画也有严格的区分。其中和玺彩画属最高的一级，内容以龙为主题，施用于外朝、内廷的主要殿堂，格调华贵。旋子彩画是图案化彩画，画面布局素雅灵活，富于变化，常用于次要宫殿及配殿、门庑等建筑上。再一种是苏式彩画，以山水、人物、草虫、花卉为内容，多用于园苑中的亭台楼阁之上。

第三节　现存著名宫殿建筑

宫殿建筑是中国古代最重要的建筑类型，是封建思想意识最集中的体现，在很多方面代表了传统建筑艺术的最高水平。

中国已知最早的宫殿是河南偃师二里头商代早期宫殿遗址。它是一个在夯土地基上以廊庑围成院落,南侧中间为大门,轴线后端为殿堂,殿内划分出开敞的前堂和封闭的后室,屋顶推测是四阿重屋(即重檐庑殿)。这种院落组合和前堂后室(对于宫殿又可称为前朝后寝)的布局后来成了长期延续的宫殿布局方式,重檐庑殿顶更成为中国古代建筑中最高等级的屋顶形式。

至今基址尚存的唐代大明宫建于634年,位于长安城(今陕西西安)东北龙首原高地上,居高临下,可以俯瞰全城。最为宏伟的三殿分别是含元殿、宣政殿和紫宸殿。主殿含元殿是一座十一开间的殿堂,殿前两侧相距约150米处,建有东西对称的翔鸾、栖凤两阙楼,以飞廊与殿身相连,更有长达70余米的坡道供登临之用,称为"龙尾道"。整组建筑气势雄伟,唐代诗人王维(701—761)有诗"九天阊阖开宫殿,万国衣冠拜冕旒",描写的就是含元殿的盛况。由于年代久远,现存完整的中国古代宫殿仅有明清北京故宫和清沈阳故宫。

一、北京故宫

现存的北京故宫始建于明永乐四年(1406),是明代皇帝朱棣以明南京宫殿为蓝本从大江南调能工巧匠,役使百万夫役,历经14年(1406—1420)在元大都的基础上建成的。其位于北京城的中心,明清时称紫禁城,1925年始称故宫,在1420—1911年这491年间,从明成祖朱棣到清末代皇帝溥仪,共有24位皇帝(明代有14位,清代有10位)先后居住在这座宫殿内。

故宫平面呈长方形,南北长961米,东西宽753米,占地面积72万多平方米。周围城墙环绕,周长3428米,高10米。城墙四角各有一座结构精巧的角楼。城外有一条宽52米、长3800米的护城河,构成完整的防卫系统。宫城辟有4门,南面为午门(图3-6),是故宫正门,北为神武门(明朝叫玄武门,清康熙年间因避康熙帝名字玄烨之讳,改称神武门,沿用至今),东为东华门,西为西华门,门上设重檐门楼。宫内有各类殿宇9000余间,都是木结构、琉璃瓦顶、青白石底座饰以金碧辉煌的彩画,建筑总面积达15万平方米。

故宫由外朝与内廷两部分组成。外朝以太和殿(金銮殿)、中和殿、保和殿三大殿为中心,东西以文华殿、武英殿为两翼,是皇帝处理政务、举行重大庆典的地方。太和殿是皇帝举行登基、朝会、颁诏等大典的地方。面阔11间,进深5间,通面阔63.93米,通进深37.17米,高26.92米,建筑面积达2376.27平方米,重檐庑殿顶,坐落在高达8.13米的三层汉白玉台基上,殿前有宽阔的月台,月台上陈列有铜鼎、铜龟、嘉量、日晷、铜鹤等器物。太和殿前有30 230平方米的庭院,可举行万人集会和陈列各色仪仗陈设。太和殿后的中和殿是皇帝在大朝前的休息处；保和殿是每年除夕皇帝赐宴外藩王公的场所，殿试进士也在这里举行。三大殿共同坐落于“工”字形的汉白玉雕琢的三重须弥座台基上，建筑形体变化丰富，主次分明。

图3－4　故宫角楼

太和殿是我国现存最大的木构大殿，它的一切构件均属最高级。重檐庑殿顶的正吻高3.4米，檐角小兽达10个之多，外檐斗拱精巧丛密，上檐11踩斗拱，下檐9踩斗拱，室内外梁枋、天花全部为沥粉贴金和玺彩画。室内金砖铺地，明间中央设有7层台阶的高台，上置镂空金漆宝座和屏风。宝座上方为金漆蟠龙吊珠藻井，宝座周围6根通体沥粉贴金龙柱直抵殿顶，整个建筑金碧辉煌、雄伟壮丽。

图3－5　故宫太和殿

内廷是皇帝平日处理政务及供后妃、子女等居住、礼佛、读书及游玩的地方，以乾清宫、交泰殿、坤宁殿三大殿为中心，东西两侧对称布置东西六宫（妃嫔居所），辅以养心殿、奉先殿、斋宫、毓庆宫以及御花园等，再向东西，有宁寿宫（乾隆退位之后准备的太上皇宫殿）及南三所（皇子们居所）、慈宁宫（太后、太妃居所）等。内廷三大殿也共同坐落在“工”字形台基上。乾清宫是皇帝的寝宫，象征天，也代表阳；坤宁宫是皇后的寝宫，象征地，也代表阴。明嘉靖年间，根据“天地交泰，阴阳和谐”的说法在两宫中间建造了交泰殿，于是形成了对应外朝三大殿的内廷三宫的格局。按礼制，后宫建筑比前朝要低一个等级，所以这里的台基只有一层，宫殿尺度也较小，比较富有生活气息。内廷三宫东西两侧为东六宫、西六宫，为嫔妃的居处，这12座宫殿则代表着12星辰，拱卫着象征天地的乾清宫和坤宁宫。

故宫建筑群是我国古代建筑群的经典范例。在总体布局上，强调中轴对称布置和纵深发展，符合中国传统宗法礼制思想。主要建筑都建在中央主轴线上，左右严格对称布置。这条主轴线不仅是紫禁城的中轴线，而且是整个北京城的中轴线，南达永定门，北到鼓楼、钟楼，贯穿整个城市，气魄宏伟，规划严整，表现了“居中为尊”的传统礼制思想，把皇权的至高无上表现得淋漓尽致；紫禁城前部东、西两侧分别为太庙和社稷坛，以此附会《周礼·考工记》中“左祖右社”的记载；“三朝五门”制度也在大清门至太和门及三大殿上体现出来：在建筑组合上，充分运用院落和空间的变化，以空间序列来衬托太和殿的崇高和宏伟。在自大清门起1600米的轴线上，对称连接地布置了6个或狭长、或开阔、或压抑、或宏伟的封闭院落，依次形成了天安门、午门、太和殿3个建筑高潮，并在太和殿达到最高潮。在建筑处理上，运用形体的变化和尺度的对比，来衬托突出主体建筑，丰富视觉效果。在故宫建筑中，不同形式的屋顶就有10种以上，午门、太和殿、乾清宫为重檐庑殿顶，天安门、太和门、保和殿为重檐歇山顶，其他宫殿为单檐歇山顶等较低级形式；建筑的台基也有不同的高度和形式，外朝三大殿用3层汉白玉须弥座台基，而东西六宫等殿宇则为普通台基。建筑的色彩也是绚烂富丽，细部装饰丰富华丽。建筑屋顶铺满各色琉璃瓦件，主要殿堂以黄色为主，绿色用于皇子居住区的建筑。其他蓝、紫、黑、翠以及孔雀绿、宝石蓝等五色缤纷的琉璃，多用在花园或琉璃壁上，与红色的殿身、白色的台基和绚丽的彩画组合起来，金碧辉煌，在北京城灰色的基调上格外突出。太和殿屋顶正脊两端的琉璃吻兽，稳重有力，造型优美，檐角有龙、凤、狮子、海马等小兽，象征吉祥和威严，这些构件在建筑上起装饰作用。

故宫建筑群从整体规划、平面布局、空间组合，到每一座单体建筑的设计都独具匠心，充分体现了中国古代皇家宫殿建筑所应有的雄伟、庄严、富丽、和谐等特征。整个建筑群气势雄伟、豪华壮丽，是中国古代建筑艺术的精华。它是中国悠久文化传统的标志，体现了五百多年前匠师们在建筑上的卓越成就。

图3－6　前门、天安门和故宫正门都在一条南北走向的中轴线上

二、清沈阳宫殿

沈阳宫殿是清朝统治者入关前的皇宫，即沈阳故宫，乾隆以后清朝皇帝东巡谒祖陵时也以之为盛京行宫。全宫分为三部分：东路、中路和西路，分别沿三条纵向轴线布局，具有强烈的地方建筑特点和浓郁的民族特色。

东路以大政殿和十王亭为主，是清帝举行大典和召集王公大臣商议国事的地方。这组建筑打破了中国传统的院落式平面，大政殿面南居中，十王亭以左翼王亭和右翼王亭为首分两列展开，沿大政殿前纵贯南北的御路形成的中轴线呈八字形对称排列，围合成一个梯形广场。东侧左翼王亭以下依次为镶黄旗亭、正白旗亭、镶白旗亭、正蓝旗亭；西侧右翼王亭以下依次为正黄旗亭、正红旗亭、镶红旗亭、镶蓝旗亭，突出了大政殿的中心地位。八旗亭代表了清代满族独有的"八旗"制度：所有满族人都编入八旗，由皇帝统领；而大政殿与十王亭的布局重现了满族旷野军事会盟的幕帐排列方式，充分体现了满族政权的特色。

中路是沈阳故宫的主要建筑群。南面大清门是正门，入大清门经御道可直达正殿崇政殿。立在须弥座式台基上的崇政殿是宫内最高大的单层建筑，是日常朝会和处理政务之处，它的建造融合了汉族宫殿的一些做法（如须弥座台基、琉璃瓦屋顶、红漆隔扇门等）和青藏地区喇嘛教寺院的檐枋装修形式，既有汗王宫阙的高贵，又兼宗教庙宇的神圣，还透出浓烈的民间地方色彩，在中国古代宫殿建筑中独树一帜。

后面的内廷是一组四合院，位于高台上，仿若城堡，防御性较强，这是经常处于征战状态的民族传统。南面的凤凰楼既是门楼，又是帝后小憩及读书议事之处，它高三层，四周出廊，各层黄绿两色琉璃瓦与红漆柱、窗、栏杆相衬映，在蓝天白云下显得美丽壮观。凤凰楼后的五座寝宫最具满族传统住宅特色，尤其是中宫清宁宫，它的正门不是开在正中，而是设在东次间，这是从辽、金时期流传下来，与满族人日常生活和宗教信仰融为一体的民居建筑形式，俗称"口袋房"；室内设有南、西、北三面相接的"弯子炕"；诸寝宫在装修方面也较多地保留着淳朴的民间气息。

清宁宫的正门前，竖立着一根红漆木杆，这根木杆被安放在一个汉白玉石座之上，顶部套着一个锡斗，即"索伦杆"，它是满族传统的祭天"神杆"，也是满族宅院的主要标志物。按照满族的传统，在用此神杆祭天时，还要在上面的锡斗里放上碎米和切碎的猪内脏，用来喂食乌鸦以示祭天。这种习俗来源于一个传说：相传，清朝的奠基者努尔哈赤(1559—1626)早年曾被追杀，实在无路可逃了，就躺在一条草沟里听天由命，这时突然飞来一群乌鸦落在他的身上，将他严严实实地遮盖住，努尔哈赤因此逃过一劫。后来，努尔哈赤建立满洲政权，为了报答乌鸦当年的救命之恩，下令满族百姓都要在自己的院子里竖立木杆，套上锡斗，以美味祭祀乌鸦，这便有了今人在皇宫内看到的索伦杆。

西路也是沿中轴线布置，共有院落五进，有戏台、嘉荫堂、仰熙斋等建筑。主要建筑文溯阁是一座藏书阁，其中收藏着乾隆年间积十余载修成的《四库全书》的七部抄本之一，溯字带水字旁，是求取避火之意。

思考与练习

一、名词解释

1. 左祖右社

2. 前朝后寝

3. 三朝五门

二、简答题

1. 简述宫室殿堂建筑的发展脉络。

2. 简述宫室殿堂建筑的主要布局与陈设。

3. 试在班级开展一次宫殿建筑文化的专题讲座，或举办一次故宫建筑文化的讲解竞赛。

案例分享

公元前199年，汉高祖刘邦平定叛乱后回到长安。这时，丞相萧何已下令营造了未央宫。此宫建造得十分宏丽，东立苍龙阙，北有玄武阙、前殿、武库、太仓等，一应俱全。汉高祖刘邦回来以后，看到宫殿如此壮丽、奢华，顿时勃然大怒，质问萧何:“天下匈匈苦战数岁,成败未可知,是何治宫室过度也!”萧何回答:“天下方未定,故可因遂就宫室。且夫天子以四海为家,非壮丽无以重威,且无令后世有以加也。”刘邦听后默然,点头称是。

中国的皇帝以国为家,奄有四海,但他们的主要生活空间却是高墙围起的皇宫。宫殿雄壮、华丽、肃穆,门禁森严,有着不可替代的象征意义,象征帝王的神圣、威严和神秘莫测。萧何道出了宫室之壮丽对于皇帝的意义。

案例思考题:你如何理解中国古代宫殿建筑“皇权至上”的建筑思想?

第四章 坛庙祭祀建筑

引言

祭祀在古代被列为立国治人之本,排在国家大事之首列,因此坛庙建筑在中国建筑中占有重要的地位,它是一种介于宗教建筑与非宗教建筑之间具有一定宣教职能的礼制建筑,主要用于祭祀天地、日月、社稷山川、帝王先贤、祖宗名人。本章通过对坛庙建筑的起源与发展、明清坛庙祭祀建筑系列的简要介绍,通过对坛庙祭祀建筑的形制与艺术特色的分析,对以儒家思想为核心的传统文化对坛庙建筑的重大影响的了解,着重展现和剖析坛庙建筑的光辉艺术成就。

学习目标

1. 通过本章的学习,了解中国坛庙祭祀建筑的起源与发展。
2. 熟悉坛庙祭祀建筑的形制与艺术特色。
3. 掌握典范的坛庙祭祀建筑。
4. 能解读、欣赏不同类型的坛庙祭祀建筑及其深厚的文化内涵。

第一节 坛庙祭祀建筑的起源与发展

坛庙是祭祀天地诸神和祖宗神灵的场所,台而不屋为坛,设屋而祭为庙,由于祭祀有一套繁复的礼节,所以又称之为礼制性建筑。中国古代社会除以“礼”来制约各类建筑的形制以外,同时也因“礼”的要求而产生符合礼制建筑的坛、庙、祠等建筑类型。这种非宗教的礼制建筑规模之大、质量之高,只有帝王宫殿和大型佛寺、道观才能与之匹敌。历代帝王、官吏和民间祭祀天地、日月、名人、祖先的庙、坛、祠等均属于此类礼制建筑。

一、坛庙祭祀建筑的起源与发展

中国坛庙建筑的历史远比宗教建筑久长,中国已发现的一批最早的祭坛和神庙是在内蒙古、辽宁、浙江等地,距今约有五六千年。随着社会的发展,这类建筑逐步脱离原始宗教信仰的范畴而变为一种有明显政治作用的设施。于是,坛庙建筑有了特别重要的意义和地位,在都城建设和府县建设中成了必不可少的工程项目。象征“天人合一”的北京天坛是中国现今保存最完整、礼制规格最高的坛庙建筑。

(一)坛庙祭祀建筑的起源

在生产力十分低下的原始社会,先民产生了自然崇拜与鬼神思想。祭祀是人们向自然、神祇、祖先、魂灵、繁殖等表达意愿的各种仪式活动的通称。为满足祭祀活动的需要,产生了各种祭祀的场所、构筑物和建筑物,它们被统称为祭祀建筑。

现代的田野考古发掘表明,自新石器时代即已有祭祀性的神坛建筑,如1983年在辽宁凌源县牛河梁发掘的红山文化女神庙遗址。这是一座纵长形的半穴居建筑,并带有前室和侧室,遗址中出土了泥塑神像残块及祭器残块。而1984年在包头市莎木佳遗址发掘的祭坛遗址则是一组南北展开的土丘坛组。最北面坛丘高1.2米,基部及腰部围砌两圈块石,呈方形平面,顶部有块石砌面;中间坛丘高0.8米,四周围砌块石;南部小丘略高于地面,基部有一圆形石圈。三坛的轴线关系十分明确。良渚文化祭坛遗址于1987年在浙江余杭县瑶山顶部发掘。其遗址为方形平面的土筑坛,边长约20米,由里外三层组成。中心为方形红土台,台周为一圈灰色土填筑的方形围沟,沟外为砾石铺筑的方形台面,台面四周尚遗留部分石磡,极具规律性。虽然对这些祭坛遗址崇拜的神祇性质尚难查知,但是庙祭的性质是十分明显的。

殷墟卜辞表明,殷王朝奉为最高保护神的“帝”是宇宙万物的主宰,具有无限的威力和无穷智慧,逢有重大事件必须举行仪式向他请求指示或保护。

(二)坛庙祭祀建筑的发展

周代在建国之始便将夏商以来各国的制度、社会的秩序、人民的生活方式、行为标准等来了一次总结,在这个基础上,制定了自己的制度和标准,称之为“礼”。“礼”的精神就是秩序与和谐,其核心为宗法和等级制度。人与人、群体与群体,构成等级森严的人伦关系。孔子从其所维护的周礼中发展出的“礼制”便成了儒家学说的中心,礼之本源就是要尊天地、祖先与君师。历代帝王为了宣扬君权神授思想,将自己比作天地之子,受命于天统治百姓,以增强政权的合理性,强化自己的政权统治。祭祀天地因而成了中国历史上所有王朝重要的政治活动。而且发展到后来,成为统治阶级的专门权利,因此各代坛庙数量日益增多,制度日益完善。

秦统一天下以后，祀神更甚。秦始皇即皇帝位后三年即东巡郡县至山东泰山，效法传说中古代帝王祭泰山、禅梁父的仪式进行封禅典礼。在这之后秦始皇又东巡海上，遍礼名山大川。秦代对自然山川神祇的崇拜已具备相当规模，后世所崇奉的各类神庙此时皆已出现。

中国历史上祭坛作为礼制建筑，并对其形制、仪式作出相应规定大约是在西汉晚期。成帝建始元年(公元前32年)按阴阳方位建天地之祠于长安城南、北郊。平帝元始四年(4)，当时身任宰衡的王莽提出设坛祭祀，并指出"圆丘象天，方泽则地"，这样便有了"圆入觚，径五尺，高九尺"的上帝坛与"方五丈六尺"的后土坛，并规定冬至祭天，夏至祭地。此后南郊祭天，北郊祭地成为定制。但不同时代、不同时期祭坛的层数、高度、坛壝及具体地点都不尽相同。早期的祭坛主要祭天地，后汉时在宗庙右侧建社稷坛。

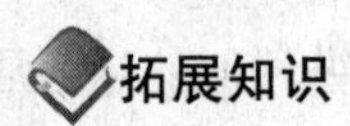

拓展知识

明堂

明堂是历代儒家十分推崇的最独特的礼制性建筑。明堂是上古帝王处理政务、举行庆典、朝会诸侯、颁布政令、开展教育活动等的地方，可以说是朝廷举行最高等级的祀典和朝会的场所。但由于有关史料丧失过甚及其自身的缺陷，古人对古代明堂建筑的具体规制其说不一，儒家聚讼千载，莫衷一是，成为虽经反复考证，终不得其解的大难题。在这种思维混乱的情况下，历代帝王建造了不同形式的明堂建筑，建明堂活动一直延续到封建社会末期。汉长安的明堂辟雍，是早期的大型建筑遗存。而历代明堂以武则天在洛阳所建"万象神宫"为最宏大壮丽。明嘉靖年间，则在北京南郊建大享殿(天坛祈天殿)，也有明堂之意。

(资料来源：根据中国建筑出版社编的《礼制建筑》和相关历史资料整理)

朝日月神的祭典始于周代，汉、晋、南北朝皆有仪典，但都是在宫内殿庭上举行。至北周才开始在国都东、西郊筑坛设祭。宋、金、明各朝皆按朝日夕月的东西布局安排日月坛，完成了帝都四郊祭奠的格局。之后，逐渐又有朝日坛、夕月坛、先农坛、亲蚕坛等奉祀不同对象的祭坛。

唐初不仅对山川祭典加以整顿，还于唐武德二年(619)在京师国子学内建立周公及孔子庙各一所，按季致祭，此为在国学内建文庙之始。贞观四年(630)令州县学内皆立孔子庙，文庙随之遍于全国。

明朝是修复旧礼、兴建坛庙的鼎盛期。《明史・礼制》中载入祀典的坛庙有数十种，修建南京、北京时，都把太庙、社稷坛、天坛等列为与宫室、城池同等重要而一并兴建。明洪武年间首创在都城建历代帝王庙，上至三皇五帝，下至元世祖的历代帝王。府县列为通祀的坛庙有山川坛、社稷坛、厉坛、城隍庙、孔庙等多种。各地还根据地方特点修建种种神庙，如苏州一带有吴地早期开拓者之庙“泰伯庙”，有助吴王兴国的功臣伍子胥之庙，沿海各地有海上保护女神天妃（妈祖）之庙，其他还有东岳庙、关帝庙、八蜡庙、文昌祠、龙王庙、水神庙等。一些边疆卫所城内还有与战争有关的神祠供祭拜，以便使军民得到精神寄托。至于官员及其后裔所建家庙，则更是遍布全国。清军入关以后大都沿用明代遗留的坛庙，并未加以更改。

总之，坛庙祠堂是用来祭祀天地神灵、山川河岳、祖宗英烈和圣哲先贤的礼制性建筑物。祭祀礼仪是中国奴隶制和封建制王朝的重要政治制度，祭礼为吉礼，居“五礼”之首。帝王的祭祀活动按规定分大祀（祭祀天、地、上帝、太庙、社稷）、中祀（祭祀日、月、先农、先蚕、前代帝王、太岁）和群祀（祭祀群庙、群祠）三个等级。每一等级祀礼中所能使用的祭品、仪仗、舞乐和建筑形式，都有严格细致的规定。大祀必须皇帝亲自主祭；中祀皇帝可亲临主祭，也可委派皇子或王公贵族主祭；群祀不必亲临，可委派其他人主祭。

特别提示

在周代已有完备的礼制，共计分为“吉、凶、军、宾、嘉”五礼。《周礼》对五礼分别阐释为：

1. 吉礼：指祭祀之礼。先民祭祀为求吉祥，故称吉礼。吉礼是指对土地山川等自然神灵及祖先、先贤的礼拜仪式；

2. 凶礼：是指对丧葬的有关礼仪制度；

3. 军礼：是指出征、命将、狩猎、行军等方面的礼仪规定；

4. 宾礼：是指朝觐、聘使、君臣宾朋相会时的礼节仪式；

5. 嘉礼：以嘉礼亲万民，嘉礼是指及冠、及笄、婚配、养老，以及君臣、后妃、士大夫各阶层人士的日常服饰、车仗、銮驾等的有关礼仪规定。

嘉礼的范围很广，除上述诸礼外，还包括正旦朝贺礼、冬至朝贺礼、圣节朝贺礼、皇后受贺礼、皇太子受贺礼、尊太上皇礼、学校礼、养老礼、职官礼、会盟礼，乃至观象授时、政区划分等。

二、明、清遗存的坛庙祭祀建筑系列

古代中国人信奉多种神灵，祭祀的神很多。人们对天地鬼神、山岳川河、祖宗先烈、圣哲先贤以至动植物精灵都要祭祀，所以坛庙、祠堂在古代建筑中占了很大的数量。这些坛庙、祠堂规模宏大精美，尤其是帝王祭坛的建筑，其规模之大与宫殿、陵寝不相上下。从遗存的明清坛庙建筑来看，坛庙祭祀建筑总体上可以分为三种类型：一是祭祀自然神祇的坛和庙，源自对自然山川的原始崇拜，包括天坛、地坛、日坛、月坛、社稷坛等，它们的祭祀方式都是在露天的坛上进行。这是国家最高级别的祭祀活动，都由皇帝亲自祭祀。还有祭祀五岳、五镇等名山之神和四海、四渎等大河之神的庙，如岳庙、渎庙等；二是祭祀祖先的庙，帝王祭祀祖先的宗庙称为太庙，官员的祖庙叫作家庙或祠堂；三是祭祀圣人、先贤的祠庙，有孔庙（文庙）、武侯祠、关帝庙等。

（一）自然神祇坛庙

自然神祇坛庙建筑包括天、地、日、月、风云雷雨、社稷、先农、五岳、五镇、四海等。其中天地、日月、社稷、先农等由皇帝亲祭，其余遣官致祭。祭天之礼，冬至郊祀、孟春祈谷、孟夏祈雨都在京城南郊圜丘举行。

特别提示

五镇：东镇沂（读 yí）山位于山东省临朐县；南镇会稽山位于浙江省绍兴市；中镇霍山位于山西省霍州市；西镇吴山位于陕西省宝鸡市；北镇医巫闾山位于辽宁省北镇市。

四渎：渎，为大川之意。在我国秦汉及先秦的典籍中，长江、黄河、淮河、济水被称为“四渎”，为中国民间信仰的河流神的代表。《尔雅·释水》：“江、河、淮、济为四渎。四渎者，发源注海者也。”

四海：东海、南海、西海、北海。

我国古代最初的祭祀活动是在林中空地的土丘山上进行，后逐渐发展成用土筑坛。坛在早期除用于祭祀外，也用于举行会盟、誓师、封禅、拜相、拜师等重大仪式。汉代以后宗法礼制完备，坛就不再用于祭祀以外的用途了，成为封建社会最高统治者专用的祭祀建筑。规模由简而繁，体形随天、地等不同祭祀对象而有圆有方，由土台变为砖石砌，并且发展成宏大建筑群。坛的形式多依阴阳五行说，主体建筑分别采用圆形和方形。其所祭祀的对象，也逐渐集中在天、地、日、月、社稷、先农等几种最高的自然神和带有浓重的自然神色彩的高级神祇上。由人间最高的统治者（或其代表）来主祭自然界中最高的神祇，这就使祭坛建筑在古代祭祀中占据了较高的地位与规格，拥有了一种不同凡响的神圣与至上。

坛庙从建筑的形制上可以分成坛与庙两个大类，坛就是祭坛，庙就是祠庙。

坛，是中国古代用于祭祀天、地、社稷、日、月、山川的台形建筑。如北京城内外的天坛、地坛、日坛、月坛、祈谷坛、社稷坛等。坛既是祭祀建筑的主体，也是整组建筑群的总称。中国历代对各种坛的建筑制度亦各有不同，如北京安定门外的地坛公园，是明、清封建帝王每年夏至祭祀地神的地方。明初，天、地一起合祭，地点就是现在的天坛。明嘉靖九年另建地坛，才开始天、地分祭。祭坛的主要种类从魏、晋时期开始基本确定下来，历代沿用直至明、清；祭坛的主要种类有：圜丘坛、方泽坛、社稷坛、朝日坛、夕月坛、先农坛、先蚕坛等。但在不同时期，依照当时的具体情况又设立新的祭坛，如隋代有雨师坛、风师坛；唐、五代时有神州坛、五帝坛等。

庙是祭祀风、云、雷、雨等自然神灵的庙，秦汉已专门祭祀泰山，以后固定五岳、五镇、四渎、四海为朝廷设祭，以表示“普天之下，莫非王土”的含义。祭祀五岳的建筑规模也极为宏大，宛如帝王宫殿。如祭祀东岳泰山的庙称作岱庙，华山为西岳庙，衡山为南岳庙，恒山为北岳庙，嵩山为中岳庙。五岳由于历史悠久，庙内还保存有许多具有珍贵价值的古树和历史文物，如中岳庙的汉代石阙、宋代铁人，西岳庙的西汉碑刻，岱庙的汉柏等。还有祭祀医巫闾山的北镇庙，祭祀四渎的水神庙，如广州的南海神庙等也都非常有名，规模也都相当大。此外，还有大量源于各种宗教和民间习俗的祭祀建筑，如城隍庙、土地庙、龙王庙、财神庙等。从祭祀的神灵看与道教有一定的联系，但从实际的内涵看又与以儒家学说为统治思想的统治者之间有密不可分的关系。坛庙是完全在礼制影响下、因为祭礼的需要而产生的。

特别提示

祭祀活动

祭祀天、地、日、月、泰山神等活动，是历代帝王登基后的重要活动。祭天、地、日、月等活动都在郊外进行，所以统称郊祭。因为君权“受命于天”，且要秉承“天意”治理国家，所以皇帝必须亲自去天坛祭天。祭天在南郊，时间是冬至日。因为土地是国家的根本，国家的“國”，“口”中有“或”，这“或”即“域”。所以皇帝必须亲自派人前往地坛祭地，祭地在北郊，时间是夏至日。

（二）宗庙与家祠

宗庙是古代帝王、诸侯祭祀祖先的建筑，又称太庙，与宫殿同为等级最高的建筑，被视为统治的象征，具有特殊的神圣性和极其崇高的地位。庙制历代不同，北京太庙是唯一保存下来的中国古代太庙建筑。

贵族、显宦、世家大族奉祀祖先的建筑称家祠,又被称为家庙、祠堂。仿照太庙方位,设于宅第东侧,规模不一。祠堂依宗族组织可分为宗祠(总祠)和家祠。按《周礼》规定,"天子至于士皆有庙,天子七,诸侯五,大夫三,士二。"可见只有士以上的人才能建庙祭祖,庶人是没有这个权力的。古代宗庙是一庙一主,即一个祖先立一个宗庙。东汉光武帝以后改为一庙多室,每室供奉一主的形制,官庶皆立一庙,遂产生不同等级的家庙体量规格的规定。至于庙内设几室,各代不一。到唐代定为一庙九室,亲尽则祧迁,另立祧庙安置迁出的神主,直到明、清仍沿用此制。

因"事死如生",宗庙的建筑形式完全按照生前的住宅形制布置,即"前堂后寝"的规式。前为居室,供祭祀礼拜;后为寝居,供养祖先神主。宋代以后庶人阶层有了建祠祭祖的权力,宗氏祠堂在中国遍及城乡,祠堂建筑的规模虽不如坛庙宏大,但大多建筑精巧、华丽。较为有名的家庙有安徽龙川胡氏祠堂、广州的陈家祠堂等。

祠堂虽然是祭祖的处所,也是家族议事、学堂及履行族法、家法之地。同时又是宗族成员社会交往的场所,可说是全村镇居民的公共建筑,所以祠堂内往往加设戏台及宽广的廊庑来满足使用要求,以备节日设桌宴饮,设凳观剧。有的祠堂还附设义学、义仓,具有广泛的公共活动内容。

(三)先贤名人祠庙

在中国悠久的历史中,先贤名士辈出。为了纪念其功德,全国各地建立了众多的先贤名人祠庙。其中除文、武庙为国家祭典外,大部分是由民间或地方设立,并且深受百姓的信仰与爱戴。这些祠庙或设在先贤名士的家乡与其主要建功立业之地,或是由先贤的故居发展而成。

先贤名人祠庙主要包括圣德贤王祠庙、各类名人祠庙。现存于世的这些圣德贤王庙,诸如神农祠、黄帝庙、尧庙、舜庙等就是对于"三皇五帝"的认同和纪念,这种认同对中华民族的形成与发展,起到了巨大的积极作用,这种作用一直延续到今天。

名人祠庙主要包括了忠臣祠庙和文人祠庙两类,忠臣祠庙中受到奉祀的忠臣义士,或与某些重要历史事件相关,或与某一地点相联系。他们当中的许多人赢得民众的称赞和崇敬。他们虽然属于统治阶级,但都表现出一种巨大的人格力量。文人祠庙所奉祀的人物是文人群体中的杰出者,顽强地保持了视道义为己任的忧患意识,保持着作为社会良心和时代脊梁的可贵品格,民间人士出于景仰之情而自发地建祠造庙。这些祠庙规模一般都不很大,建筑也不华美艳丽,但都是一个有着丰富内涵的世界。

名人祠庙可以说是遍布全国,其中尤以祭祀孔子的文庙和祭祀关羽的武庙最为突出。孔丘被奉为儒家之祖,汉以后历代帝王大多崇奉儒学,敕令在京城和各州县建孔庙。清朝雍正皇帝特别准许曲阜和全国各地的孔庙屋顶能使用黄琉璃瓦，其等级可与帝王宫殿相比，孔庙也是唯一具有皇家宫廷建筑规格的祠庙。山东曲阜的孔庙规模最大，与孔府、孔林（简称“三孔”）被联合国批准列为世界文化遗产。与孔庙相并行的奉祀三国时代名将关羽的庙，或称关帝庙、武庙，以关羽老家山西解州的关帝庙规模最大。

此外，还有不少岳飞庙，以浙江杭州西湖岳庙为最。至于各地纪念名臣、先贤、义士、节烈的庙祠，如北京文天祥祠、山东邹县孟轲庙、山西太原邑姜祠（晋祠），以及四川成都和河南南阳奉祀三国著名政治家诸葛亮的“武侯祠”、四川眉山三苏（苏洵、苏轼、苏辙）祠、广东潮州的韩文公（韩愈）祠、合肥包公祠等，其数量之多就难以统计了。

有些祠堂与墓地结合在一起，形成祠墓合一的布局方式。如杭州岳庙与岳坟结合，扬州史公祠与史可法墓结合。很多先贤祠庙是民间自发建立的，由于群众聚会的需要，往往将祠庙附近用地加以规划，形成游览性的园林。人们在凭吊之余可游憩其间，如杜甫草堂、三苏祠等。

坛庙祭祀建筑的起源是由儒家礼制思想引发的，所以它仅盛行于礼制思想根植甚厚的汉族地区（或接受汉文化较深的地区）。至于不同信仰的蒙、藏族及信仰伊斯兰教的诸民族，则另有属于各自民族的鬼神信仰及相应的祭礼建筑，如维吾尔族的名贤祠、回族的拱北、白族的本主庙等。

第二节　坛庙祭祀建筑的形制与艺术特色

中国古代的坛庙祭祀建筑为非生活用建筑，是纯粹以建筑空间艺术形象为手段，使人们获得视觉上之感受的营造活动。它的主要艺术目的异于宗教寺庙为了祈福和来世，而是要“助人教，敦教化”，规范现实人间的社会行为，宣传儒家礼制思想，达到精神上的教育与制约作用，其核心思想是秩序感，故中国古代坛庙祭祀建筑形成了一系列的建筑形制与独特的造型艺术特色。

一、遵循礼制的约束，坛庙建筑布局严整有序

封建社会往往把祭天权与国家统治权相联系，显示帝王统治国家是“受命于天”的权力。祭天地是王朝的重要政治活动，天地坛在京城内的位置亦有定制。按周代礼制，祭天位于都城南郊，历代沿袭不变。古代以南方属阳，北方属阴；天为阳，故祭于南郊，地为阴，故祭于北郊，南北相互对应。后来又以日月设祭于都城东西，形成四方设祭的布局，这一点在明清北京城的规划中是严格实行的。社稷坛与宗庙为国家最重要的坛庙，在都城规划的位置亦经过慎重的考虑。《周礼·考工

记》中记述的“左祖右社”的形制为历代所遵循，即将太庙和社稷坛安排在都城或宫城的左右。

中国历代各种坛庙的建筑制度有所不同。坛既是祭祀建筑的主体，也是整组建筑的总称。主体建筑四周要筑一至二重低矮的围墙，古代称“壝”，四面开门，墙外有殿宇，收藏神位、祭器；又设宰牲亭、水井、燎炉和外墙、外门。壝墙和外墙之间，密植松柏，气氛肃穆；有的坛内设斋宫，供皇帝祭祀前斋戒之用。整个建筑群的组合既要满足祭祀仪式的需要，又要严格遵循礼制。

作为建筑主体的坛来说，它的建筑形式是较为简单的。一般为方、圆两种造型，主要是依据古代的阴阳五行学说而来。坛最初是堆土而成，极为简朴，后来逐渐演变为用砖石包砌，并不断用各种不同的手法加以装饰。坛基本为露天建筑，以体现出要直接与神灵对话的理念。又依据祭祀的等级不同坛有层数的分别。以清代祭坛看，天坛为三层，社稷坛、地坛为两层，日坛、月坛、先农坛为一层。层数的多少，完全是依照当时统治者对所祭祀神的等级的规定而定的。

二、通过空间环境营造、轴线设置来塑造庄重肃穆的氛围

中国古代坛庙建筑与其他建筑类型有着明显的不同，坛庙祭祀建筑必须通过空间氛围营造来表达一种实际上仅仅存在于人们心灵之中的虚幻，祭祀神祇需要一个远离市尘，避开人烟，更具超凡脱俗、潜心敬神的神秘感。因此坛庙建筑布局较为松散，极力营造一种肃穆庄重、交融天地的氛围。北京现存的祭坛就很好地体现了这一特色，现存明清坛庙建筑在空间环境氛围营造和单体建筑造型方面成就最大者，当推北京天坛。

（一）空间环境的营造

天坛面积辽阔，占地约273万平方米，相当于北京外城的十分之一，北京故宫的四倍。在如此辽阔的地域上，仅布局了圜丘、祈谷坛、斋宫、神乐署四组建筑，建筑密度极低，应用了与宫殿、寺庙完全不同的建筑布局与造型艺术手法。天坛的总体布局十分简单，在略呈方形的用地上建造内外两层坛墙。内坛偏东的南北轴线上布局了圜丘与祈年殿两组建筑群。圜丘坛在南部，由三层汉白玉石坛组成，为祭天之所。坛北有圆形平面的皇穹宇一组建筑，为供奉天神神主的地方。祈谷坛在轴线北部，亦为圆形三层汉白玉石坛。坛上建造圆形平面三层琉璃瓦檐的祈年殿。祈谷坛后方有皇乾殿，是供养皇天上帝神主的地方。圜丘坛与祈谷坛之间以一条高2.5米、长360米的铺砖神道相联系，又称丹陛桥，它寓意着上天庭要经过漫长的道路。整个内坛、外坛及丹陛桥两侧满植松柏，老干虬枝，苍劲挺拔，进入坛区以后，一种旷野自然的氛围扑面而来，自然会令人平心静气，仰望苍穹，生发出与天沟通的遐想。疏朗的建筑掩映于大片苍翠浓郁的柏林之中，塑造了天坛所需要的远

隔尘世、宏大静谧的独特环境。

天坛的设计者为强化建筑的崇高、宏大形象，运用了空间虚扩的手法。祈年殿的殿身并不很大，由于顶上层叠着三重檐的攒尖顶，高度达到38米。由祈谷坛构成的祈年殿三层台基，高出庭院地面约6米，直径达到90.9米。这样宽大的台基和高崇的攒尖顶，大大扩展了祈年殿的整体体量，并形成层层收缩上举的向上动感，成功地表现出与天相接的崇高、神圣气势。圜丘自身也只是不很大的三层露天圆台，上层直径23.5米，下层直径54.7米，为扩大它的形象，采用了一圈圆形的内壝墙和一圈方形的外壝墙。内壝墙直径104.2米，外壝墙边长176.6米，墙身都很矮，仅高1米余。这样两重壝墙以少量的代价大大延展了圜丘的建筑分量，取得祭天场所应有的宏大、辽阔气势。

图4-1　天坛圜丘坛

（二）布局轴线的设置

坛庙的布局非常重视中轴线上的艺术安排，尽量延长轴线展开的长度，以增加朝拜者的虔诚心情，如中岳庙、南岳庙皆有纵长的轴线，而岱庙的中轴线直对泰山绝顶——岱顶，更增加了建筑群的气势。天坛则以两组主体建筑“圜丘”与“祈年殿”构成主轴线，两组建筑相距甚远，通过一条高出地面的很长很宽的甬道——“丹陛桥”，把两组主体建筑组成有机的整体，大大增强了轴线的分量。

在天坛主轴线上，精心组织了极为开阔的观天视野，在圜丘台面上，升高的视点和压低的壝墙，使覆盖这里的天穹显得分外辽阔、高崇。在祈年殿庭院里，三重檐攒尖顶的圆殿兀立在三重宽大台基上，周围的矮墙隐了下去，天穹同样显得特别广阔、高爽。而一条突出的观天的“线”连接了这两个突出的观天的“点”，通往圜丘的丹陛桥设计成约2.5米高，人行其上，两旁的柏林压得很低，看天的视野非常开阔，有如浮行在树冠之中，飘然物外，有登天之感。及至登上圜丘坛，举目四望，古柏苍翠欲滴，坛体洁白似玉，天空蔚蓝如海，这种大空间的颜色配比，益增对天的伟大、神圣、完美的崇敬心情。这样，由圜丘、皇穹宇、祈年殿和丹陛桥组成的天坛主轴线仿佛整个儿漂浮在茂密古柏的绿海之上，不仅显现了宏大的天穹，而且造就了置身超尘世界的幻觉。

特别提示

天坛的主轴线原本处在天坛总图的正中，由于嘉靖三十二年北京扩建外城，天坛外坛墙随之向西、向南展拓，而没有对称地向东、向北展拓，致使现有天坛的主轴线呈现偏东的非对称状态。展拓西坛墙后的天坛，更加拉长了主入口西门到主轴线的距离，使得进入天坛的人群穿越更长的茂密柏林，感受到了更为浓郁的肃穆静谧的气氛，为营造主体建筑的肃穆氛围做了充分的铺垫。

古代的建筑艺术家，正是通过空间环境营造与轴线设置等手法相辅相成的运用，塑造了坛庙建筑庄重肃穆的氛围。

三、广泛应用象征手法，突出至高无上的皇权与神权

建筑是一种具有象征内涵的文化符号。自古以来，人们就在建筑中赋予某种象征的意蕴，以表达人类的理想。坛庙建筑以满足精神功能为主要目的，要求充分体现出祭祀对象的崇高伟大，祭祀礼仪的神圣肃穆。为了形成人们对祭祀对象的理性认识，增强其神圣感，坛庙建筑中还常用形、数、色及方位来象征某种政治的或伦理的含义。

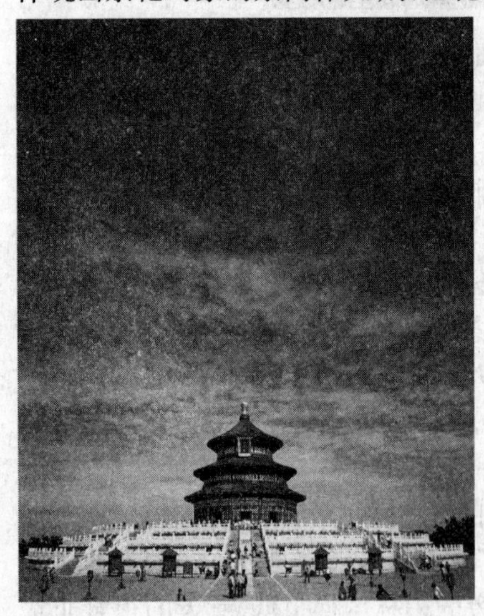

图4-2　天坛祈年殿

（一）形状象征

象征手法的广泛应用是天坛建筑的重要艺术特色，诸如建筑物的高度、形状，柱子的数量，台基的层数等，都可能与古人宇宙天地观念相合。如中国自古即有“天圆地方”之说，所以天坛的建筑形体上应用圆形极多，例如圜丘坛、祈谷坛、祈年殿、皇穹宇、皇穹宇围墙皆为圆形，象征“天”这一主题。另外，在处理天坛内外坛墙时采用北圆南方的平面图形，圜丘两层壝墙采用内圆外方的形制，这都是附会“天圆地方”的构思。

（二）数字象征

数的象征源于原始的阴阳观念，以阴阳观解释一切自然现象。数字也分阴阳，以奇数一、三、五、七、九为“阳数”，偶数二、四、六、八为“阴数”。天为阳，地为阴，故天坛建筑规划皆用阳数计量，且“九”为阳数的最高数值，也代表了至高无上的皇权与神权，此数在天坛设计中使用尤多。

如圜丘坛运用了诸多数字象征手法。坛高1.6丈，共分三层，每层四面均有9级台阶。三层直径相加是45丈，不但是9的倍数，还含有九五之尊的意思；从中心圆形大理石向外，3层台面每层都铺有9环扇面形状的石板，上层第一环为9块，第二环为18块，第三环为27块，到第九环为81块；中层从第十环的90块到第十八环的162块；下层从十九环的171块到第二十七环的243块。三层总计378个9，共3402块，象征九重天。

同样，祈谷坛的坛面、栏板数目亦为九的倍数。祈年殿是祈求丰年的祭所，故其平面结构的数列多象征季节、月令，如中间的四根高达19.2米的“龙井柱”象征一年四季春、夏、秋、冬；中围的十二根“攒金柱”象征一年十二个月；外围的十二根“檐柱”象征一天十二个时辰。中层和外层相加的二十四根，象征一年二十四个节气，等等。总之，匠师希望通过蕴藏在数字内的含义，赋予建筑理性的解释。

（三）色彩象征

在色彩象征方面，由于中国历来运用深绿色的常青松柏代表永恒、长寿、正直、高贵，因此广泛使用在坛庙、陵寝中，从而使深绿色松柏代表了崇敬、追念、祈求的象征意义。又如，受“天蓝地黄”的观念影响，天坛主要建筑皆用蓝色琉璃瓦盖顶，形成特有的艺术风格。如明初天坛的祈年殿，三层檐的琉璃瓦色各异，上檐青色，中檐黄色，下檐绿色，象征天、地、万物的颜色。乾隆时将三层琉璃瓦檐全部改为青色，以合专以祭天之意。这一改变使祈年殿外观更显纯净、凝重大方，与苍茫的青天颜色相协调，使其艺术感染力更为强烈。

众所周知，天坛的建筑艺术构思主题是要表现“天”的伟大与“天人相接”的思想。为此目的，匠师们采用了环境陪衬、天轴设置与形、数、色方面的象征等各类艺术手段来表现“天”与“人”的关系，相辅相成，密切结合，最终形成一件完美的艺术杰作。

此外，利用象征手法表达建筑含义在其他坛庙中也有不同程度的反映。如北京安定门外的地坛采用阴数（偶数）为设计数列。坛形方形以象征地，坛体两层，上层方六丈，下层方十丈六尺，每层高六尺，四出踏步，皆为八级，坛面铺设石块皆为双数。坛墙砌以黄色琉璃砖，南面皇祇室为黄琉璃瓦顶，皆为象征地色等。又如明清时期的北京社稷坛，设三层方台，汉白玉砌筑，坛上铺五色土，中黄、东青、南红、西白、北黑，象征金、木、水、火、土五行，以象征“普天之下，莫非王土”和祈求全国风调雨顺，五谷丰登。

四、因祭祀对象不同，而有不同侧重的建筑艺术形象追求

坛庙因祭祀对象不同，配享也有差异，在建筑的形制及规模上，亦视祭祀对象在人们心中的威信而有相当大的差别。不同类别的坛庙祭祀建筑所追求达到的艺术形象也有着不同的侧重。

（一）神祇坛庙

神祇坛庙通过突出而鲜明的建筑体态、象征寓意的构思设计、疏朗的环境创设，宣扬上天的威严，达到人们对虚幻的世外仙境的崇信。神祇坛庙比较注重空旷的自然环境、稀疏的建筑密度与无反衬对比的建筑尺度，使人融于自然之内，以达到隔绝尘寰、天人相接的目的。在具体形制上习惯采用四方轴线对称，突出中心，消除差别的构图，并采用大量的形、数、色及方位的象征手法，加强礼制建筑艺术的浪漫与理性化。另外，此类坛庙建筑多不设偶像，仅以木制牌位代表神明，因此雕塑与壁画等表达形象的艺术形式较少应用。可见，神祇坛庙是通过抽象空间艺术塑造其艺术形象追求的。

特别提示

中国的坛庙祭祀建筑有其独特的表征。首先，祭祀场所极少供设偶像。在坛场中仅以木主作为崇信的象征，祭后仍旧归安于寝殿，不作永久性的展拜；有些宗庙、家祠在祭拜时可悬挂影像；只有在名贤祠庙中才有仿实的偶像。其次，除在郊祭天地之礼时有配祭诸神外，一般不作鬼神体系的归属关系排列，保持各鬼神独立的祭祀仪式。

（二）宗庙与家祠

宗庙与家祠是为寄托对祖先创业的追思、感恩而设，建筑上带有庄严肃穆的气氛，因此注重礼仪、遵守伦理秩序，布局格式化。建筑群呈纵轴展开之势，注意对比关系，层次变化。其形制多脱胎于民间居室制度，前堂后寝，事死如生。祖祠常以庞大的规模、豪华的装饰、精致的雕刻、规整的布局来显示祖先的伟业、族权的威严、宗族的繁荣，使族人建立信心与自豪感。建筑装饰多用联匾、字画、金石刻镌，以文学环境点缀建筑环境，增强建筑环境的启发性与诱导作用。同时，民间祠庙在建筑规模与等级上大大不及皇家祭祀坛庙，表现出更多的随意与朴素。宗庙家祠又具有浓重的生活气息，祠堂内往往加设戏台及宽广的廊庑来满足使用要求，以备节日设桌宴饮，设凳观剧。有的祠堂还附设义学、义仓，具有广泛的公共活动内容。

（三）先贤名人祠庙

先贤祠庙在于发扬历史先贤名人的可贵精神，表彰其杰出的贡献，以激励后人，故此类建筑具有更多的文化气质与教化性。因此除了建立书卷气氛的建筑环境外，还充分利用中国传统建筑中的题额、联对的手法，以大量的匾额、对联、碑碣、书屏等文字题材装饰建筑，借此记述、颂扬先贤名人事迹。有些联对的书法本身就是艺术品，如三苏祠中对联“一门父子三词客，千古文章四大家”；成都武侯祠中《前后出师表》的壁刻等，让游人在欣赏美妙的文笔之余，对名贤的胸怀、气质、功业产生深深的敬意。又如孔庙建筑装饰中突出的文字装饰点题与石刻艺术运用；岱庙久远历史遗留下来的诸多记事碑刻等，均营造出建筑空间浓厚的文化气息。

同时，先贤名人祠庙的选址比较注意建筑的社会环境，山川地形，同时，竭力增加祠庙与人群的接触关系，民间色彩的运用，造型活泼，尺度宜人，空间环境更有人情味。为增强艺术感染力，先贤祠庙中常塑制偶像，如合肥包公祠的塑像，形态刚毅、凝重，表现出包拯正直不阿的品德。先贤祠庙建筑的艺术形象大多表现出浓厚的地方性、教化性、游览性，具有丰富的建筑空间形式，可以说祠庙为具体的空间艺术。

总之，坛庙祭祀建筑种类多，涵盖面广，建筑风格多样，文化内涵深厚，体现出厚重的儒家文化底蕴。作为传统文化的重要组成部分，坛庙建筑凝聚着中国传统的哲学理念，融合了建筑学、声学、力学、美学等自然、人文科学成就，是建筑技巧和建筑思想的完美统一体。北京坛庙集中国古代坛庙文化之大成，代表了中国古代建筑文化和建筑艺术的最高水平。

第三节　现存著名的坛庙建筑

一、神祇坛庙建筑的典范

现存明清祭祀神祇的坛庙建筑主要包括天坛、地坛、社稷坛、日坛、月坛、先农坛等，多为坛庙建筑的典范之作。

（一）天坛——祭天的神圣场所

特别提示

天坛的物质功能十分简单，只需要一组祭天用的“圜丘—皇穹宇”建筑，一组祈谷的“祈年殿”建筑，一组皇帝斋戒时居住的“斋宫”建筑和其他一些辅助建筑；而它的精神功能则要求极高，它需要充分表现“天”的崇高、神圣，透过对“天”的尊崇,强化“天命”观念,神化皇帝的“天子”身份。天坛的总体布局和建筑处理,出色地创造了这个高难度的、特定的“崇天”境界。天坛的这种独特的意境创造,为我们提供了大型组群建筑运用组景式意境构成的成功范例。

北京天坛是我国现存最大的坛庙建筑,也是世界上现存规模最大、最完美的古代祭天建筑群。天坛始建于明永乐十八年(1420),与故宫同时修建,面积约273万平方米,位于北京正阳门南,是明、清两代帝王“祭天”、“祈谷”的场所。

明清时期北京的天坛与历朝历代郊坛有着一脉相承的渊源关系。在明太祖朱元璋定都南京时,即在钟山之阳建圜丘以祭天,在山之阴建方泽以祭地,并于洪武十年(1377)建大祀殿,改为天地合祀之制。明成祖朱棣定都北京后,于永乐十八年(1420)仿南京之制在北京丽正门(正阳门)外建天地坛,合皇天后土。后明世宗嘉靖九年(1530)恢复四郊分祭制度,将原来南郊的天地坛改为专供祭天祈谷之所,并更名为天坛。清代乾隆时做了巨大的改建与扩建,才形成现有的完美古典建筑群。

乾隆时期的重大改建有两点,首先将圜丘坛体扩大,由明代的12丈扩为21丈,并将原来的青色琉璃砖栏杆及方砖地面改为汉白玉石栏杆及艾叶青石地面,使圜丘坛更为舒展洁净。明初天坛内大祈殿为矩形平面,至明嘉靖时改为三重檐的圆形平面,更名为祈年殿。三层檐的琉璃瓦色各异,上檐青色,中檐黄色,下檐绿色,象征天、地、谷的颜色。乾隆时将三层琉璃瓦檐全部改为青色,这一改变使祈年殿外观更显纯净、凝重大方,与苍茫的青天颜色相协调,艺术感染力更为强烈。

1. 天坛的总体布局

天坛是祈谷、圜丘两坛的总称。在天坛略呈方形的用地上有内外两重坛墙环绕,将坛域分为内、外坛两部分,均为南方北圆,寓意“天圆地方”,此墙俗称天地墙。内坛偏东的南北轴线上布局了圜丘与祈年殿两组建筑群。圜丘坛在南部,由三层汉白玉石坛组成,是明清两代皇帝冬至祭祀皇天上帝的祭坛,祭祀时在坛上临时架设青色帷幕。圜丘坛外又围以圆、方两层壝墙,壝墙正四面各设汉白玉石棂星门三座。圜丘坛之北有圆形平面的皇穹宇一组建筑,为供奉天神神主的地方。祈谷坛位于中轴线的北端,亦为圆形三层汉白玉石坛。坛上建造圆形平面三层琉璃瓦檐的祈年殿,殿的东西两侧有配殿,前部为祈年门。祈谷坛后方有皇乾殿,是供养皇天上帝神主的地方。圜丘坛与祈谷坛之间以一条高2.5米、长360米的铺砖神道相联系,又称丹陛桥。

除祈谷坛和圜丘坛之外,天坛还有几组建筑群:斋宫和神乐署、牺牲所。这些附属建筑多布局在天坛西部。内坛西天门内偏南位置建有一城壕环绕的宫城,名“斋宫”,是皇帝为表示祭天的虔诚之心和神圣之意,祭祀前“斋戒”期间居住的宫室。天坛西外坛还有专司明清两代皇家祭天大典乐舞的神乐署。神乐署是一个常设机构,拥有数百人的乐队和舞队,平时进行排练,祭祀时负责礼乐演奏。牺牲所则是专门负责准备祭祀时所用祭品的地方。天坛的附属建筑还有七十二连房、神厨等。天坛内遍植柏树,古松柏及古槐3600多株,尤其在南北轴线和建筑群附近,更是树冠相接,把祭坛烘托得十分肃穆。大片常绿树木营造出的广袤苍茫的氛围,形成天坛独特的园林意境。

特别提示

天坛的牺牲所和宰牲亭指的是两个不同的地方。

2. 圜丘坛

圜丘坛是举行冬至祭天大典的场所,始建于明嘉靖九年(1530),主要建筑有圜丘、皇穹宇及配殿、神厨、三库及宰牲亭,附属建筑有具服台、望灯等。圜丘又称圜丘台、祭天台、拜天台,是圜丘坛的主体建筑,它是明清两代皇帝举行祭天大典的地方,是所有祭祀中等级最高的一种,天坛即因圜丘得名。由于祭天必须露天,坛而不屋,圜丘为圆形汉白玉须弥座石坛,三层,通高5.17米,各层坛面俱墁以汉白玉中最高级的品种艾叶青,环以汉白玉围栏。这种露天的坛是中国古代建筑中的特殊类型,它与中外的神殿建筑都有巨大的差异,它不追求神灵的神秘与压抑,而是显示大自然的博大与广阔;没有高大威严的神像,而是以祭祀仪式来表达人与天地的和谐。

坛台分为三层,上层径九丈(1×9),中层径十五丈(3×5),下层径二十一丈(3×7),这样就将全部阳数一、三、五、七、九暗藏在内,三层直径相加是45丈,不但是9的倍数,还含有九五之尊的意思;上层中心为一块圆石,称天心石,从台中心的圆石往外铺以扇面形石块九圈,内圈九块,以九的倍数依次向外延展,中层与下层也各砌九圈,每圈都是九的倍数;每层石台设四个门,门前各有台阶九级,栏板、望柱也都用九或九的倍数;顶层石栏72块,中层108块,下层180块,共计360块,正合周天360°之数。这里随处可求的是9,它在中国古代是个代表至尊至贵的极数。圜丘雕饰多为龙饰,望柱柱头雕以盘龙,出水饰螭首,而各层须弥座间则雕以雷纹、缠枝莲纹。

皇穹宇位于圜丘北面,是存放、供奉祭天正位及配位、从祀位神版的场所,又称天库。皇穹宇有正殿、配殿、围垣及券门诸建筑,皇穹宇即因正殿榜书而得名。皇穹宇正殿为蓝色琉璃圆形单檐攒尖顶,鎏金宝顶,殿高19.5米,直径15.6米。檐柱、金柱俱8根,南向开户,菱花格隔扇门窗,蓝琉璃槛墙。殿内穹隆圆顶,正中贴金盘龙藻井,贴金双龙天花,金柱贴金缠枝莲,内外施金龙和玺彩画。殿内正中有前圆后翘角石须弥座，座高1.51米，径2.53米。

单檐圆形攒尖顶的皇穹宇由直径63米的圆形高大墙垣围绕，从入口的砖砌拱门望见皇穹宇也正好在门框中形成一个完整的画面。皇穹宇的围墙用磨砖对缝砌成，由于施工的精致细腻，浑圆的弧墙能够对声音产生奇妙的回响效果，被称为"回音壁"。同样以音学效果闻名的还有三音石，其奇妙回音，有"人间私语，天闻若雷"之说。

3. 祈年殿

位于丹陛桥的北端，矗立于祈谷坛上的祈年殿是天坛的主体建筑，又称祈谷殿，是中国古代建筑艺术上成就最突出的木构建筑。祈年殿是一座镏金宝顶、蓝瓦红柱、彩绘金碧辉煌的三层重檐圆形大殿。祈年殿采用的是上殿下屋的构造形式。大殿建于高6米雕栏环绕的三层汉白玉圆形台基上，颇有拔地擎天之势，壮观恢宏。祈年殿为砖木结构，殿高38米，直径32.72米，三层重檐向上逐层收缩作伞状。建筑独特，无大梁长檩及铁钉，28根楠木巨柱环绕排列，支撑着殿顶的重量。祈年殿是按照"敬天礼神"的思想设计的，殿为圆形，象征天圆；瓦为蓝色，象征蓝天。殿内柱子的数目，也是按照天象建立起来的。殿中的四根"龙井柱"支撑上层屋檐，象征一年四季春、夏、秋、冬，殿高9丈，取意九九阳数之极；中层的十二根"金柱"支撑第二层屋檐，象征一年十二个月，殿顶周长30丈，表示1月30天；外围的十二根"檐柱"支撑第三层屋檐，象征一天12个时辰；中层和外层相加的二十四根，象征一年二十四个节气。三层总共二十八根象征天上二十八星宿。再加上柱顶端的八根童柱，总共三十六根，象征三十六天罡。宝顶下的雷公柱则象征皇帝的"一统天下"。祈年殿的藻井是由两层斗拱及一层天花组成，中间为金色龙凤浮雕，结构精巧，富丽华贵；殿内梁枋施龙凤和玺彩画。

祈年殿的前庭比地面高四米多，再加上三层台基的高度，人站在这里超出于苍郁的林海之上，会油然而生一种静谧肃穆的气氛。祈年殿后还有皇乾殿、神厨、神库和宰牲亭等小型附属建筑，都被遮掩于殿后或者隐蔽于丛林之中。祈年殿南为祈年门，它们之间的距离经过精心安排，从祈年门远望祈年殿，恰好在当中一间门柱和额枋构成的景框之中。

天坛收藏文物逾万件，多与祭祀有关，礼器、乐器占据相当大比例，分别陈列在皇穹宇祭天文物展览、祈年殿历史原貌恢复展览、祈年殿西配殿祭天礼仪馆展览、祈年殿东配殿祭天乐舞馆展览当中。天坛所表现出的艺术光辉永耀我国古代建筑史册，天坛于1918年作为公园正式对外开放；1961年，国务院公布为"全国重点文物保护单位"；1998年被联合国教科文组织确认为"世界文化遗产"。

(二)社稷坛——土地神和五谷神的祭坛

社是国土之神，稷是五谷之神，即农业之神。"社稷"合称代表国家。历代帝王皆以供奉社稷代表对疆土、子民的统治权力,也表明以农立国的国家性质。社稷坛是明清两代皇帝祭祀土地神和五谷神的地方,位于北京紫禁城午门西侧(现中山公园内),与天安门东侧的太庙(今劳动人民文化宫)相对,一左一右,体现了"左祖右社"的帝王都城设计原则。社稷坛早期是分开设立的,称作太社坛、太稷坛,供奉社神和稷神,后来逐渐合而为一,共同祭祀。祭祀社、稷之神是很隆重的典礼,每年春秋仲月上戊日清晨举行大祭,由皇帝亲自主祭,祈求全国风调雨顺、五谷丰登。如遇出征、班师、献俘等重要的事件,也在此举行社稷大典。社稷坛建于明永乐十八年(1420),全园面积约 360 余亩,主体建筑有社稷坛、拜殿及附属建筑戟门、神库、神厨、宰牲亭等。

社稷坛是呈正方形的三层高台,以汉白玉砌成,坛顶平整,按东、西、南、北、中五个方位铺筑全国各地贡纳来的青、白、赤、黑、黄五色之土,以表示"普天之下,莫非王土",还象征金、木、水、火、土五行为万物之本。方形围墙四面的琉璃瓦顶也按方位施用相应颜色。坛四周有三重围墙,内墙四面正中各辟一座汉白玉门,名"棂星门"。中间一道名"坛墙",坛墙与外墙之间,北有拜殿和戟门,西有神库和神厨、宰牲亭等。社稷坛园内也以古柏著称,数百株翠柏遮天蔽日,挺拔苍劲,千姿百态,蔚为壮观。

(三)泰安岱庙——帝王举行封禅大典和祭祀泰山神的地方

岱庙坐落于山东省泰安市区北,泰山的南麓,俗称"东岳庙",又名泰岳庙、岱岳庙,是历代帝王举行封禅大典和祭祀泰山神的地方。始建于秦汉,拓建于唐宋,金元明清多次重修,是泰山上下延续时间最长,规模最大,保存最完整的一处古建筑群。岱庙占地面积约 9.65 万平方米,其建筑按照帝王宫城形制营造,城堞高筑,殿宇巍峨。周辟八门,四角有楼,前殿后寝,廊庑环绕。庙内的建筑可分中、东、西三路。中轴线上由南向北依次为正阳门、遥参亭、天贶殿、寝宫;东路为钟楼、汉柏院、东御座;西路为鼓楼、唐槐院、道舍院等。岱庙与北京故宫、山东曲阜三孔、承德避暑山庄和外八庙,并称中国四大古建筑群。

天贶殿是岱庙主体建筑,始建于北宋大中祥符二年(1009),按照中国古代建筑的最高规格营造,重檐庑殿顶、黄琉璃瓦覆盖,为中国三大宫殿式建筑之一。面阔九间,深四间,高 22.3 米,面积近 970 平方米。殿内保存有巨幅宋代壁画《泰山神启跸回銮图》,长 62 米,高 3.3 米,描绘了东岳泰山神出巡时的浩荡壮观场面,共有人物 630 余名,并绘有各类珍禽异兽、山石树木、宫殿楼阁等,构图严谨,疏密相间,气势磅礴,笔法流畅,是泰山人文景观之一绝。

岱庙内碑碣林立,古木参天。今存历代碑碣石刻 300 余通,素有"岱庙碑林"之称。有中国现存最早的刻石——秦李斯小篆碑;有充分体现汉代隶书风格的"张迁碑"、"衡方碑";有晋代三大丰碑之一"孙夫人"碑;有形制特异的唐"双束碑",以及宋至清历代重修岱庙的御制碑等。而历经几千年风雨沧桑的“汉柏”、“唐槐”，则为岱庙古树名木之最。岱庙于1987年被列入世界文化与自然遗产清单，1988年被公布为全国重点文物保护单位。

二、宗庙与家祠建筑的典范

宗庙与家祠建筑反映了我国人民对先祖的崇敬与怀念，同时也打上了深深的封建等级制度烙印。现存的此类建筑中不乏典范之作。

（一）太庙——奉祀帝王历代祖先的地方

太庙位于天安门左侧，是明清两代皇帝祭奠祖先的场所，始建于明永乐十八年（1420），占地二百余亩。太庙平面呈长方形，南北长475米，东西宽294米，共有三重围墙，由前、中、后三大殿构成三层封闭式庭园。主要包括戟门、正殿、两庑、寝宫、祧（tiāo）庙等建筑，有明显的中轴线，左右配殿严格对称。后虽经明清两代多次修缮，但基本保持明代规制。周围以高达九米的厚重墙垣包绕，给人以幽闭之感，体现出太庙的庄严地位。

太庙享殿又名前殿，明清两代皇帝举行祭祖大典的场所，始建于明永乐十八年（1420），是整个太庙的主体建筑。后虽经明清两代多次修缮，但基本保持明代规制。黄琉璃瓦重檐庑殿顶，檐下悬挂满汉文“太庙”九龙贴金额匾。面阔十一间，进深六间，坐落在三层汉白玉须弥座台基上，殿高32.46米。殿内的主要梁栋外包沉香木；别的建筑构件均为名贵的金丝楠木；地铺“金砖”；天花板及廊柱均贴有赤金花，装饰精美，气氛庄重。殿内陈设金漆雕龙雕凤帝后神座及香案供品等。整个大殿雄伟庄严，富丽堂皇。祭前先将祖先牌位从寝殿、祧庙移至此殿神座安放，然后举行隆重的仪式。两侧的配殿设皇族和功臣的牌位。大殿之后的中殿和后殿都是黄琉璃瓦庑殿顶的九间大殿，中殿称寝殿，后殿称祧庙。太庙遍植松柏树，树龄多高达数百年，千姿百态，苍劲古拙，高大的殿堂被簇拥于苍绿的树海之中，倍添庄严、肃穆与高贵。

太庙戟门建于明永乐十八年（1420）。黄琉璃瓦单檐庑殿顶，屋顶起翘平缓，檐下斗拱用材硕大。汉白玉绕栏须弥座，中饰丹陛。两侧各有一旁门。该建筑是太庙始建后唯一没有经过改动的重要建筑，是明初官式建筑的重要代表。门外东间原有木制小金殿一座，为皇帝临祭前更衣盥洗之处。按最高等级的仪门礼制，门内外原有朱漆戟架八座，共插银镦红杆金龙戟120枝。1900年被入侵北京的八国联军全部掠走。

拓展知识

清代皇帝祭祖，每年四季首月祭典称“时享”，岁末祭典称“袷（xiá）祭”，凡婚丧、登基、亲政、册立、征战等国家大事之祭典称“告祭”。每年举行大典时，仪仗整肃，钟鼓齐鸣，韶乐悠扬，佾(yì)舞蹁跹，是中华祭祖文化的集中体现。

（资料来源：根据中国建筑出版社编的《礼制建筑》和相关历史资料整理）

（二）胡氏宗祠

胡氏宗祠位于安徽绩溪县瀛洲乡大坑口村南，距县城东12公里，这里山清水秀，穹林邃壑，景物幽胜；远处山色如黛，近处水溪湍湍。龙川胡氏宗祠初建于宋，明兵部尚书胡宗宪在嘉靖时对祠堂进行大修，因此建筑具有明代风格，其中雕刻艺术有徽派“木雕艺术厅堂”的称誉。祠堂占地1146平方米，平面呈长方形，坐北朝南，建筑体量宏大，悬山屋顶，抬梁构架，砖木结构，三进七开间。主要建筑门厅、回廊、正厅、寝室等均在中轴线上，一进高于一进，其长度等于宽度2倍，整个布局方正，对称，主次分明，组合达到巧妙的统一。

（三）陈家祠堂

陈家祠堂又称陈氏书院，位于广州中山七路，是广东省陈氏合族祠堂，由清末广东七十二县的陈姓联合建造，建于清光绪十六至二十年(1890—1894)。它占地1.5万平方米，建筑面积6400平方米，以大门、聚贤堂和后座为中轴线，通过青云巷、廊、庑、庭院，由大小19座建筑组成建筑群体，各个单体建筑之间既独立又互相联系。建筑群布局严整、均衡对称。聚贤堂位于书院主体建筑的中心，堂宇轩昂，庭院宽敞。梁架雕镂精细，堂中横列的巨大屏风，玲珑剔透，为木刻精品。在陈家祠堂各厅堂、廊、院、门、窗、栏杆、屋脊、砖墙、梁架、神龛等处，随处可见木雕、石雕、砖雕、陶塑、灰塑等传统建筑装饰以及铁铸等不同风格工艺，琳琅满目，集岭南民间建筑装饰艺术之大成，既具有我国建筑传统形式，又富有广东地方工艺装饰特点。

三、先贤名人祠庙建筑的典范

在众多的先贤祠庙建筑中，除文、武庙为国家祭典外，大部分是由民间或地方设立的，并且深受百姓的信仰与爱戴。

（一）曲阜孔庙

孔庙是奉祀我国古代著名思想家、教育学、儒家学派的创始人孔子的场所。全国各地保存了许多历朝历代的孔庙，尤以孔子故乡山东曲阜的孔庙规模最大、修建最早、规制最高。它与孔府、孔林并称“三孔”。曲阜孔庙位于山东省曲阜市南门内，原为孔子故宅，孔子死后第二年，鲁哀公将其改建为庙。此后历代增修，至明中叶扩至现存规模。

曲阜孔庙始建于公元前478年，呈长方形，总面积327.5亩，南北长630米。

建筑群仿皇宫建制，以中轴线贯穿，共有九进院落、三路布局，左右对称，布局严谨。建筑规模宏大、雄伟壮丽、金碧辉煌。全庙共有殿、堂、坛、阁460多间，门坊54座，“御碑亭”13座，分别建于金、元、明、清及民国时期。孔庙内最为著名的建筑有：棂星门、奎文阁、杏坛、大成殿、寝殿、圣迹堂、诗礼堂等，建筑群规模仅次于北京故宫古建筑群。

大成殿是孔庙的主体建筑，始建于宋天禧元年(1017)，明重建，现存大殿为清雍正二年(1724)再建。大成殿是供奉孔子的大殿，正中供祀孔子像，两侧配祀颜回、曾参、孟轲等十二哲像。大成殿黄瓦重檐歇山顶，面阔九间，进深五间，高24.8米，两级须弥座，斗拱交错，雕梁画栋，周环回廊，巍峨壮丽。大成殿为全庙最高建筑，也是中国三大古殿之一。檐下有28根雕龙石柱，为明代遗物，其中前檐10根为透雕蟠龙柱，均以整石刻成，每柱二龙对翔，盘绕升腾，似脱壁欲出，下托山海波涛，上缀朵朵祥云，精美绝伦，气势恢宏。

孔庙内的圣迹殿、十三碑亭及大成殿东西两庑，陈列着两汉以来历代碑碣石刻二千多方，真草隶篆，诸体具备，其中尤以汉魏六朝的碑刻称誉海内外。其碑刻之多仅次西安碑林，所以它有我国第二碑林之称。

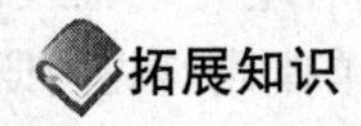
拓展知识

棂星门

棂星门是中国传统建筑中门的一种形式，出现时间不晚于唐代。棂星门通常是两个立柱(木或石)、柱上部横穿一根两边出头的横额，形成门框，内装对开门扇。中国孔庙建筑中轴线上的第一座门是棂星门，传说棂星是天上的文星，又称文曲星，以此命名，表示天下文人学士集学于此，也有说棂星门指的就是天门。所以宫室，祭祀建筑(如天坛)坛庙和陵寝建筑都设有棂星门。明清坛庙内的棂星门多用汉白玉石做柱梁，柱梁交界处做月板，柱顶立宝珠，柱前后辅以斜撑、抱鼓石以增加稳定性。棂星门造型简练凝重，符合坛庙所需的庄重气氛。

(资料来源：根据中国建筑出版社编的《礼制建筑》和相关历史资料整理)

(二)解(xiè)州关帝庙

解州关帝庙位于山西运城解州镇，是关羽故里，建筑面积近2万平方米，是国内最大的纪念关羽的建筑群，为武庙之祖。隋开皇九年(589)始建，宋、明、清多次重修，现存建筑多为康熙四十一年(1702)火灾后重建之规模。关帝庙建筑仿宫殿式布局，对仗严谨、轴线分明，殿阁巍峨，气象宏大。北部为正庙，南部为结义园。崇宁殿是关帝庙主殿，外观为重檐歇山顶，面阔五间。周围26根檐柱为雕刻蟠龙石柱，龙身盘曲，龙爪奋张，云朵漂浮，其构思完全模仿曲阜孔庙大成殿外檐龙柱石刻，以示文武二庙规格等级并列之意。

（三）成都武侯祠

武侯祠位于四川省成都市南门武侯祠大街，是中国唯一的君臣合祀祠庙，由刘备、诸葛亮蜀汉君臣合祀祠宇及惠陵组成。千多年来几经毁损，屡有变迁。武侯祠初建于西晋末年，初建时与刘备昭烈庙相邻，明初武侯祠并入昭烈庙，故大门横额书“汉昭烈庙”四字，形成现存合祭刘备和诸葛亮的祠庙。现存殿宇是清康熙十一年（1672）重建。祠庙坐北朝南，周围环绕着一道古色典雅的红墙，祠内的建筑布局严整，五重院落，中轴线上的建筑依次有大门、二门、刘备殿、过厅、诸葛亮殿，殿廊相通，美观和谐，五重建筑中以刘备殿最高，建筑最为雄伟壮丽。轴线建筑两侧配有园林景点和附属建筑。步入大门，翠柏绿松，浓荫蔽日，幽静雅致，在古柏丛中，矗立着六方石碑，其中最大一方是唐朝立的《蜀丞相诸葛武侯祠堂碑》，刻建于唐宪宗元和四年（809），碑文由当时著名的宰相裴度撰写，著名的书法家柳公绰书写，鲁建刻字，因为文章、书法、刻技都是一流水平，所以后世称之为“三绝碑”。

（四）太原晋祠

晋祠位于山西省太原市西南郊25公里处的悬瓮山麓。晋祠始建于北魏，是为了纪念周武王的次子叔虞而建，因叔虞封国称唐，故称唐叔虞祠，又因位于晋水之源，亦名晋祠。北齐天宝年间以后，历代曾多次的修建和扩建，特别是北宋天圣年间修建了纪念叔虞生母邑姜的圣母殿及鱼沼飞梁，此后以圣母殿为主体的中轴线建筑物逐渐次第告成，形成了一处自然山水与历史文物相结合的园林式建筑群。晋祠内建筑布局由中、北、南三部分组成，中部建筑结构壮丽而整肃，为全祠之核心，北部建筑以崇楼高阁取胜，南部建筑楼阁林立，小桥流水，亭榭环绕，一片江南园林风光。祠区内中轴线上的建筑，由东向西，依次是：水镜台、会仙桥、金人台、献殿、鱼沼飞梁和圣母殿等。其北为唐叔虞祠、昊天神祠和文昌宫；其南面是水母楼、难老泉亭和舍利生生塔等，这些建筑虽然建立于不同时期，但整个建筑群却布局紧凑、严密，既像庙观院落，又好似皇室的宫苑。

特别提示

晋祠的创建年代，现在还难以考定。最早的记载见于北魏郦道元的《水经注》，书中写道：“际山枕水，有唐叔虞祠，水侧有凉堂，结飞梁于水上。”可见，晋祠的历史，即使是从北魏算起，距今也有一千五百多年了。

圣母殿始建于北宋天圣年间(1023—1032),是现存晋祠内最古老的建筑。圣母殿高19米,重檐歇山顶,面阔七间,进深六间,黄绿琉璃瓦剪边,雕花脊兽,四周施围廊,殿前八根檐柱皆以木雕盘龙缠绕,气象生动。殿的内部采用减柱法,扩大了空间,是中国规模较大的一座宋代建筑。殿内有宋代的彩塑43尊,主像圣母端坐木制的神龛里,其余42尊侍从分列龛外两侧,圣母凤冠蟒袍,神态端庄,侍从手中各有所奉,或侍饮食起居,或梳洗洒扫等,是宫廷生活的具体写照。塑像十分生动,充分地表现出人的神情,各个塑像神态自然,神情各异,塑工高超,是中国宋代彩塑中的精品。

晋祠被称为三晋胜景,历代帝王将相、文人雅士为晋祠留下碑碣多达300余方。著名的《晋祠之铭并序》碑矗立在"贞观宝翰"亭中,是唐太宗李世民于贞观二十年(646)撰文并书写的。祠内的"齐年柏"(相传为西周时所植),老枝纵横,虽已历千余年之风雨,但仍生机勃勃、郁郁葱葱,与长流不息的"难老泉"和精美的"宋塑侍女"像被誉为"晋祠三绝"。

思考与练习

一、填空题

1. 象征________的北京________是中国现今保存最完整、礼制最高的坛庙建筑。

2. 坛庙祭祀建筑总体上可以分为三大类型:________、________、________。

3. ________是岱庙主体建筑,为中国三大宫殿式建筑之一。殿内保存有巨幅宋代壁画________,是泰山人文景观之一绝。岱庙内碑碣林立,其中有中国现存最早的刻石________。

4. 广州的________是现存祠堂中非常突出的一座,从建筑设计到装饰艺术都达到了很高水平,尤其是它的________,可称为清代建筑艺术的代表作品。

二、简答题

1. 请简述坛庙祭祀建筑的形制与艺术特色。

2. 请简述祭祀对象不同的坛庙,有何不同侧重的建筑艺术形象追求。

3. 请简要阐述古代的建筑艺术家是通过什么样的规划设计、营造手法成就了天坛这个经典建筑的。

4. 坛庙建筑是我国古建筑的重要类型,是灿烂的中华文明的一颗明珠,你认为在这类旅游资源的讲解中应抓住哪些要点,以你感兴趣的坛庙、祠为例进行导游讲解。

案例分享

严格的祭祀礼仪

单纯的坛庙建筑并不能完全体现它的功能与价值,它要与具体的祭祀礼仪结合起来才能达到其目的。因此,历代统治者对祭坛的祭祀礼仪极为重视,对于神位的尺寸与文字的书写、祭品的备办、祭祀日期的确定、祭祀礼仪的演习、斋戒的内容、祭祀大典的礼仪程序都作出了严格而繁缛的规定。

我们以明代为例看一看有关的具体规定。

1. 神位。不论祭祀哪种神灵,都要供奉神位。天、地、祖宗的神位叫作"神版",其余的都叫作"神牌"。关于神位的尺寸也有严格规定,不同神位的尺寸并不相同,如天坛圜丘的神版长二尺五寸,宽五寸,厚一寸,座高五寸,用栗木制成,中间写着"昊天上帝",黄地金字;而社稷坛的神位则高一尺八寸,宽三寸,朱漆地金字,显然有了等级的差剐。

2. 祭品。祭品即祭祀所供奉的物品,包括礼器、食物、玉帛等。礼器是指盛放献给神祇食物的器皿,有笾、豆、盖、簋、登、爵、金铡,不同的神祇所使用的礼器的种类与数目也不同。这些礼器从洪武三年(1370)开始都用瓷制成。

食物又分为牲牢、酒以及称为"笾豆之实"的各种食物。牲牢指牛、羊、猪。牲即牺牲,是祭祀用的大型肉食动物,牢指太牢、少牢。祭祀时用牛或与羊、猪同时作为祭品称为太牢,用羊或猪作为祭品称为少牢。对作为牲牢的牛、羊、猪要严格挑选;就牛而言,首先得是公牛,皮毛要纯净,选好后精心喂养,如果有一点儿损伤,都要立即更换。前面列举了各种祭祀用的礼器,这些礼器当然不能空着去献给神灵,因此要装满各种美味,并且不同的礼器内盛放不同的食物,称之为"笾豆之实"。如笾里边盛放形盐、薨鱼、枣、栗、榛、菱、芡、鹿脯、白饼、黑饼、糗饵、粉糍等。笾、豆的使用数目也随祭祀等级的高低而变化。

玉帛指玉制的礼器和丝织品。玉器包括苍璧、黄琮、圭,分为3个等级:上帝用苍璧,皇地祇用黄琮,太社、太稷并以两圭有邸,朝日、夕月圭璧五寸。不同的神使用不同颜色的丝织品,上帝为青色,地祇为黄色,社稷用黑色,大明用红色,夜明、星辰、太岁、风云雷雨、天下神祇用白色,五星用五色,岳、镇、四海、陵山以其所处方向代表的颜色为准,四渎用黑色,先农用青色。

3. 祭祀日期。日期由钦天监选择,太常寺预先在十二月朔到奉天殿向皇上汇报;洪武七年(1374),皇上命太常寺把议定好的祭祀日期写出公布,按时祭祀。每当祭祀的时候,还有专门的官吏监督,如果有不恭敬的还要治罪。

4. 习仪。在正式祭祀的前六七天,文武百官要演习祭祀礼仪。

5. 斋戒。斋戒是祭天大典之前对主祭者——天子的要求。祭天之前斋戒沐浴以示对天的虔敬,是祭礼的前奏。斋戒分为散斋4天,致斋3天。在此期间,皇帝要做到不饮酒、不吃荤、不看病、不吊丧、不听音乐、不理刑名,专心致志,心中默想要祭祀的神灵,就如同神在自己上下左右一般,并且要在斋宫内进行。

6.祭祀大典礼仪。古代的祭坛礼仪是颇为隆重的国家祀典,受到历朝历代帝王的高度重视,其中尤以圜丘祭天最为重要,也最为繁缛隆重。祭天仪式从冬至日拂晓开始,整个仪式在赞礼官的指挥下进行。祭天大典分为迎神、奠玉帛、进俎、行初献礼、行亚献礼、行终献礼、撤馔、送神、望燎九项程序,直到祭品焚烧完才算结束。祭祀过程中,皇帝要率领文武百官不断跪拜行礼。

(资料来源:根据中国建筑出版社编的《礼制建筑》和相关历史资料整理)

案例思考题:为什么祭祀在古代被列为立国治人之本,排在国家大事之首列?

第五章 陵墓建筑

引 言

我国先民将死与生置于同等重要的地位，于是在世界建筑体系中创造了洋洋大观的陵墓建筑形式和规制。陵墓建筑是中国古代建筑的重要组成部分，并且在漫长的历史演变过程中，陵墓建筑逐步与绘画、书法、雕刻等诸艺术融为一体，成为反映多种艺术成就的综合体。

学习目标

1. 了解中国古代丧葬的主要方式及陵墓类型。
2. 熟悉古代帝王陵寝的地面建筑以及分布与选址。
3. 熟悉著名陵墓建筑的基本知识。
4. 掌握历代陵墓的形制、布局与结构。

第一节 中国古代陵墓建筑的起源与发展

中国古代墓葬有其产生和演变的历史背景。各时期的墓葬制度形成了许多相沿成俗的内容，反映了宗法社会中人们的伦理思想和宗教观念，是中国古代文化的重要部分。

一、中国古代墓葬的起源

中国古代丧葬习俗虽渊源久远，但早期墓葬在地面上并没有留下什么特殊的标志，在原始社会的墓葬中也从未发现有封土坟头的遗迹。巨大坟丘形成于战国孔子时代，孔子将其父母合葬时曾说："古也墓而不坟。封之，崇四尺。"因为孔子是个东奔西跑的人，为了便于识别，于是就筑了四尺高的坟丘。此后，有坟丘的墓葬就成为了一种文化习俗。如果人死下葬后不起坟丘,就子女而言就是大逆不道,所以起坟丘,是一种对尊贵死者的"礼貌"。

由于"礼"文化在春秋、战国盛行,筑墓以起坟丘,发展到在坟前竖碑、种树,直至后来在墓区建造陵寝建筑与设"神道"、"石像生"等,墓丘越筑越大、越来越高,随葬品也越来越丰富。根据考古学家的发掘,远在公元前21世纪到公元前11世纪的夏商两代就有了陵墓建筑,为我国最早陵墓建筑的萌芽。河南安阳是殷商国都,现在挖掘出的十几处有一定规模的陵墓区,墓葬在地下8~13米深不等,墓道长达32米。椁室内墙有彩色绘画和雕刻的花纹,还有死者生前的用品和殉葬品。

二、中国古代陵墓建筑的发展

中国古代皇陵是我国封建社会特有的建筑文化产物,是当时经济、政治、文化的重要组成部分。另外,不同时期的陵墓建筑,受到当时、当地制度的影响和制约,表现出不同的特征。

(一)先秦时期的陵墓建筑

史前仰韶文化社会时期,阶级尚未产生,人们还没有王权政治思想,因此一般没有专门的墓室建筑,用棺者也很少,更别说陵墓建筑了。殷商时代,灵魂观念还没有成为社会文化和王室政治的共同认识,帝王陵墓虽表现为不封不树,没有坟丘和陵园形态,但此时,已出现用棺椁的安葬制度和"亚"字形地下墓室。商代晚期的殷墟西北岗王陵陵区八位商王大墓平面呈"十"字形。殷商时期开始的重葬意识和墓建文化,可视为中国古代陵墓建筑的萌芽时期。

周代,灵魂观念、神灵意识遍及于王公贵族,地上等级制度演绎出地下等级制。于是在殷商棺椁制度之外又形成天子棺椁七重、诸侯五重、大夫三重、士人一棺一椁的中国古代早期墓葬礼仪制度。

春秋战国时期,等级制度化和《周礼》使诸国风行厚葬,王室陵墓规模大,而且墓祭(上坟)流行起来,有了祭祀的祠庙建筑。于是,墓葬礼仪等级化更加明显,随之而来的墓葬礼仪是身份越高、权势愈大,墓坑就愈深、台阶就愈多、墓道就愈长。高层贵族的椁分多室,棺有多层,出现分隔椁室的隔板、隔墙、门窗、立柱等建筑构件,初步形成地下宫殿式建筑形式。

(二)秦汉时期的陵墓建筑

秦代,封土为覆斗形"方上"陵墓形制,地宫位于封土之下,已开始形成地上和地下相结合的建筑群体。陵墓仿宫廷建筑格式,有高大的覆斗形封土和豪华的地下宫殿,封土周围有双重陵垣,四向辟门,有广阔的陵园。秦始皇陵墓称"骊山",并开在帝陵设祭祀建筑之先河。

汉朝，西汉皇陵的突出特点是：广阔的陵园一望无边；高大的覆斗形封土气势非凡；陵上面建寝殿，四周建围墙，呈十字轴线对称；有大型的神道石雕塑像；实行帝陵居西、后陵居东的“同陵不同穴”规制。帝陵旁有后妃、功臣贵戚的坟墓，并创陵邑制。西汉逐步形成了完整皇陵建制，“梓宫、便房、黄肠题凑”的葬具体系成为西汉时期天子使用的最高级葬制，对后代产生了极大的影响。东汉皇陵从选址、布局到地宫建制基本承接西汉，所不同的是将“梓宫、便房、黄肠题凑”改为“方石治黄肠题凑”；改“同陵不同穴”为“帝后合葬”；并确立了一整套上陵礼制。东汉一整套上陵礼制不仅完善了皇陵礼制，还逐步废除了每个皇帝各有一庙的制度，对后代产生了广泛与深远的影响。至此，中国古代陵墓建筑、丧葬文化基本定型，“陵”成为帝王之墓之专称。

（三）魏晋南北朝时期的陵墓建筑

魏晋南北朝时期，割据纷争不止，南北对峙，争相称帝，帝陵制度也不一样。魏晋陵墓从建筑规制上看虽呈现皇陵之气，但规模缩小，建筑艺术风格明显出现与汉族文化相结合的特点，有的甚至“不封不树”，隐匿不见，其真实的建制尚不明确。南北朝时期，逐渐恢复秦汉的讲究之风，造高大的封土，陵前建享殿，神道、石像生气势庞大，布局规整，上陵拜谒之礼也逐渐盛行，为唐宋皇陵的大发展奠定了基础。尤其值得注意的是北魏皇陵规划出现了寺塔建筑物。南朝皇陵最精湛的是神道两侧的石雕刻，形体硕大、造型精美，特点显著，气势不凡，为秦汉以来皇陵之少见。

（四）隋唐时期的陵墓建筑

隋、唐国力雄厚，经济繁荣，国家复归统一，皇陵建制上改为“以山为陵”，选择气势雄伟的自然山峰开凿地宫，修建陵园。唐代更追求陵体高大及陵区总体规模的庞大与气势，并且陪葬的礼仪制度也达到鼎盛时期。

（五）宋元明清时期的陵墓建筑

宋代陵墓形制恢复方上形式，其时，国家统一，同时受风水堪舆文化影响，修墓选址讲究风水。陵墓建筑虽依旧为“封土为陵”，但已发展为筑圆形砖城，在城内填土使之成一圆顶“宝顶”，城上设垛口女儿墙成“宝城”。北宋皇陵的最显著特点是统一化和规范化。

元代，对皇帝因实行秘密埋葬，故不建地上陵墓。其葬俗是在两块楠木中间凿成人形，殓入死者，外以三四卷金线条框紧，然后葬入茫茫草原中，并驱马踏后覆盖青草，墓葬不为人知，踪迹难觅。

明代，皇陵建筑既保留了汉陵覆斗形封土、陵前建享殿、内外二城的特点，又开创了明帝陵新制；更加讲究风水地貌的完美结合，对陵宫神道石像技艺精益求精；新设明楼，首创仿皇帝生前宫殿建造的“前朝后寝”格局；变内城正方形为长方形，改方丘为圆坟,外建砖砌宝城,神道、享殿、神厨由内城外移入内城内。明代皇陵建筑是我国陵墓建筑发生重大变革时期,也是中国古代陵墓建筑文化的鼎盛时期。

清代具有我国最大的皇陵建筑群,集中体现了以木结构为主体的中国古代陵墓建筑的最高水准。陵墓形制基本上是沿袭明代建制,陵园主要由前院、方城、宝城组成,在明陵基础上在坟丘上部新增月牙城,规模更为阔大,建筑本身更讲究制度观念和技艺。其土木结构、石雕、木雕、完善的排水系统等都堪称古陵墓建筑艺术的典范。

第二节　古代丧葬方式及陵墓类型

我国古代丧葬制度的形成有一个从远古的混沌简单到后世烦琐复杂的漫长历史过程,是人类物质文明与精神文化发展的产物。以祖先崇拜为中心的传统信仰和以血缘关系为基础的宗法制度以及森严的等级制度孕育出了内涵丰富的中国古代丧葬礼仪和多样的陵墓类型。

一、中国古代丧葬的主要方式

不同地域自然条件的差异,不同民族的观念与传统习俗的差异,在我国历史上形成了多种处理已故亲属的丧葬方式。主要有:土葬、火葬、水葬、天葬、悬棺葬、树葬等。

(一)土葬

土葬是将尸体装入棺材挖坑埋入地下的一种丧葬形式,也是自灵魂观念产生以后延续时间最长、礼俗最为繁杂、流传最为广泛、使用民族较多的一种传统葬法。考古发掘的材料证实,我国土葬最早开始于北京山顶洞人,他们在自己居住的山洞深处,用土覆盖死者的尸体;到距今7000年到5000年的仰韶文化遗址中,2000多座墓葬中土坑葬已占绝大多数;到4000年前,无论是黄河流域、长江流域,还是远离黄河、长江流域的东北地区、东南沿海等地都已采用了土葬。

我国多数民族尤其是汉族重视土葬的原因是多方面的。

首先,同居住的自然环境有关。我国中原的广大地区,土地肥沃,农业文明悠久,百姓世代以农为主,视土地为生命之本(有地则生,无地则死)。他们认为人死后埋于土中,是灵魂得以安息的最好办法,所谓"入土为安"成为先人的信念,影响至深。

其次,土葬符合汉族人民的生活习惯以及慎终追远的伦理情感。"生命是从泥土中来,再回泥土中去"这个观念根深蒂固。汉族崇尚黄色,历代帝王以黄色作为显贵之色,黄色实为土色,在阴阳五行中,"土"居于中位,是最稳定、最可靠的基础,因此土葬符合汉族人的生活习俗和传统观念。

最后,对封建制度而言,土葬最能表现阶级和等级的差别。只有土葬才能长久地保存死者生前的权势和地位,如雄伟的墓体,各种墓碑、石人、石兽及其他附属建筑。只有土葬才能经常在墓前进行各种象征性的活动,表示生者对死者的追悼之情,显示豪华的排场和满足宗法政治的需要。

(二)火葬

火葬是用火将已故的人焚烧掉,把不易燃烧的骨骼收集、存放起来的丧葬方式。中原地区的汉民族(或农业民族)传统流行土葬,以致将焚尸视为奇耻大辱和最严厉的刑罚之一。所以这种葬法直到汉代以前还只存在于边远少数民族地区。《荀子·大略篇》说,氐、羌部落的战俘不怕绳捆索绑,却担忧死后不被焚烧,可见他们的习惯是焚尸火葬。汉代以后佛法东移,印度僧侣盛行的火葬之风随之而来,人们的死亡观念发生了较大变化。佛教视肉体为“不洁净”之物,是灵魂的牢笼;它那无穷的欲望阻碍人的灵魂进入一种高度寂静状态;为求得灵魂的超脱,躯体无须保留,火化是最彻底的办法。僧徒死后依教规必须焚化,后来火化扩大到民间,甚至皇室成员也有火葬。如五代后晋皇帝石敬瑭,其妻死,皇儿便焚其骨“穿地而葬焉”。

(三)水葬

水葬是我国古代存在于西藏及其邻近的西南少数民族地区中的一种葬法。它是将死者投入水中,任其漂流沉浮。在西藏地区,则先有喇嘛择定日期,葬时,或用牛驮尸到江边,喇嘛诵经,而后抛尸入江;或将尸体盛以木匣,至急流处打碎木匣,沉尸江中。奉行这种葬法的民族,一般都生活在深谷大川之畔,以水为生、以鱼为食,视江河为自己生命的源泉和最好的最后归宿。

(四)天葬

天葬又称鸟葬,以藏族最为典型。藏语称天葬为“吐垂杰哇”意为“送(尸)到葬场”;又称“恰多”意为“喂鹫鹰”。藏族佛教信徒们认为,天葬寄托着一种升上“天堂”的愿望。每一地区都有天葬场地,即天葬场,有专人(天葬师)从事此业。人死后把尸体卷曲起来,把头屈于膝部,合成坐的姿势,用白色藏被包裹,放置于门后右侧的土台上,请喇嘛诵超度经。择吉日由背尸人将尸体背到天葬台,先点“桑”烟引来秃鹫,喇嘛诵经完毕,由天葬师处理尸体。然后,群鹫应声飞至,争相啄食,以食尽最为吉祥,说明死者没有罪孽,灵魂已安然升天。如未被食净,要将剩余部分捡起焚化,同时念经超度。藏族人认为,天葬台周围山上的秃鹫,除吃人尸体外,不伤害任何小动物,是“神鸟”。天葬仪式一般在清晨举行。死者家属在天亮前,要把尸体送到天葬台,太阳徐徐升起,天葬仪式开始。未经允许,最好不要去观看。

（五）悬棺葬

流行于南方少数民族地区。即人死后，亲属殓遗体入棺，将木棺悬置于插入悬崖绝壁的木桩上，或置于崖洞中、崖缝内，或半悬于崖外。悬棺之处往往陡峭高危，下临深溪，无从攀登。悬置越高，表示对死者越尊敬。

拓展知识

古书记载，最早的悬棺大约出现在春秋战国时期福建武夷山一带，距今有2000多年。那里是古代百越族的居住地，所以有人说百越族是悬棺葬的创始者。后来，悬棺葬遍及湖南、四川、湖北等省。棺木被悬置在山崖上并非最终目的，古书中有“以先坠者为吉”的说法，也就是希望棺木坠落到江河中，随水漂流而去，所以把悬棺都安置在江河沿岸的峭壁上。有人认为，采用此法是古人为了保护尸体不被野兽吃掉；还有人认为，只有受人崇拜的英雄或君主才能悬棺而葬。沉重的棺木在没有机械设备的古代，是怎样安放到陡峭的崖壁上去的呢？那时根本没有现代的起吊及移送设备，但古人们却能把重达几百斤甚至一千多斤的棺材放到距水面或地面几十米或上百米的崖穴内。经考古人员进入崖穴后科学考察，根本没有发现任何雕凿的痕迹，更没发现有任何起吊移送装置或器具。所以崖棺是用什么装置和方法放入崖穴一直是个不解之谜。

（资料来源：根据刘庆柱的《陵寝史活》等相关资料整理）

（六）树葬

树葬是把尸体放在深山野外的树上，任其风化腐烂，也称“挂葬”、“空葬”、“风葬”。这是一种古老的葬俗，主要流行于北方的一些少数民族中，鄂温克族、鄂伦春族最为盛行。这种丧俗的由来，一般认为同游猎经济密切相关。游猎生活离不开森林树木，于是便形成一种观念，认为人死以后，灵魂会同活人一样，游荡于森林之中。

树葬的葬法，以“树架法”最为普遍。这种葬法，通常是在一棵大树的树杈上，用树枝搭设平台，将尸体放在平台上；也有的在相近的几棵大树的树杈间棚架横木、树枝，将尸体放在木架上；还有的是将两棵相距数尺的大树树干拦腰砍断，在树干上架设横木，尸体放在横木上。也有使用棺材的，如松花江下游的赫哲族。如果是打猎死在山中，便就地选用大树干一段，将一面砍平，挖成槽形，把尸体放进槽中，上面再盖上一个槽形棺盖用树皮捆扎，然后将棺材放在树架上。也有不搭平台，而将尸体用苇箔或草编包裹后，直接悬挂在深山老林的树上。这种办法，在鄂温克族中最为流行。

实行树葬的，大多要实行二次葬。就是等尸体腐烂以后，收拾遗骨，或火化，或掩埋。也有一次葬的,如居住在内蒙古地区的一些鄂伦春人,人死之后,将尸体置于树上就算完了,即使树架脱落,遗骨掉在地上也不再过问。

（七）塔葬

塔葬是藏族最高贵的一种葬式,又称灵塔葬。先把尸体脱水,再用各种药物和香料处理后藏入塔内,永久保存。藏传佛教的习俗只有高僧活佛圆寂,才有资格塔葬,而一般僧人乃至小活佛,只能火葬或天葬。

二、中国古代陵墓建筑的主要类型

中国陵墓是建筑、雕刻、绘画与自然环境融为一体的综合性艺术。在我国几千年的历史长河中,形成了底蕴丰厚的陵墓文化。由于封建社会的等级制度非常森严,所以在此我们把中国古代陵墓分为皇陵、圣林、王侯墓与名人墓四种类型。至于普通百姓的坟墓由于形式结构简单,在此不作阐述。

（一）皇陵

在我国古代陵寝建筑体系中皇陵以其规模宏大、陪葬品丰富而著称;它不仅包括古代帝王的陵寝,还包括我国传说时代的三皇五帝陵寝。

1. 帝王陵

帝王陵即古代埋葬帝王、皇后和嫔妃等皇族的墓葬。“陵”,本指山陵,即大的土山,所谓“大阜曰陵”。秦汉以后,帝王称自己的坟墓为“陵”,从此“陵”成为皇家陵寝之地的专称。

中国的皇陵从秦汉开始,早期称方上,即把封土垒成上小下大的方锥体,平顶,外观呈覆斗形,如秦陵。时人以封土高度,象征死者的身份,故封土越堆越高,坟墓越造越大,遂有山陵之称。秦始皇陵,规模巨大,封土很高,围绕陵丘设内外二城及享殿、陪葬墓、石刻等。据记载,地下寝宫装饰华丽,随葬各种奇珍异宝,其建筑规模对后世陵墓有较大影响。中期陵墓多凿山为陵,即靠山建坟,不用人工封土,以倍增帝陵伟岸。以唐代为代表,如乾陵、昭陵等。晚期帝陵外观造型多筑宝城宝顶,即在地宫上筑砖城,城多圆形或椭圆形平面,城内堆土,使封土成为圆顶,并略高出城墙。最具代表性的陵墓,有明十三陵、清东陵、清西陵。

2. 三皇五帝陵

三皇五帝是我国在夏朝以前出现在传说中的“帝王”。他们都是远古时期部落联盟的首领。主要的三皇五帝陵有黄帝陵、炎帝陵、太昊陵等。

(1)黄帝陵。位于陕西黄陵县城北桥山,是中华民族始祖黄帝轩辕氏的陵墓。相传黄帝得道升天,故此陵墓为衣冠冢。黄帝陵古称“桥陵”,为中国历代帝王和著名人士祭祀黄帝的场所。据记载,最早举行祭祀黄帝始于公元前442年。自唐大历五年(770)建庙祀典以来,一直是历代王朝举行国家大祭的场所。

(2)炎帝陵。炎帝神农氏的陵墓,一共有三个,分别是“湖南省炎陵县炎帝陵”、“陕西省宝鸡市炎帝陵”和“山西省高平市炎帝陵”。关于炎帝神农氏安葬地的记载,最早见于晋代皇甫谧撰写的《帝王世纪》,炎帝“在位一百二十年而崩,葬长沙”。宋代罗泌撰《路史》记述得更具体:“炎帝崩葬长沙茶乡之尾,是曰茶陵。”西汉时已在此建炎帝陵,唐代已行祭祀。炎帝陵自宋太祖乾德五年建庙之后,被历代帝王列为圣地,香火延续至今。

(3)太昊陵。太昊陵在今河南省淮阳县城南1.5公里处。淮阳古为陈国,传为伏羲之都,也是太昊早期居住之地。文献记载春秋时已有陵墓,汉代在陵前建祠,宋太祖赵匡胤诏立陵庙,并大事建筑。明太祖朱元璋曾亲临祭祀。明清两代对陵园建筑屡加修葺,整个陵域占地500余亩,分内外两城。

(二)圣林

林,圣人之墓,因既要享受帝王的礼遇,又要在现实中区别于帝王的规制,故借谐音“陵”而“林”。中国著名的“圣林”有“孔林”、“关林”等。

1. 孔林

孔林是孔子及其家族的墓地。孔子死后,弟子们把他葬于曲阜城北泗水之上,那时还是“墓而不坟”(无高土隆起)。到了秦汉时期,虽将坟高筑,但仍只有少量的墓地和几家守林人。后来随着孔子地位的日益提高,孔林的规模越来越大。现在的孔林占地3 000余亩,正中大墓为孔子墓地,墓前有明人黄养正巨碑篆刻“大成至圣文宣王墓”。东边为其子“泗水侯”孔鲤墓;前为其孙“沂国述圣公”孔子思墓。据传这种特殊墓穴布局称之为“携子抱孙”。像这样一个延续两千多年的家族墓地,在世界上也是极为罕见的。

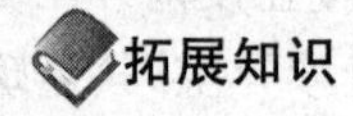
拓展知识

曲阜三孔

曲阜的孔府、孔庙、孔林,统称“三孔”。“三孔”以其丰厚的文化积淀、悠久的历史、宏大的规模、丰富的文物珍藏,以及极高的科学艺术价值而著称。被世人尊崇为世界三大圣城之一。孔府有“天下第一家”之称,是孔子嫡系长期居住的府第,也是中国封建社会官衙与内宅合一的典型建筑。孔庙是我国历代封建王朝祭祀春秋时期思想家、政治家、教育家孔子的庙宇 ,位于曲阜城中央。它是一组具有东方建筑特色、规模宏大、气势雄伟的古代建筑群。孔庙建于孔子死后的第二年(公元前478)。弟子们将其生前“故所居堂”立为庙,“岁时奉祀”。当时只有“庙屋三间”,内藏孔子生前所用的“衣、冠、琴、车、书”。其后,历代王朝不断加以扩建。现在的孔庙规模是明、清两代完成的。建筑仿皇宫之制,共分九进庭院,贯穿在一条南北中轴线上，左右作对称排列。孔林位于曲阜城北，是孔子及其家族的专用墓地，也是目前世界上延时最久、面积最大的氏族墓地。郭沫若先生曾说："这是一个很好的自然博物馆，也是孔氏家族的一部编年史。"

（资料来源：根据中国旅游网及百度百科等相关资料整理）

2. 关林

位于河南省洛阳市老城南 7 公里的关林镇，相传为埋葬三国时蜀将关羽首级的地方。前为祠庙，后为墓冢，明万历年间始建庙、植松。清乾隆时又加以扩建，形成现今的规模。关林总面积约百亩左右，古柏苍郁，殿宇堂皇，隆冢巨碑，气象幽然，为洛阳市著名的古建筑及游览胜地。

（三）王侯墓

等级森严是中国奴隶社会、封建社会政治体制的最主要特征和表现形式之一。历代王侯既是拱卫中央朝廷的支柱，又是皇（王）族特权在地方的集中体现。当然，从各方面讲，王侯和皇帝本人是无法相提并论的，生前如此，死后亦如此。除去春秋战国出现了一些在各个方面都不逊于周天子的诸侯王墓外，秦汉乃至唐宋明清的历代王侯，他们的墓葬均无法与同时代的皇陵相比。不过十分有趣的是，由于各王侯的横征暴敛和特殊爱好，这些王侯墓的随葬品却十分丰富，甚至不逊于皇室陵墓。历代王侯墓所发掘出的奇珍异宝每每轰动世界，使人惊叹不已。如果把规模宏大、结构复杂的帝陵称作阴间的宫院，那么，把规模略小，极力模仿帝陵却不敢超越的历代王侯墓称为幽界的殿堂，则是十分恰当的。

1. 曾侯乙墓

曾侯乙墓为中国战国初期曾（随）国国君乙的墓葬，位于湖北随州市擂鼓墩。葬于公元前 433 年或稍后，1978 年发掘。墓坑开凿于红砾岩中，为多边形竖穴墓。南北 16.5 米，东西 21 米。内置木椁，椁外填充木炭及青膏泥，其上为夯土。整个墓葬分作东、中、北、西四室。东室置曾侯乙木棺，双重；外棺有青铜框架，内棺外面彩绘门窗及守卫的神兽武士。中室放置随葬的礼乐器。北室放置兵器及车马器等。西室置殉葬人木棺 13 具，殉葬者为 13 ~ 25 岁的女性。其中出土的曾侯乙编钟是迄今发现的最完整最大的一套青铜编钟。曾侯乙编钟音域宽广，有五个八度，比现代钢琴只少一个八度。钟的音色优美，音质纯正，基调与现代的 C 大调相同。考古工作者与文艺工作者合作探索，曾用此钟演奏出各种中外名曲，令人无不惊叹。

2. 马王堆汉墓

马王堆汉墓在长沙市区东郊 4 公里处的浏阳河旁的马王堆乡，相传为楚王马殷的墓地，故名马王堆。1972 年至 1974 年先后在长沙市区东郊浏阳河旁的马王堆乡挖掘出土三座汉墓。三座汉墓中,二号墓的主人是汉初长沙丞相轪侯利苍,一号墓主是利苍的妻子,三号墓的主人是利苍之子。其中马王堆汉墓一号墓出土的女尸,虽然时逾2100多年,但形体完整,全身润泽,部分关节可以活动,软结缔组织尚有弹性,几乎与新鲜尸体相似,是世界防腐学上的奇迹。

马王堆三座汉墓共出土珍贵文物3000多件,绝大多数保存完好。其中五百多件各种漆器,制作精致,纹饰华丽,光泽如新。在出土的众多文物中较为珍贵的是一号墓的大量丝织品,保护完好、品种众多;有绢、绮、罗、纱、锦等。有一件素纱禅衣,轻若烟雾,薄如蝉翼,该衣长1.28米,且有长袖,重量仅49克,织造技巧之高超,真是巧夺天工。出土的帛画,为我国现存最早的描写当时现实生活的大型作品。

3. 西汉名将霍去病的墓冢

霍去病的墓冢位于在陕西省兴平县东北约15公里处。霍去病是河东平阳(今山西临汾西南)人,官至大司马骠骑将军,封冠军侯。18岁领兵作战,曾先后6次出兵塞外并大获全胜,打通了河西走廊。元狩六年(公元前117年)病逝。汉武帝为纪念他的战功,在茂陵东北为其修建大型墓冢,状如祁连山,寓意霍去病在祁连山一带战无不胜,威震匈奴。又在墓前布置了各种巨形石人、石兽作为墓地装饰,这在西汉时期的墓葬中,是一个仅有的特例。其中"马踏匈奴"为墓前石刻的主像,长1.9米,高1.68米,为灰白细砂石雕凿而成,石马昂首站立,尾长拖地,腹下雕手持弓箭匕首长须仰面踢蹬挣扎的匈奴人形象,是最具代表性的纪念碑式的作品。

(四)名人墓

我国历史悠久,为国家的科学和文化事业作出卓越贡献的历史名人灿若群星、数不胜数。下面以屈原墓、张衡墓、岳飞墓和昭君墓为例作一简单介绍。

1. 屈原墓

屈原墓位于汨罗市城北玉笥山东5公里处的汨罗山顶。此处,在2公里范围内有12个高大的墓冢,这些墓冢前立有"故楚三闾大夫墓"或"楚三闾大夫墓"石碑,相传为屈原的"十二疑冢"。为纪念诗人而建的屈原祠在今汨罗玉笥山上。现存建筑有正屋三进,中后两进之间有过亭,前后左右有天井。屈原投江的日子,成了永远的节日——端午节,这一天人们祈求鱼不食其尸而竞相抛粽子于河中。屈原被列为四大世界文化名人之首,他的诗篇成了激励后人奋发向上的巨大精神财富。

2. 张衡墓

张衡墓位于南阳市石桥镇小石桥村西北隅,张衡是我国东汉时期伟大的科学家、发明家、文学家。据史载,张衡墓原来规模宏伟,有翁仲、石兽、庙宇、读书台、张衡宅等胜迹。凡来南阳的游客文人无不策马驱车，到此访古寻幽，凭吊拜谒。著名学者郭沫若为张衡墓题写的碑文是："如此全面发展之人物，在世界史中亦所罕见。万祀千龄，令人景仰。"原全国人大常委会副委员长严济慈题词赞道："精仪揭天地，科圣著千秋。"整个墓园占地面积1600平方米，由汉阙、山门、门房、拜殿、角楼、石像生、浑天仪、地动仪雕塑景点组成，其内有张衡生平成就展，生动翔实地介绍了张衡卓越的一生及其伟大的发明创造。

3. 岳飞墓

也称岳坟，位于杭州栖霞岭南麓。建于南宋嘉定十四年(1221)，明景泰年间改称"忠烈庙"。岳飞墓的左侧是岳云墓，墓碑上写着"宋继忠侯岳云墓"。墓的周围古柏森森，有石栏围护。石栏的正面望柱上刻有"正邪自古同冰炭，毁誉于今判伪真"一联。墓门的下边有四个铁铸的人像，反剪双手，面墓而跪，即陷害岳飞的秦桧、王氏、张俊、万俟卨四人。跪像的背后墓门上有一副非常著名的对联："青山有幸埋忠骨，白铁无辜铸佞臣。"表达了人们对岳飞的敬仰和对奸臣的憎恨之情。

4. 昭君墓

昭君墓，又称"青冢"，蒙古语称特木尔乌尔虎，意为"铁垒"，位于内蒙古呼和浩特市南呼清公路9公里处的大黑河畔，是史籍记载和民间传说中汉朝明妃王昭君的墓地。始建于公元前的西汉时期，距今已有2000余年的悠久历史。墓体状如覆斗，高达33米，底面积约13000平方米，是中国最大的汉墓之一；因被覆芳草，碧绿如茵，故有"青冢"之称。坟前正中立有董必武《谒昭君墓碑》一座："昭君自有千秋在，胡汉和亲识见高。词客各抒胸臆懑，舞文弄墨总徒劳。"赞扬昭君出塞的历史功勋。

历史名人是提升一座城市知名度的重要资源，而名人故居和名人墓葬则是历史名城的重要文化遗产。近年来，对名人墓葬的保护和开发已经引起人们的重视。

第三节　帝王陵寝建筑的组成与布局

帝王陵寝一般由地下建筑与地面建筑两部分组成，地下建筑部分主要用于埋葬死者的遗体和遗物、随葬品等，多仿死者生前的居住状况；地面建筑部分主要用于祭祀和护陵之用。

一、地下建筑

地下建筑一般包括墓室结构和随葬品。

(一)墓室结构

在原始社会早期，墓穴形式很简单，只在地下挖一土坑，墓坑一般都小而浅，仅能容纳尸体,无棺椁,尸体也无特殊东西加以包裹。到新石器时代晚期开始出现葬具,在大汶口文化后期,少数墓坑面积很大,坑内沿四壁用天然木材垒筑,上面又用天然木材铺盖。

进入阶级社会后,墓葬制度中存在着严格的阶级和等级的差别,统治阶级的陵墓规模十分宏大。河南安阳侯家庄的一座商代亚字形墓,墓室面积约330平方米,加上墓道,总面积达1800平方米。王和各级贵族的墓,都用木材筑成椁室。椁是盛放棺木的“宫室”,即棺外的套棺,将砍伐整齐的大木枋子或厚板用榫卯构成一个扁平的大套箱,下有底盘,上有大盖,在椁内分成数格,正中放棺,两旁和上下围绕着几个方格,称之为厢,分别安放随葬品,如湖南长沙马王堆的西汉墓,其棺椁形式即如上所述。

“黄肠题凑”是指西汉帝王陵寝椁室四周用柏木枋堆垒成的框形结构。黄肠是指柏木黄心,即椁室外堆垒所用的柏木枋,木心色黄;题凑是指木头皆指向内,即四壁所垒筑的枋木全与同侧椁室壁板呈垂直方向,若从内侧看,四壁都只见枋木的端头。黄肠题凑是木棺墓的一个重大发展。根据文献记载,这种葬制至迟在战国时已经出现,目前所知年代最早的木构题凑是在西汉初年的墓中。此外还发现了西汉中期、晚期的黄肠题凑。其中西汉中期的北京大葆台汉墓1号墓,是用15000多根柏木椽叠垒成的宏大题凑,高达3米,直抵墓室顶部,其内设有回廊及前、后室,为黄肠题凑的成熟形式。

从西汉中期开始,由于木椁易被腐蚀和焚毁,人们开始以砖石代替木材建筑地下墓室。这是中国古代墓葬制度的一次划时代的大变化。西汉中期,中原一代流行空心砖墓。西汉晚期开始出现石室墓,墓室中雕刻着画像,故称“画像石墓”。墓室的结构和布局,也是仿照现实生活中的住宅。

明清时期,地宫建筑更加豪华与宏大,地宫多按“前朝后寝”布局,顶部铺琉璃瓦。地面铺“金砖”,以砖石砌成前殿、中殿、后殿,殿与殿之间皆有门分隔,地宫内有大量的壁画与陪葬品,犹如一座地下宫殿。

(二)随葬品

在原始社会早期,墓中随葬品主要是死者生前喜欢和使用过的物品,包括陶器皿、石制和骨制的工具、装饰品等。在同一墓地中,各墓随葬品的多寡、厚薄往往差别不大。

到了原始社会晚期,出现了贫富分化的现象。如在汶口文化晚期10号墓中,有结构复杂的葬具,死者佩戴精致的玉石饰物,随葬品有玉铲、象牙器和近百件精美的陶器。

进入阶级社会以后,贫富分化更加悬殊,王和贵族墓的随葬品极其丰富、精美,包括青铜器、玉石器、漆木器、骨角器等。商代还流行人殉制度,人殉是用活人来为死去的氏族首领、家长、奴隶主或封建主殉葬。商王和大贵族的陵墓,殉葬者少则数十,多则一二百人,包括墓主人的侍从、婢妾、卫兵和各种勤杂人员。人殉在西周前期仍很普遍,中期以后稍减少。从战国开始,用木俑和陶俑随葬的风俗已盛,这可以看作是人殉的替代。

从西汉中期以后,随葬品中增添了各种专为随葬而作的陶质明器,包括仓、灶、井、磨、楼阁等模型和猪、狗、鸡等模型。到了东汉,明器的种类和数量愈多。这是中国古代墓葬在随葬品方面的一次大变革。魏晋南北朝时期,随葬品主要是陶瓷器皿、陶制模型、陶俑和镇墓兽。隋唐五代时期,随葬品以大量的陶俑为主。陶俑可分为出行时的仪卫行列和家居时的家臣侍者两大类。宋至明代,随葬品以实用物品和珍宝为主,包括陶瓷器、金银器和玉器等。

二、地面建筑

为了显示帝王权威的永垂不朽以及后代君王的尊礼重孝,中国古代帝王陵寝的地上建筑部分受到高度重视,无论是陵体结构,还是用于祭祀的寝庙,皆追求高大、威风、显赫的风格。总之,帝王陵寝的地面建筑主要由封土、祭祀建筑区、神道、护陵监四部分组成。

(一)封土

大约从殷末周初,在墓上开始出现了封土坟头。春秋战国以后,坟头封土越来越大,形似山丘。特别是帝王陵墓的封土,工程大,发展变化明显。下面介绍几种帝王陵墓的封土形式:

第一种:“方上”。其做法是在墓穴之上用土层层夯筑,使之成为上小下大的方锥体,因其上部为一小的方形平顶,好像方锥体截去了顶部,故称“方上”。陕西临潼的秦始皇陵的坟头,望上去好像一座土山,它的形式就是典型的方上。汉代帝王陵墓的坟头也多采用方上形式。这种封土形制沿用朝代最多,自周朝一直延续到隋朝,后来又被宋朝选用,以秦始皇陵墓的陵冢形体最大。

第二种:“以山为陵”。是将墓穴修在山体之中,以整座山体作为陵墓的陵冢,既体现帝王的浩大气魄,又可防盗。唐代帝王陵大多采用此形式,如唐昭陵、乾陵等。因山为陵制度,源自汉文帝霸陵,东晋诸帝亦多因山为陵,南朝诸帝也多仿照。

第三种:“宝城宝顶”。即在地宫之上砌筑高大的砖城,在砖城内添土,使之高出城墙成一圆顶。这种城墙称之为“宝城”,高出的圆形坟头,称之为“宝顶”。在宝城之前,还有一个向前突出的方形城台,台上建方形明楼,称之为“方城明楼”,楼内树立皇帝或皇后的谥号碑。明清两代的皇帝和后妃皆采用了这种以宝城宝顶的方城明楼构成的坟头。

（二）祭祀建筑区

祭祀建筑区主要由陵寝大门、祭殿、朝房、东西配殿四部分组成。

1.祭殿

祭殿又称享殿、献殿、寝殿。明嘉靖后称棱恩殿，清时称隆恩殿。它是陵寝地面建筑的主体建筑，是祭祀的主要场所。殿内一般分三个暖阁，正中神龛仙楼中供奉皇帝的牌位，另两个次间，设檀香龛座，供奉皇后的牌位。暖阁里还陈设着金玉器皿、陵图及死者的画像，四壁为锦绣壁衣。暖阁外面，悬挂巨幅龙凤朝天帐，锦帐外大殿正中置金漆盘龙宝座，两侧设金漆御风宝座，前有各式各样的供案。每年清明、中元、冬至、岁末、忌辰皆为大祭日，皇帝要亲自前来祭陵，如不能亲祭，则派王公致祭。明十三陵长陵的棱恩殿，皆用楠木建成，为我国最大的一座楠木殿堂，与故宫太和殿大小相近。殿内32根巨大的金丝楠木柱令人叹为观止。

2.朝房

陵寝大门外东西各有五间朝房，东为茶膳房，是祭祀前存放茶、瓜果的地方；西为饽饽房，是祭祀前制作点心的地方。

3.陵寝大门

陵寝大门有中、东、西三门。中门称神门，专供棺椁通行；东门称君门，只供帝后等人进出；西门称臣门，专供侍卫大臣出入。凡是皇帝来谒陵，都得在陵寝大门前下舆，以示孝心，只有皇太后可乘舆直至祭殿左阶旁下。陵寝大门两侧绕以红墙，设有官兵护陵值班的班房。

4.东西配殿

陵寝大门内有东、西配殿。东配殿是祭祀之前准备祝版、祝帛的地方。祝版上书写着祭奠死者的祝文，每次举行祭拜仪式时，主祭者都要诵读祝版上的祝文。祝帛为丝织品，有赤、青、白、黑、黄五色，上面书有文字，白色无字者称素帛。西配殿是为死者超度亡灵做佛事的地方。

（三）神道

又称作"御路"、"甬路"等，是通向祭殿和宝城的导引大道。唐以前，神道并不长，在道旁置少数石刻，墓道的入口设阙门。到了唐朝，陵前的神道石刻得到了很大的发展，大型的"石像生"仪仗队石刻已经形成。如唐乾陵的神道，全长约4公里，神道入口处有华表1对，华表之后依次为翼兽1对，鸵鸟1对，石马5对及牵马人3对，石人10对，还有无字碑、述圣记功碑和61个蕃酋像，现存石刻共114件。到明清时期，帝王陵神道发展到了顶峰。明十三陵的神道全长7公里，清东陵的神道长达5公里。明十三陵神道中央有"大明长陵神功圣德碑"，碑周围有4个石华表；神路两侧除神道石柱外，还有石兽24个，都是两卧两立；石人12个，有武臣、文臣、勋臣各4个。

拓展知识

秦朝有一名大力士，名阮翁仲，据说他身长一丈三尺，异于常人，力大无比。曾驻守临洮，征服匈奴有功。阮翁仲死后，秦始皇怀念他，特制翁仲铜像立于咸阳宫司马门外。据说匈奴人来咸阳，见到铜人，竟以为是活着的阮翁仲。从此，人们便把宫阙或陵墓前的铜人、石人称为翁仲。

而陵墓前的石兽也有由来。石兽放置在墓前是从汉代霍去病墓开始的。霍去病是两汉时期一位年轻的著名军事家。他18岁随侍在汉武帝左右，善骑射。20岁时，两次率兵出征河西走廊打败匈奴，战功显赫。24岁时不幸病逝。汉武帝为表彰这员爱将，特在自己的茂陵之东修建霍去病墓，以纪念他在河西走廊的功绩。石匠们参照天然石形，在霍去病墓前凿刻了跃马、卧马、伏虎、卧象、小猪、石鱼、人与熊、猛兽食羊等生动的石刻形象。其中最著名的就是"马踏匈奴"，它概括了霍去病短暂一生抗击匈奴的丰功伟绩。这组石刻便是中国古墓前最早的大型石刻。

后来的历代帝王修建自己的陵墓时，也都沿用石人、石兽的陵前装饰，所以现在的唐陵、宋陵、明陵、清陵，几乎都在陵墓前陈列仪仗队式的石人、石兽。

（资料来源：根据朱耀廷、郭引话等的《古代陵墓》等相关资料整理）

石人中文臣执笼，武臣挂剑，双双待立，恭立神道两旁，象征警卫和侍从以及宫廷百官朝仪。宋太祖赵匡胤以兵权夺得皇位，为了防止部将以其之道还治其身，采取抑制武将、推崇文臣的办法，改官制序班，文臣在前，武臣在后，在陵寝制度上也相应作了变更，文臣石像靠近陵台，武将石像排列其后。明清两朝帝陵前石人排列次序也基本如此，只是明朝帝陵前增加了勋臣，其位于文臣之前。

帝陵前神道两侧的石兽一般可以分为祥瑞、祛邪两大类。獬豸、角端、麒麟、朱雀、骆驼、象、马为祥瑞之物；辟邪、狮、虎、羊等为祛邪之物。但马与骆驼等除了含有祥瑞之意外，又有役使等其他含义。一般用于神道两侧的石像生主要有以下几种：

1. 马

马是帝王南征北战、统一天下的重要坐骑，在战火纷飞的古战场上常立下汗马功劳。它具有"老马识途"的智慧、"马不停蹄"的能耐、无私无畏的精神、忠于职守的品德，在狩猎或战争中经常救主人于危难。所以它历来被封建帝王将相所称颂。古代帝王为了巩固边疆，往往要千方百计地寻求战马——千里马，甚至不惜用战争手段掠夺名马。很多帝王将相都以名马作为乘骑，如唐太宗的六骏马、项羽的乌骓马、关云长的赤兔马、薛仁贵的白马、岳飞的白龙驹等。所以马是民族生命力的象征，是国势强盛的象征。

2. 骆驼

骆驼“航行”在浩瀚的沙漠之上，不怕酷暑烈日，不怕冰雪严寒，忍饥耐渴，背负重物，素有“沙漠之舟”的美誉。它嗅觉灵敏，能嗅出远处的水源，又能预感大风的到来，它是我国古代北方重要的载重动力，比马更有负重远行的耐性，寓有任重道远之意。它被视为吉祥物，象征美好理想。

3. 象

大象性情温顺、安详端庄、驯良承教、知恩必报、听言则跪、服从致远，是兽中“德高望重者”，它是吉祥的象征，是君主贤明、政清民和、天下太平的吉祥瑞应。其四腿粗壮有力，坚如磐石，寓有“江山稳固”之意。

4. 辟邪

辟邪在陵墓前昂着头，张着特大的嘴，挺着结实饱满的胸脯，在旷野中作阔步向前的姿态，气势极其威武雄壮。它既是守护帝陵的神兽，又作为力量和权势的象征。

5. 狮子

狮子自古有“百兽之王”的称号，在古代它是势力强大的象征。将它放在陵前或门前，一方面起镇魔辟邪的作用，另一方面也象征着皇权的威严和帝陵的神圣不可侵犯。

帝陵前的石人石兽的具体内容及个数，一方面与帝王的地位尊卑有关，另一方面不同朝代也有很大差别。如东汉王公贵族墓前可用天禄和辟邪，而南朝以后，天禄、麒麟等神兽只准帝陵前应用，而臣子只能用石狮。据说天禄、麒麟是传说中的神兽，所以只有帝陵前才能使用，以示皇帝上受天意，具有至高无上的权威尊严；狮子是世间猛兽，百兽之王，王公贵族墓前列置狮子，以体现他们生前显赫地位。

（四）护陵监

护陵监是专门保护和管理陵园的机构。历代帝王都把保护祖宗的陵墓作为一种特别重大的事情来办。第一是相信祖宗有灵，还在保佑他们的江山社稷。第二是对祖宗的感恩报德，因此不惜付出很大的代价，花费很大的财力、人力来保护。

担任护陵任务的一般都是具有很高威望的亲王大臣。护陵护墓的建筑同样很早就有了，但是非常简单。相传孔子死后他的弟子们就曾分别到他的墓地去守墓，当时就是搭一个简单的房子在那里守墓。一般的坟墓不一定专门看管，也不一定有人常住。而帝王陵墓几千年来盛行“厚葬”制度，殉葬品极多，就必须要设立一个护陵的机构，以防止盗掘和破坏。护陵监的外面也有城墙，里面有“衙门”、“街市”、“住宅”等，设置了“陵令”、“属官”、“寝庙令”、“门吏”等专职管理人员。西汉武帝的茂陵采取了将文武大臣、豪绅富户迁居陵区的做法，以加强保护，并把原来的茂乡升格为县，当时迁到茂陵的官宦富商很多，人口达 27 万，使当时的茂陵县有富甲长安之称。

据记载，当时茂陵只是在陵区负责浇水、打扫的人员就 5000 多人。这样，处在荒郊僻野的一个陵区很快就繁荣发展起来了，如西汉长安的汉高祖长陵，惠帝的安陵，景帝的阳陵，武帝的茂陵，昭帝的平陵就先后分设了 5 个陵县，使这里都成了富庶之地。河北遵化的清东陵，除设置了护陵监外还专门修了一座“新城”作为护陵之用。

第四节　帝王陵寝的分布与选址

我国从第一个奴隶制王朝夏王朝开始到最后一个封建王朝清朝止，历时三千余年。其间，汉族和其他少数民族建立的统一王朝和地方政权，共有帝王五百余人；至今地面有迹可寻、时代明确的帝王陵寝共有一百多座，分布在全国半数以上的省区。我国的帝王陵寝不仅数量众多、历史悠久；而且布局严禁、建筑宏伟、工艺精湛，具有独特的风格，在世界建筑文化史上占有重要的地位。了解帝王陵寝的分布与选址，对我们理解中国古代的墓葬文化有很大的帮助。

一、帝王陵寝的分布

中国的皇陵从秦汉开始，多半都是一个朝代的皇帝，集中埋葬在一个地区，形成一个很大的陵区。历代帝王陵寝的分布与其建都的地点有关。西安是中国封建王朝建都最早、时间最长的古都，周围拥有著名的秦始皇陵、西汉十一陵、唐十八陵。东汉的陵园建在洛阳；宋代迁都开封，北宋九个皇帝除徽、钦二帝被金所虏，死于漠北以外，其余均葬河南省巩义。元代皇帝的墓葬方式与其他各代不同，墓坑上不堆土种树、放置石人石马等，而且在埋葬之后，还用万马踏平，并且派军队看守，待到来年青草长起来，在地面上找不到什么痕迹之后才撤出。所以除了成吉思汗陵之外，元朝各代帝陵不知所在。明太祖朱元璋建都南京，死后葬于南京，即今明孝陵。明成祖朱棣夺取帝位后，迁都北京，规模巨大、气象非凡的明十三陵就建在北京市昌平区。清代，其祖陵在沈阳，入关后建都于北京，清十代皇帝除溥仪未建陵外，其他九个皇帝分葬于河北遵化县的东陵和易县的西陵。

主要帝王陵寝的分布如下：

1. 秦始皇陵

位于陕西临潼县骊山之北。陵园按照咸阳都城的规制，体现了君主专制和皇权独尊的特点。陵园东门外，是象征皇城宿卫军的兵马俑。

2. 西汉陵园区

西汉 11 个皇帝除文帝霸陵、宣帝杜陵外，都分布在渭河北岸的咸阳原上，布局以汉高祖长陵为中心，武帝茂陵规模最大。

3. 唐陵园区

唐陵分布在渭水北岸的乾县、礼泉、三原、富平等县。唐太宗的昭陵和高宗的乾陵都是以山为陵。

4. 北宋陵园区

北宋陵墓分布在河南巩义市洛河南岸的台地上，七帝八陵及王公贵族墓等，形成一个庞大的陵墓群，统称永安县陵邑。

5. 明朝陵园区

明朝帝王的陵墓除明孝陵位于南京紫金山独龙阜玩珠峰下，其他的陵墓集中在北京昌平区天寿山，称“明十三陵”。以明成祖长陵规模最宏大，保存也最完整。明神宗的定陵地宫保存较好，自发掘后建成地下博物馆，对游人开放。

6. 清朝陵园区

清朝入关前的祖陵都保留在辽宁。入关后，先后在河北遵化县马兰峪的昌瑞山下和易县永宁山下建成清东陵和清西陵。东陵以顺治孝陵为中心，西陵以雍正泰陵规模最大。

二、帝王陵寝的选址

历代帝王选择陵地非常慎重，特别注重要选择在“吉壤”之地。每次外出选址，除派朝中一、二品官员外，还要吸收通晓地理、会看风水的方士参加。选好陵地后，皇帝还要亲临现场审视，认为满意，陵址才被最后确定下来。堪舆学家认为，风水有好坏之分，选择好地，则子孙荫福，选择坏地，则祸患无穷。所以帝王选择陵地必须反复踏勘，以求帝王之气永存。

明永乐五年(1407)，朱棣为了在北京建陵，派了礼部尚书赵派及江西术士廖均卿等人去寻找“吉壤”之地。他们最先选在屠家营，可是，因为皇家姓朱，“朱”和“猪”同音，猪进了屠家定要被杀，故犯了地讳不能用。另一处选在昌平西南的“狼儿峪”，猪旁有狼更危险，更不能用。又一处是京西的“燕家台”，可是“燕家”与“晏驾”(皇帝死称晏驾)谐音，不吉利，又不能用。京西的潭柘寺，山间深处地方太狭窄，没有让子孙发展的余地，所以也不能用，就这样，选了多处最后才看上今十三陵这个地方。当时术士们吹嘘这里聚气藏风，山环水抱，为“风水宝地”，又说南面的蟒山、虎山是守陵的“青龙”、“白虎”，实是理想之处。朱棣十分高兴，立即降旨圈地 40 公里为陵区禁地，开始动工修建。

总之，历代帝王在陵寝的选址上通常遵循以下原则：

(一)"天人合一"观

中国传统哲学思想认为,"人法地,地法天,天法道,道法自然"。皇帝是天子,所以强调"天人合一"。而"天人合一"体现在帝王陵上,便是讲究"风水"。因此帝王是不能随便葬的,生前"万岁",死后得有"万年吉壤"。这从清东陵、朱元璋的孝陵、唐高宗李治和武则天的合葬陵乾陵选址上,表现得一清二楚。

明孝陵以钟山为中心,外郭城垣走向曲折,绕山而建,这一点与明初京师(今天的南京在明朝初期被称为京师)城垣相似;神道也是不循常规,神道不仅不在陵墓中轴线上,而且因形随势,蜿蜒曲折。从平面上观察,孝陵主体从大金门经神道直到宝城,其布局呈"北斗"形状。《大明孝陵神宫圣德碑》记载了朱元璋"审天象,作地志",此即是朱元璋采用了象天法地、天人合一的建筑风水观。以"天帝"所居之"北斗"位居中央,周围又按青龙、白虎、朱雀、玄武"四象"环绕的神秘手法布局。中国古人认为紫微垣是"天帝"居住的地方,皇帝是天帝之子,"升天"也就意味着死后"魂归北斗"了。陵区各种布局,都与中华的传统文化有关,都是中华传统文化的一种体现。

(二)"居中为尊"观

历朝历代的陵寝建造几乎均遵循"居中为尊"的易理观念。选址时据风水理论确定陵寝山向:既具有能表现合于人伦道德和礼制秩序的精神象征符号,又具有能表现出尊卑、贵贱、主宾、朝揖、拱卫等关系的环境实体。

朱元璋选择在钟山之阳建造皇陵,钟山之阴建陪葬功臣墓,南北对应,尊卑昭然,完全符合形势"风水"。钟山有东、中、西三峰,在风水上称"华盖三峰",而以中峰为最尊;孝陵地宫恰好处于中峰之南玩珠峰下数 10 米处,而最早将这块地盘视作风水宝地的是梁代高僧宝志和梁武帝萧衍。

清东陵的 15 座陵寝是按照"居中为尊"、"长幼有序"、"尊卑有别"的传统观念设计排列的。人关第一帝世祖顺治皇帝的孝陵位于南起金星山,北达昌瑞山主峰的中轴线上,其位置至尊无上,其余皇帝陵寝则按辈分的高低分别在孝陵的两侧呈扇形东西排列开来。孝陵之左为圣祖康熙皇帝的景陵,次左为穆宗同治皇帝的惠陵;孝陵之右为高宗乾隆皇帝的裕陵,次右为文宗咸丰皇帝的定陵,形成儿孙陪侍父祖的格局,突现了长者为尊的伦理观念。同时,皇后陵和妃园寝都建在本朝皇帝陵的旁边,表明了它们之间的主从、隶属关系。此外,凡皇后陵的神道都与本朝皇帝陵的神道相接,而各皇帝陵的神道又都与陵区中心轴线上的孝陵神道相接,从而形成了一个庞大的枝状系,其统绪嗣承关系十分明显,表达了瓜瓞绵绵、生生息息、国祚绵长、江山万代的愿望。

(三)"山环水抱生气"观

道家的风水学认为死人要葬之生气之地,生气遇风则散,有水则止,应避风聚水使得生气始能再生。因此,“山环水抱必有气”成为帝王陵寝刻意追求的风水格局,以祈望帝王万世兴盛,保佑子孙世代兴旺。

第五节　中国现存著名的帝王陵墓建筑

中国古代帝王的陵墓,是中国古代建筑的一个重要类型。中国古代帝王,生前或建筑宫殿,或营造园林,过着奢侈的生活。同时,又不惜挥霍大量人力、物力和财力,驱使成千上万人为他们死后大造陵墓。帝王陵以陵墓建筑宏伟、周围环境优美、保留文物数量众多而闻名。历史上著名的帝王陵主要包括秦始皇陵、汉武茂陵、唐高宗李治与女皇武则天的乾陵、明十三陵、清东陵与清西陵等。

一、秦始皇陵

秦始皇陵为中国第一个封建王朝的建立者秦始皇嬴政的陵墓,在今陕西省临潼县东约 5 公里,骊山北约 1 公里的下河村附近;建成于公元前 210 年。坟丘为夯土筑成,下部为原有山丘。现存遗迹为截顶方锥形,高 76 米,地面长 515 米,宽 485 米。据研究,坟丘四周原有内外两重围墙,形状为长方形,内围墙周长约 2.5 公里,外围墙周长约 6.3 公里。《史记・秦始皇本纪》载:“始皇初即位,穿治骊山,及并天下,七十余万人,穿三泉,下铜而致椁,宫观百宫奇器珍怪徙臧满之。”秦始皇陵是中国历史上体型最大的陵墓,当时地面上还建有享殿,供祭祀。项羽军入关中时,陵区建筑被火焚烧。地下墓室,尚未经考古发掘,情况不明。

通过《史记・秦始皇本纪》中对陵墓的一段描绘能了解到:陵墓的地宫内放满了珍珠、宝石,壁上有雕刻,天花与地上有日月星辰和江河湖海的印记,并且以水银充填江河之中;为了防止对墓室的破坏,还令匠人制作了弓箭安在门上。根据考古学家近年用科学方法对墓室探测,证明墓内确有水银贮存,看来文献的描述并非虚构。

1974—1976 年,在秦始皇陵外围墙以东约 1225 米处发现 3 座陪葬的兵马俑坑,均为土木结构的地下建筑。最大的 1 号坑东西长 230 米,南北宽 62 米,深约 5 米。坑底为青砖墁地,于坑侧立柱。柱上置梁枋,梁枋上密排棚木。棚木上铺席,席上覆盖胶泥,胶泥上为封土。各坑内整齐地排列着如同真人真马大小的彩绘陶俑、陶马和木车等,呈军阵场面。已清理的约有陶武士俑近千、陶马上百及配备的战车数十辆。1979 年建立了秦始皇陵兵马俑博物馆。

陶俑替代真人殉葬,不能不说是一种进步。但是《史记・秦始皇本纪》又告诉我们,在秦始皇下葬后封闭陵墓时,“葬既已下,或言工匠为机,藏皆知之,藏重即泄,大事毕,已藏,闭中羡,下外羡门,尽闭工匠藏者,无复出者”。为了防止制作机弩和埋藏宝物的工匠泄露建造的机密,他们被留在墓道之中。这么一座动用了70万人力兴建的始皇陵,其中的秘密被埋入了地下。

然而据记载,始皇陵修竣仅1年,寝宫就被付之一炬。项羽打进咸阳之时,烧尽秦代宫殿,始皇陵自不能免。《水经注》说:“项羽入关发之,以三十万人,三十日运物不能穷。关中盗贼销椁取铜……火延九十日不能灭。”此描述虽有夸张,但项羽“西屠咸阳”却是铁定的史实。后来,唐末的黄巢农民起义打进长安,又祸及始皇陵,曾在陵区乱掘了一番。所以后人有言,称秦始皇“生则张良椎荆轲刀,死乃黄巢掘项羽烧”。所谓“不朽”,在哪里呢?始皇陵冢的位置,在“回”字形平面之内城的西南一隅。这种地理位置安排,也是很契合先秦儒家所推崇的易理的。《易经》后天外八卦方位图即文王八卦方位图所规定的八个方位,以西南为坤位。据《易经》,坤者,地也,“坤为地”。“地势坤,君子以厚德载物”,坤象征博大、陈厚德君子之德。因此,始皇陵冢所处的西南隅,在建筑文化中实在可以说是好“风水”,不仅象征帝王之魂回归于大地,而且象征“以厚德载物”的“君”德。

二、汉茂陵

汉茂陵位于今陕西省兴平县境内。茂陵仍沿承秦制,一是在帝王登位的第二年即开始兴建自己的陵墓;二是墓室仍深埋地下,上起土丘以为陵体。汉武帝于公元前140年登位,在位54年,其茂陵就修建了53年。

陵体为截顶方锥形,高46.5米,每边长230米,陵体之上原来还建有殿屋。陵体外围四周有墙垣,每边长达430米,各开一门。门外各有双阙。在陵园的东西侧还有卫青、霍去病、李夫人等陪葬墓。

汉墓有些已改成了砖或石的结构。室顶和四壁都用长条形的空心砖或石料一块接着一块搭砌。砖、石表面上多雕刻有各种纹样,因此称为画像砖和画像石。纹样的内容既有人物、虎、马、朱雀、飞禽等动物的单独形象,又有描绘人们进行劳动、游乐、生活的场景。如墓主人打猎、出行、收租、宴乐。其雕法均为线雕和浅浮雕,即用刀在砖、石的表面上刻画出印,或者将底面做一些处理以使形象更鲜明。后来墓壁上的装饰由雕刻而逐步发展成为彩绘,就是在砖壁上先抹一层白灰,在白灰面上再进行黑白或彩色的绘画。

汉代的陵墓是保留至今唯一一种汉代建筑类型。汉墓中出土的大量画像砖、画像石和明器,为我们提供了那个时代建筑的珍贵资料。明器是一种陪葬的器物模型,除了墓主人所用的器具以外,也有建筑模型,从中我们可看到那个时代的四合院、多层楼阁和单层房屋。汉代陵墓在古代建筑史研究中占有重要地位。

三、唐乾陵

唐朝作为中国古代封建社会中期的强盛王国,不仅在其都城长安的规划和宫殿建筑上表现了它的威势,也在陵墓建筑上反映了这一时期的博大之气。唐朝的皇陵在总体上继承了前代的形制,以陵体为中心,陵体之外有方形陵墙相围,墙内建有祭祀用建筑,陵前有神道相引,神道两旁立石雕。但它与前代不同的是以自然山体为陵体,取代了过去的人工封土陵体。陵前的神道比过去更加长了,石雕也更多,因此尽管它没有秦始皇陵那些成千上万的兵马俑守灵方阵,但是在总体气魄上却比前代陵墓显得更为博大。

乾陵位于今陕西省乾县北约6公里的梁山上,梁山有三峰,其中北峰最高,南面另有两峰较低,左右对峙如人乳状,因此又称乳头山。乾陵地宫即在北峰之下。北峰四周筑方形陵墙,四面各开一门,按方位分别为东青龙门、西白虎门、南朱雀门、北玄武门,四门外各有石狮一对把门。朱雀门内建有祭祀用的献殿,陵墙四角建有角楼。北峰与南面两乳峰之间布置为主要神道。两座乳峰之上各建有楼阁式的阙台式建筑。往北,神道两旁依次排列着华表、飞马、朱雀各1对,石马5对,石人10对,碑1对。为了增强整座陵墓的气势,更将神道往南延伸,在距离乳峰约3公里处安设了陵墓的第一道阙门,在两乳峰之间设第二道阙门,石碑以北设有第三道阙门。门内神道两旁还立有当年臣服于唐朝的外国君王石雕群像60座,每一座雕像的背后都雕有国名与人名。这些外国臣民与中国臣民一样都要恭立在皇帝墓前致礼,所不同的是在他们的顶上原来建有房屋可以避风雨。这座皇陵以高耸的北峰为陵体,以两座南乳峰为阙门,陵前神道自第一道阙门至北峰下的地宫,全长4公里,其气魄自然是靠人工堆筑的土丘陵体所无法比拟的。至于乾陵地宫内的情况至今未能详知。经过探测,可以知道隧道与墓门是用大石条层层填塞,并以铁汁浇灌石缝,坚固无比。

图5-1　唐乾陵的神道

四、明十三陵

明成祖朱棣的长陵、仁宗的献陵、宣宗的景陵、英宗的裕陵、宪宗的茂陵、孝宗的泰陵、武宗的康陵、世宗的永陵、穆宗的昭陵、神宗的定陵、光宗的庆陵、熹宗的德陵、思宗的思陵等十三个皇帝的陵墓，位于北京市昌平区天寿山下。始建于永乐七年(1409)，迄于清初，是一个规划完整、布局主从分明的大陵墓群。

陵区群山环绕，南面开口处建正门——大红门，四周因山为墙，形成封闭的陵区。在山口、水口处建关城和水门，在山谷中遍植松柏。大红门外建石牌坊，门内至长陵有长 6 公里的神道，作为全陵的主干道。

神道前段设长陵碑亭，亭北夹道设 18 对用整石雕成的巨大的石像生。神道后段分若干支线，通往其他各陵。长陵为十三陵主陵，其他十二陵在长陵两侧，随山势向东南、西南布置，各倚一小山峰。经过 200 余年的发展，陵区逐渐形成以长陵为中心的环抱之势，突出了长陵的中心地位。长陵外其他各陵不另立神道，只在陵前建本陵碑亭，殿宇、宝顶也都小于长陵。各陵的神宫监、祠祭署、神马房等附属建筑都分建在各陵附近。护陵的卫所设在昌平县(今昌平区)城内。陵区在选址和总体规划上都是非常成功的。

十三陵的各陵形制相近，而以长陵为最大。长陵为三进矩形庭院，后倚宝城。外门为开三门洞的砖石门，门内第一进院正中为面阔 5 间单檐歇山顶祾恩门。门内即祾恩殿，面阔 9 间，重檐庑殿式，有三层汉白玉石栏杆环绕。内有 32 根直径 1 米以上的本色楠木巨柱，雄壮雅洁，为国内仅见。殿后经内红门入最后进院，北端的明楼，是建在方形城墩上的重檐歇山顶碑亭。它的前面有牌坊和石五供。宝顶是直径近 31 米的坟山，外有宝成环绕，下为玄宫(即墓室)。十三陵中 16 世纪建造的神宗万历帝的定陵墓室已发掘，由石砌筒壳构成，有前殿、中殿、后殿和左右配殿，与阳宅四合院布局相似。

汉代、唐代各帝陵相距较远，不形成统一陵区。宋代、清代各陵虽集中于一个或两个地区，但为地域所限，多并列而主从不明。只有明十三陵，集中于封闭山谷盆地，沿山麓环形布置，拱卫主陵(长陵)。神道的选线和神道上的设置又加强了主陵的中心地位:在中国现存古代陵墓群中，十三陵是整体性最强、最善于利用地形的。从而，可以了解到明代大建筑群的规划设计水平。

五、清朝的东陵与西陵

清朝定都北京后建有两个陵区。东陵在河北省遵化县，葬顺治、康熙、乾隆、咸丰、同治五帝及其后妃。西陵在河北省易县，葬雍正、嘉庆、道光、光绪四帝及其后妃。

（一）清东陵

东陵建在昌瑞山脚下，占地2500余平方公里，四周有三重界桩，作为陵区标志。南面正门为大红门，门外有石牌坊。主陵是顺治帝孝陵，建成于康熙二年(1663)，背倚主峰，前有长5公里的神道抵大红门，布置有神功圣德碑楼、石像生、龙凤门、石桥等建筑。陵前有碑亭、朝房、值房。陵的正门为隆恩门，门内有隆恩殿、配殿、琉璃门、二柱门、石五供、方城明楼和宝顶。孝陵东为康熙帝景陵和同治帝惠陵；西为乾隆帝裕陵和咸丰帝定陵。诸陵地面建筑物比孝陵略有减少。乾隆帝的裕陵地宫用汉白玉砌成，满雕经文佛像，工艺精致。咸丰妃那拉氏(慈禧)的定东陵的隆恩殿和配殿栏杆、陛石皆用透雕技法，墙体磨砖雕花贴金，梁柱皆用香楠，都是清代建筑工艺中的精品。

（二）清西陵

西陵以太宁山为中心，占地800余平方公里。主陵为雍正帝泰陵，始建于雍正八年(1730)，最南端仿东陵之制，建大红门，门外石牌坊增为三座。门内神道长约2.5公里，陵本身和神道上设置都同东陵的孝陵近似。泰陵西为嘉庆帝昌陵、道光帝慕陵。泰陵东为光绪帝崇陵。其中慕陵体量稍小但做工考究；宝顶呈圆形，不建方城明楼。

清代后妃另建陵，故东西陵还附有大量后妃陵，规制都低于帝陵。

清陵的建筑特点基本上仿照明陵，以始葬之陵为主，建主神道，总入口处建大红门和石坊，但两个陵区地形无环抱之势，各陵作并列布置，总体效果不及十三陵。各陵前部大体仿明陵，但限于地势，后部宝城建在平地而不似明陵倚山，地宫深度皆浅，各帝陵石像生数量不等，体量较小。

思考与练习

一、简答题

1. 简述中国古代丧葬的主要方式。

2. 简述历代陵墓的形制、布局、结构和著名陵墓建筑。

二、实训题

1. 进行明清陵墓建筑导游讲解的竞赛活动。

2. 请有关专家进行中国古代丧葬文化讲座。

3. 请同学讲述自己家乡的民间丧葬习俗。

案例分享

霸陵，是汉文帝陵寝，有时写作灞陵。灞，即灞河。因霸陵靠近灞河，因此得名。霸陵位于西安东郊白鹿原东北角，即今灞桥区毛西乡杨家屹塔村，当地人称为“凤凰嘴”。霸陵“因其山，不起坟”，地面上没有封土。在白鹿原源头的断崖上凿洞为玄宫，其中以石砌筑，坚固异常。因其外形酷似埃及金字塔，被国外汉学家称为“东方金字塔”。西汉以后，关中迭经战乱，历代帝王陵寝被盗掘一空，霸陵是最后遭劫的一座。

霸陵是中国历史上第一个依山凿穴为玄宫的帝陵，对六朝及唐代依山为陵的建制影响极大。文帝治霸陵“因山为陵”，除了力求“节俭”，更是为了陵墓安全。有一次，文帝带人参观霸陵，群臣前呼后拥。他看到修筑中的霸陵，感叹地说：“以山为陵，用石作椁，绝对坚固无比呀！”大臣们都附和说：“是啊。”只有张释之对文帝说：“如果陵中有让人贪婪的宝贝，就算再坚固也会让盗贼有空可钻；如果陵中没有让盗贼想偷的东西，即使没有石椁也不用担心被盗！”文帝十分赏识张释之这番话。可见，文帝“节葬”、“因山为陵”，“不得以金银铜锡为饰”的目的之一，就是为了“使其中无可欲”，确保安全。据记载，霸陵内部以石砌筑，并有排水系统，墓门、墓道、墓室以石片垒砌，工程十分浩大。但后来排水系统被沙石堵塞，以致墓门后来被水冲开，墓室结构遭到破坏。霸陵最迟在西晋即遭盗掘，并在当时发现了大量的陪葬品。

（资料来源：根据朱耀廷、郭引话等的《古代陵墓》等相关资料整理）

案例思考题：历代帝王是如何试图通过修建陵墓建筑实现自己“事死如事生”的心愿？

第六章 宗教建筑

引言

中国的宗教建筑历史悠久，在遵从宗教教旨的基础上充分展现了丰富的民族特色和民俗特色。其深厚的宗教文化内涵和丰富的建筑外形都具有十分明确的世俗政教意义。佛寺建筑，多由衙署建筑改造而来；道教建筑，基本上仿造佛寺建筑；伊斯兰教建筑，是结合穆斯林地区建筑和中国四合院形制形成的中国式清真寺庙；基督教建筑大多在依从基督教国家教堂原有建筑风格的基础上增添部分民俗化成分。本章着重通过追溯宗教的历史、宗教的建筑史来充分感受宗教建筑文化。

学习目标

1. 熟悉中国佛教建筑、道教建筑、伊斯兰教建筑、基督教建筑的起源与发展。
2. 掌握中国佛寺建筑的特色。
3. 熟悉中国道教建筑、伊斯兰教建筑的形制与布局。
4. 了解中国佛教建筑、道教建筑、伊斯兰教建筑、基督教建筑的典范。

第一节　佛教建筑

佛教产生于公元前6世纪至公元前5世纪的古代印度，大约到公元1世纪，东汉(25—220)明帝时，经西域和南海传入中国。佛教之于中国，与基督教和伊斯兰教之于其他各国相比，始终没有上升到统率全社会的思想主流地位，反而从佛教传入之初，中国人就开始按照中国方式来改造它，使它在发展中带有明显的中国特色，中国佛教建筑也主要是中国人自己的创造。其中最常见的形式有佛寺、石窟、塔。

一、佛寺建筑

佛寺是佛教僧侣供奉佛像、舍利(佛的骨头),进行宗教活动和居住的处所。在印度,早期佛教并无寺院。佛教徒按照佛陀制定的“外乞食以养色身,内乞法以养慧命”的制度,白天到村镇乞食讲经说法,晚上回山林树下专修禅定。后来,摩揭陀国的频毗沙罗王布施迦蓝陀竹园,印度佛僧才有了第一座属于自己的修行场所。

佛寺在中国历史上曾有浮屠祠、招提、兰若、伽蓝、精舍、道场、禅林、神庙、塔庙、寺、庙等名,其大多源于梵文音译、意译,或为假借、隐喻,或为某种类型的专称、别名,到明清时期通称寺、庙。

(一)中国佛寺的起源与发展

佛教自古印度传到中国后,汉明帝下令在城内建筑比丘寺院,城外建筑比丘道场,开启了中国佛教建筑的先河。中国佛教建筑发轫于汉代、风靡于六朝、继盛于隋唐、衰落于明清,经历了三个发展阶段。

1. 东汉至东晋(约公元1世纪—公元4世纪)

此时佛教刚传入中国,受印度佛寺的影响,以佛塔为主;受中国传统文化的影响,其建筑曾借用中国传统的“祠”的名称。当时的寺院为廊院式,即每个殿堂或佛塔以廊围绕,独立成院,整座寺庙由多个廊院组成。廊院的廊壁为佛教壁画提供了广阔的空间。其形制布局主要体现为两类:一类以塔为中心,源于印度佛教塔崇拜的观念,认为绕塔礼拜是对佛最大的尊敬。另一类中心不建塔,而是突出供奉佛像的佛殿,以殿堂代替中心塔的建筑观念,是中国世俗文化偶像崇拜意识所致。这一时期佛寺数量不多,西晋首都洛阳周围也只有40多所。

2. 南北朝至五代、唐(约公元4世纪中叶—公元10世纪中叶)

这一时期是佛教在中国的鼎盛时期,因为时局动乱、玄学的兴起,以及儒、道与佛家在思想上一定程度的相通,使得佛教在中国兴盛起来,佛寺的数量和规模都大大超越了前代。佛寺建筑布局受到我国传统文化的影响,逐渐走向中国院落式建筑体系。早期的佛寺中心立塔柱,四壁环绕有浮雕的廊院,北面正中雕殿形壁龛。后来发展成为在中轴线上分别建主要殿堂、左右置配殿的典型中国式布局,形成三合或四合院落。此后的寺庙建筑布局虽然仍是平面方形,但以纵深性南北中轴线布局、对称稳重且整饬严谨为主。而且,园林式建筑格局的佛寺在中国也较为普遍。这两种艺术风格使中国寺院既有典雅庄重的庙堂气氛,又极富自然情趣,意境深远。这种有序排列的规整性院落群建筑,使信徒有适宜的修行环境,更方便其有秩序、有层次地领悟寺院文化。这种佛寺的建筑风格在唐代达到了顶峰,但宋代之后便逐渐趋于衰落。

北魏末年都城洛阳有寺1367所,外地有寺30000余所,全境共达40000余所,至唐代更多。

3. 宋代至清末(约公元10世纪中叶—公元20世纪初)

宋代,佛教的社会作用大不如前朝。宋都的大相国寺庙会已是一个衣食器用、图书文玩、医卜星相、飞禽走兽等无所不包的大市场。“庙会”成为集市的一种重要形式,延续至近代。宋代禅宗兴盛,南宋著名大寺“五山十刹”,都是禅宗的寺院。佛寺布局也有变化,主体建筑有山门,门内左右有钟鼓楼,原三门处改为天王殿,内为大雄宝殿、东西配殿,后为藏经阁。北宋以来,大寺中多供罗汉,开封大相国寺曾塑五百罗汉。

明、清佛寺的布局,一般都是主房、配房等组成的严格对称的多进院落形式。在主轴的最前方是山门——整个寺院的入口。山门内左右两侧分设钟楼、鼓楼。中央正对山门的是天王殿,常建成三间穿堂形式的殿堂。穿过天王殿,进入第二个院落,坐落在正中主轴上的是正殿,常名为“大雄宝殿”。正殿对于整个佛寺建筑群体是中心建筑物,不论是建筑体积还是质量,都在其他单体建筑之上。正殿左右配殿或作二层楼阁形式。正殿最后一进院落,常建筑二层“藏经楼”。另外,多在主轴院落两侧布置僧房、禅堂、斋堂等僧人居住的房屋。北京的大型佛寺,如西四牌楼的广济寺等都属于这种类型。

小型的寺庙,一般只有一进院落——进山门迎面就是大殿,两厢为僧房。

此外,佛寺建筑群组中还常布置一系列附属建筑,如山门前的牌坊、狮子雕刻、塔、幢、碑等。

(二)中国佛寺建筑的特色

中国的佛寺建筑,最早是由官舍改造而成的。因而,中国的佛寺建筑,起初就打上了世俗文化的烙印。

首先,从名称上来看,寺,最初并不是指佛教寺庙,从秦代以来,通常将官舍称为寺。在汉代,“寺”则是朝廷所属政府机关的名称,“凡府廷所在,皆谓之寺”。(《汉书·元帝纪》)汉代中央各行政机关的九个官署,就合称为“九寺”。九寺中的鸿胪寺,是当时的礼宾司和国宾馆,也是接待印度高僧居住的地方。因此,将朝廷高级官署的“寺”,用来称呼佛教建筑,足以说明当时统治者对佛教的重视。

其次,从建筑布局上来看,虽然中国不同时代、不同宗派的佛寺在建筑上存在着差异,但大体都是以佛殿或佛塔为主体,以讲堂、经藏、僧舍、斋堂、库厨等为辅助建筑格局,基本上沿袭中国传统的庭院形式。在世俗文化的影响下,中国佛教建筑在装饰、雕刻、绘画上都体现了“赐福、赐子、赐风、赐雨”等“人世功利”的观念。同时,佛寺的宗教活动具有群众性,因而戏场、集市等也都相伴出现。而建在山林的佛寺则多与风景名胜相结合。中国佛寺虽是宗教建筑,却和世俗生活密切相关,具有一定程度的公共建筑性质。

（三）中国佛寺建筑的分类与布局

佛寺建筑在中原、江南地区大多为禅宗、律宗、净土宗、法相宗等诸宗寺院,即汉传佛寺建筑;在青海、西藏、内蒙古、新疆、华北地区大多为密宗(藏传佛教)寺院,即藏传佛寺建筑;在云南、广西部分地区为小乘寺院(俗称缅寺),即南传佛寺建筑。从建筑风格上看,藏传佛教寺庙和南传佛寺的特点尤为突出,反映了浓厚的藏族和傣族的民族艺术特点,汉传佛寺则体现与世俗王权建筑几乎无二的外在形式。

1. 汉传佛寺建筑的布局

目前,现有的佛教建筑大多为禅宗建筑。禅宗兴起于唐宋时期,根据佛教建筑提倡的“伽蓝七堂”制,建筑七种具有不同用途的建筑物。明代以后,伽蓝七堂已有定式,即以南北为中轴线,自南向北依次建造山门、天王殿、大雄宝殿、法堂和藏经楼;东西配殿分别为伽蓝殿、祖师殿、观音殿、药师殿等。寺院的东侧是僧人的生活区,包括僧房、香积房(厨房)、斋堂(食堂)、茶堂(接待室)、职事堂(库房)等;西侧主要是云水堂,以接待四海云游的僧人。

小型的佛寺建筑主要由两组建筑组成:山门和天王殿为一组,合称“前殿”,大雄宝殿为一组,是佛寺的主体建筑。有了这两组建筑,方可称之为“寺”。其庭院布局仍以四合院为主,内空间宽大,布局灵活,适应性强,对外则完全封闭。中国化的佛教以这种坐地观风的铺陈形式,脱俗尘而修性净,以不动了万动,以不高而得万象。

特别提示

佛教各宗殿堂的配置:

密宗:佛殿、讲堂、灌顶堂、大师堂、经堂、大塔、五重塔。

法相宗:佛殿、讲堂、山门、塔、右堂、浴室。

天台宗:佛殿、讲堂、戒坛堂、文殊楼、法华堂、常行堂、塔。

华严宗:佛殿、食堂、讲堂、左堂、右堂、后堂、五重塔。

禅宗:佛殿、法堂、禅堂、食堂、寝房、山门、僧房。

2. 藏传佛寺建筑的布局

藏传佛教寺庙可分藏式、藏汉混合式和汉式三种。在西藏及其毗邻省份,几乎全是藏式:内蒙古以藏式为主的藏汉混合式最多,也有少数汉式;北京、承德和五台山的喇嘛庙,则大都是汉式或以汉式为主的藏汉混合式。

藏式喇嘛庙又可分建在平地的和建在山麓的两种,以后者居多。平地寺庙常取接近于规整对称的方式,作为构图中心的主体大殿形象最为突出;山麓地带的取自由式布局、没有总体轴线,但仍都遵循着一些布局的规则,如寺庙多北负山坡,南向平地,在后部高处安置体量高大、色彩鲜丽的经堂和佛殿,其外安排活佛府邸,在外三面围以大片低矮小院,居住一般僧人。一座大寺的建筑群往往以佛殿为中心,由经堂、僧院、僧舍以及大活佛的府邸组成。寺殿与宫殿相结合,殿宇毗连,重楼叠阁,错落有致,金碧辉煌。最为独特的是藏传佛寺的建筑艺术熔汉族、印度、尼泊尔建筑文化风格于一炉,形成极具民族个性的建筑韵致。

3. **南传佛寺建筑的布局**

居住在我国云南边陲的西双版纳傣族自治州与德宏傣族景颇族自治州的傣族群众,信奉南传佛教,又称小乘佛教。南传佛教盛行东南亚一带,其宗教建筑形式很富地方特色。而我国傣族地区的佛寺建筑受缅甸、泰国佛教建筑的影响较大,故俗称为缅寺。缅寺一般选择在高地或村寨中心建造,其建筑规模通常都比较小,建筑种类也较少,且建筑风格各地不尽相同,布局没有固定格式,自由灵活,也不组成封闭庭院。寺院建筑一般由寺门、前廊、佛殿、经堂、鼓房、僧舍及佛塔组成。另外,德宏州的佛寺中还建有泼水亭。

南传佛寺按寺院组织系统常分为三个等级,即总佛寺、中心佛寺和基层佛寺。一般在中心佛寺以上的佛寺中设有戒堂和藏经阁,部分较大的佛寺还建有佛塔,但也有一些佛塔是单独建在院外的。佛殿是整座佛寺的主体建筑,位于佛寺中央,形体高大,造型精美,是佛爷讲经说法之地和供佛之所。在大殿的前面或两侧,通常建有两个专供保护佛寺的神灵"底布拉"用的神龛。南传佛寺的建筑形式,最突出地反映在佛殿与戒堂这两种主要建筑类型上,因受其周边环境和不同文化的影响,又呈现出各地彼此不同的形态,概括起来可分为干栏式和落地式两大类。干栏式佛寺主要指德宏州瑞丽地区的"奘房",而落地式佛殿又分为版纳型和临沧型。

拓展知识

一、版纳型佛寺

版纳型佛寺因主要分布在西双版纳地区而得名。它的佛殿为落地式土木抬梁式结构,佛殿的承重构架均为横向梁架用平行的两列柱支撑沿纵向布置呈矩形平面,仅端部梁架保留有中柱,常以东西向为主轴线,屋顶为坡度较陡峭的重檐歇山式缅瓦屋面,其实并非严格意义上的歇山顶,而是由最上层叠置2~3层不等的悬山屋面加下面的四坡屋面,构成类似歇山顶的外形,佛殿底层四周有半截矮墙围护,且四边均设有数量不等的门。殿内正中稍后处为佛座,上置释迦牟尼本尊塑像,有仪仗、佛幢等陈设陪衬;佛像前设平台供拜佛时用。梁柱及围墙上有反映佛的故事壁画或天堂地狱图。僧侣们诵经、研习用的经堂的建筑风格与佛殿基本一致。僧舍一般为干栏式建筑,内分佛爷住房、学经室、小和尚宿舍三部分,其大小按僧侣人数而定。前廊连接佛殿,形成过渡空间,既突出佛殿的入口,增加佛寺的肃穆气氛,又可遮阳避雨,供拜佛者存放物品之用。还有一种与佛殿外观相似、体量略小的建筑即戒堂,是高级僧侣们定期讲经及新人受戒的专用场所。多数戒堂的朝向、梁架和屋顶均与佛殿相似,平面亦为矩形,但一般不设檐廊,仅在其中的一端。戒堂的地基埋有"吉祥法轮石",其意义在于象征性地划分出神圣的祭献区域,也是区别佛殿与戒堂的主要标志。

二、临沧型佛寺

临沧型佛寺主要指位于临沧地区、思茅地区的佛寺。其大殿为落地抬梁式结构,但木梁架构造已完全采用汉式建筑的卯榫结构。平面虽仍呈矩形布局,室内用平行的4列柱支撑,外加一圈围廊,使建筑外形构成二重檐或三重檐的歇山顶,用筒瓦覆盖的屋面坡度也相对较缓。主入口有对称开设和做工精细的格子门窗,同时还加建一楹重檐的牌坊式门楼与大殿紧密结合,形成进入室内的过渡空间,并在居中的两根柱子上配置两条张牙舞爪的木雕盘龙,以突出其主入口的鲜明形象。而在大殿的其他三面,则根据实际使用的需要灵活设置,方便与布置在大殿周边其他附属建筑的联系。其戒堂已逐渐趋向于类似于内地的楼阁式建筑形式,平面形式有正方形、六角形、八角形等多种,屋顶为2~3层的重檐攒尖顶,且建筑规模较小。

三、奘房

奘房主要分布在瑞丽地区,其建筑多为干栏式草顶或镀锌铁皮多层重叠的屋顶,出檐较为短浅,屋面坡度平缓。在佛殿的主入口前设置引廊上至二楼,佛殿室内祭拜偶像及供释迦牟尼佛独像,或者佛与其弟子的群像。佛爷日常居住的僧舍紧接着佛殿,屋顶内部装饰多为彩联与佛伞,殿外常立幡杆和异兽,有的还建有笋塔。中心佛寺以上的佛寺皆设一座戒亭,为开敞式,多数是底层架空的干栏亭台或是有顶无墙的亭子,供中心佛寺所辖的各寺比丘和长老每月初一、十五和三十来此集会、诵经,共商教务管理工作。

(资料来源:张驭寰. 中国佛教寺院建筑讲座. 北京:当代中国出版社,2008:176.)

(四)佛寺建筑的典范

中国的佛寺建筑众多,其中不乏典范之作。

1. 洛阳白马寺

白马寺在河南洛阳市东郊,是佛教传入中国后由官方营造的第一座寺院,被誉为"中国第一古刹"。它的营建与我国佛教史上著名的"永平求法"紧密相连。

特别提示

永平求法

相传汉明帝刘庄夜寝南宫，梦金神头放白光，飞绕殿庭。次日得知梦为佛，遂遣使臣蔡音、秦景等前往西域拜求佛法。蔡、秦等人在月氏（今阿富汗一带）遇上了在该地游化宣教的天竺（古印度）高僧迦叶摩腾、竺法兰。蔡、秦等于是邀请佛僧到中国宣讲佛法，并用白马驮载佛经、佛像，跋山涉水，于永平十年（67）来到京城洛阳。汉明帝敕令仿天竺式样修建寺院。为铭记白马驮经之功，遂将寺院取名"白马寺"。

自此之后，我国僧院便泛称为寺，白马寺也因此被认为是我国佛教的发源地。历代高僧甚至外国名僧亦来此览经求法，所以白马寺又被尊为"祖庭"和"释源"。

白马寺自建寺以来，其间几度兴废、几度重修，尤以武则天时代兴建规模最大。现存白马寺坐北朝南，是一座长方形的院落，占地约 4 万平方米。白马寺大门之外，广场南侧有近年新建石牌坊、放生池、石拱桥，其左右两侧为绿地。左右相对有两匹石马，大小和真马相当，形象温和驯良，这是两匹宋代的石雕马，是优秀的石刻艺术品。白马寺的山门为明代所重建，为一并排三座拱门，代表三解脱门，佛教称之为涅槃门。部分门洞券面上刻有工匠姓名，皆为东汉遗物。山门东西两侧有迦叶摩腾和竺法兰二僧墓。寺内现存天王殿、大佛殿、大雄殿、接引殿，坐落在一条笔直的中轴线上，两旁偏殿则互相对称。寺后部有清凉台，台上建有毗卢阁，两侧配殿中置迦叶摩腾和竺法兰之像。

2. 山西悬空寺

山西恒山悬空寺始建于北魏太和十五年（491），修建在恒山金龙峡西侧翠屏峰的悬崖峭壁间，面朝恒山、背倚翠屏、上载危岩、下临深谷、楼阁悬空、结构巧奇。始建初期，最高处的三教殿离地面 90 米，因历年河床淤积，现仅剩 58 米。1957 年，悬空寺被列为山西省重点文物保护单位，1982 年列入全国重点文物保护单位。

整个寺院利用力学原理半插飞梁为基，巧借岩石暗托，梁柱上下一体，廊栏左右相连，曲折出奇，虚实相生。它上载危崖，下临深谷，背岩依龛，以西为正，寺门向南开。全寺为木质框架式结构，仅 152.5 平方米的面积，建有大小房屋 40 间。布局为寺院、禅房、佛堂、三佛殿、太乙殿、关帝庙、鼓楼、钟楼、伽蓝殿、送子观音殿、地藏王菩萨殿、千手观音殿、释迦殿、雷音殿、三官殿、纯阳宫、栈道、三教殿、五佛殿等。各个殿楼的分布都是对称中有变化,分散中有联络,曲折回环,虚实相生,小巧玲珑,空间丰富,层次多变,小中见大,不觉为弹丸之地,布局紧凑,错落相依。其布局既不同于平川寺院的中轴突出、左右对称,也不同于山地宫观依山势逐步升高的格局,均依崖壁凹凸,审形度势,顺其自然,凌空而构,看上去,层叠错落,变化微妙,使形体的组合和空间对比达到了井然有序的艺术效果。

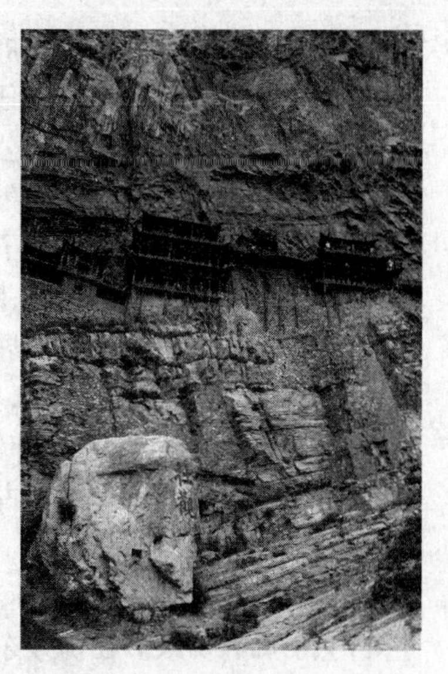

图6-1　山西悬空寺

悬空寺不仅外貌惊险、奇特、壮观,其建筑构造也颇具特色,形式丰富多彩,屋檐有单檐、重檐、三层檐,结构有抬梁结构、平顶结构、斗拱结构,屋顶有正脊、垂脊、戗脊等形式。总体外观,巧构宏制,重重叠叠,造成一种窟中有楼,楼中有穴,半壁楼殿半壁窟,窟连殿,殿连楼的独特风格,它既融合了我国园林建筑艺术,又不失我国传统建筑的格局。寺内有铜、铁、石、泥佛像八十多尊。寺下岩石上的"壮观"二字,是唐代诗仙李白的墨宝。明代大旅行家徐霞客叹其为"天下巨观"。

3. 西藏布达拉宫

布达拉宫始建于公元7世纪松赞干布时期。17世纪五世达赖喇嘛时期重建后,成为历代达赖喇嘛的驻锡地和政教合一的中心。主体建筑分白宫和红宫,主楼十三层,高115.7米,由寝宫、佛殿、灵塔殿、僧舍等组成。从五世达赖喇嘛起,重大的宗教、政治仪式均在此举行,同时又是供奉历世达赖喇嘛灵塔的地方。

图6-2　西藏布达拉宫

白宫横贯两翼，为达赖喇嘛生活起居地，有各种殿堂长廊，摆设精美，布置华丽，墙上绘有与佛教有关的绘画，多出自名家之手。红宫居中，供奉佛像，松赞干布像、文成公主像和尼泊尔赤尊公主像等数千尊，以及历代达赖喇嘛灵塔，黄金珍宝镶嵌其间，配以彩色壁画，金碧辉煌。整个建筑群占地10余万平方米，房屋数千间，布局严谨，错落有致，体现了西藏建筑工匠的高超技艺。1990年8月重修后的布达拉宫依山垒砌，群楼重叠，殿宇嵯峨，气势雄伟，有横空出世，气贯苍穹之势，坚实墩厚的花岗石墙体，松茸平展的白玛草墙领，金碧辉煌的金顶，具有强烈装饰效果的巨大鎏金宝瓶、幢和经幡，交相辉映。其红、白、黄三种色彩的鲜明对比，分部合筑、层层套接的建筑型体，都体现了藏族古建筑迷人的特色。布达拉宫是藏式建筑的杰出代表，也是中华民族古建筑的精华之作。

4. 西双版纳曼苏满寺

云南西双版纳橄榄坝曼苏满寺在澜沧江东岸，坐西朝东，从东到西，依次布置了寺门、引廊和佛殿。在佛殿东北侧有傣式佛塔，另一侧为戒堂。佛塔原在殿南，被戒堂遮挡，后拆迁于现址，与戒堂、佛殿及寺门一起，构成一个生动美丽的不对称均衡构图。其寺门三间，屋顶两坡，中高边低，手法简单而体形丰富。

佛殿平面矩形，与汉族佛殿以长向为正面不同，是以山墙即短边为正面。大殿中部覆两坡屋顶，四周包围单坡顶，总体构成为好似歇山顶的两段式屋顶。沿各条屋脊有密密排列的许多火焰形和卷叶形黄色琉璃装饰；正脊中央是一座小塔；脊端有鸱吻和孔雀形饰。殿内供奉大佛，坐西向东。

二、石窟建筑

佛教的石窟建筑通常是指在河畔山崖间开凿出来的洞窟，绝大多数是一所石质的洞穴。其中陈设有佛教雕刻、彩塑或壁画。石窟本身以及窟外的建筑处理和石窟中的艺术品是中国历史上各时代建筑艺术面貌的反映。从功能上来讲，它既可以为苦行的僧侣们提供一个遮风挡雨的空间和进行宗教活动的场所，也能使教义和佛像历经多个朝代而为信徒顶礼膜拜，这种依山开凿石洞为窟，沿崖刻经像为堂的模式构架了佛窟的建筑形式。因为它同时兼具佛教寺院性质的使用功能，所以这类佛教建筑通常又被叫作“石窟寺”。

特别提示

“窟”与“寺”原本是两种建筑。窟是以石构建筑为主体，属于外来建筑文化体系；寺是以木结构为主要建筑形式，体现中国本土建筑文化特点。佛教传入中国后，在石窟前架构中国的木建筑，将两者合为一体，就形成了目前我们所见到的遗留下来的石窟建筑。比如在敦煌莫高窟中，我们依然能够明显地看到这种中外合璧的形式。

（一）石窟建筑的起源与发展

佛教石窟寺首见于印度，随着佛教的传入，中国大约从3世纪开始进行建造。中国最早凿建石窟寺的是今新疆地区。从时间来看，有可能始于东汉，十六国和南北朝时经由甘肃到达中原，形成高潮，唐宋时除在原有的某些石窟群中续有凿建外，又出现了一些新的窟群，元明以后凿窟之风才逐渐停息下来。

拓展知识

这些开凿出来的石窟大致可以分为以下几种类型：

1. 洞窟内立一座中心塔柱的塔庙窟，是提供给僧侣们绕塔做礼拜用的；
2. 用于讲经说法的佛殿窟；
3. 供僧人生活起居和坐禅修行用的僧房窟；
4. 在有的塔庙窟和佛殿中雕塑有大型佛像，形成大像窟；
5. 在佛殿窟内设立中心佛坛，形成模仿地面寺院殿堂作法的佛坛窟；
6. 专门为坐禅修行而凿的小型禅窟（罗汉窟）；
7. 由小型禅窟组成的禅窟群；
8. 利用天然溶洞稍加修凿而成的石窟；
9. 利用崖面的自然走向而布局规划开凿出的摩崖造像。

（资料来源：佛教建筑：佛陀香火塔寺窟．北京：中国建筑工业出版社，2010：98．）

（二）石窟建筑的典范

中国的石窟建筑是建筑、雕塑、绘画三者完美结合的综合艺术形式，是为弘扬佛教思想、僧侣们出家修行服务的。中国古代修筑的石窟颇多，现存石窟寺的分布范围西至新疆西部、甘肃、宁夏，北至辽宁，东至江苏、浙江、山东，南达云南、四川。其中最重要的有甘肃敦煌莫高窟、山西大同云冈石窟、河南洛阳龙门石窟和甘肃天水麦积山石窟等。此外，新疆拜城克孜尔石窟、甘肃永靖炳灵寺石窟、河南巩县石窟、河北峰峰南北响堂山石窟、山西太原天龙山石窟、四川大足石窟和云南剑川石窟等也是比较重要的几处。

1．敦煌莫高窟

敦煌莫高窟是甘肃省敦煌市境内的莫高窟、西千佛洞的总称，俗称千佛洞，坐落在河西走廊西端，以精美的壁画和塑像闻名于世，被誉为20世纪最有价值的文化发现、“东方罗浮宫”。它是我国著名的四大石窟之一，也是我国现存规模最大、保存最完好、内容最丰富的古典文化艺术宝库，举世闻名的佛教艺术中心。

图 6-3 敦煌莫高窟

莫高窟位于敦煌市东南 25 公里处,开凿在鸣沙山东麓断崖上。南北长约 1600 多米,上下排列五层、高低错落有致、鳞次栉比,形如蜂房鸽舍,壮观异常。它始建于十六国的前秦时期,当时前秦苻坚建元二年(366)有沙门乐尊者行至此处,见鸣沙山上金光万道,状有千佛,于是萌发开凿之心,后增修不断。历经十六国、北朝、隋、唐、五代、西夏、元等历代的努力,现有洞窟 735 个、壁画 4.5 万平方米、泥质彩塑 2415 尊,是世界上现存规模最大、内容最丰富的佛教艺术圣地。近代发现的藏经洞,内有 5 万多件古代文物,由此衍生专门研究藏经洞典籍和敦煌艺术的学科——敦煌学。

莫高窟是古建筑、雕塑、壁画三者相结合的艺术宫殿,尤以丰富多彩的壁画著称于世。若把壁画排列,能伸展 30 多公里,是世界上最长、规模最大、内容最丰富的一个画廊,是当今世界上任何宗教石窟、寺院或宫殿都不能媲美的。环顾洞窟的四周和窟顶,到处都画着佛像、飞天、伎乐、仙女等。有佛经故事画、经变画和佛教史迹画,有神怪画和供养人画像,还有各式各样精美的装饰图案等。莫高窟的雕塑久享盛名。这里有高达 33 米的坐像,也有十几厘米的小菩萨,绝大部分洞窟都保存有塑像,数量众多,堪称是一座大型雕塑馆。

莫高窟是一座伟大的艺术宫殿,于 1961 年被国务院列为首批全国重点文物保护单位,1987 年被联合国教科文组织列入世界文化遗产保护项目,并于 1991 年被授予"世界文化遗产"证书。

2. 洛阳龙门石窟

龙门石窟位于河南省洛阳南郊 12 公里处的伊河两岸。香山和龙门山在这里对峙,伊河水从中穿流而过,远望犹如一座天然的门阙,因而古称"伊阙"。自隋炀帝时改称为"龙门"。

龙门石窟始凿于北魏孝文帝由平城(今山西大同市)迁都洛阳前后。此后经

图 6－4　洛阳龙门石窟

历东魏、西魏、北齐、北周、隋、唐和北宋等朝，雕凿断断续续达 400 年之久，其中北魏和唐代大规模营建有 140 多年，因而在龙门的所有洞窟中，北魏洞窟约占 30%，唐代占 60%，其他朝代仅占 10% 左右。据统计，东西两山现存窟龛 2345 个，佛塔 70 余座，全山造像 11 万余尊。最大的佛像卢舍那大佛，通高 17. 14 米，头高 4 米，耳长 1. 9 米；最小的佛像在莲花洞中，每个只有 2 厘米，称为微雕。此外，龙门石窟的碑刻题记 3600 余品，是中国古碑刻最多的一处，有古碑林之称，其中久负盛名的龙门二十品和褚遂良的伊阙佛龛之碑，分别是魏碑体和唐楷的典范，堪称中国书法艺术的上乘之作。

龙门石窟北魏时期的造像风格主要表现在，其生活气息逐渐变浓，趋向活泼、清秀、温和，脸部瘦长，双肩瘦削，胸部平直，追求秀骨清像式的艺术风格；衣纹的雕刻使用平直刀法，坚劲质朴，反映了北魏时期人们崇尚以瘦为美的审美观。而唐代人们喜欢以胖为美，所以唐代的佛像的脸部浑圆，双肩宽厚，胸部隆起，衣纹的雕刻使用圆刀法，自然流畅。龙门石窟的唐代造像继承了北魏的优秀传统，又汲取了汉民族的文化，创造了雄健生动而又纯朴自然的写实作风，达到了佛雕艺术的顶峰。

龙门石窟是佛教文化的艺术表现，但它也折射出当时的政治、经济以及文化时尚。在石窟中保留有大量的宗教、美术、建筑、书法、音乐、服饰、医药等方面的实物资料，因此，它同时也是一座大型石刻艺术博物馆。作为佛教艺术宝库，早在 1961 年即被国务院公布为全国第一批重点文物保护单位，1982 年被国务院公布为全国第一批国家级风景名胜区，2000 年 11 月 30 日，联合国教科文组织将龙门石窟列入《世界文化遗产名录》。2009 年，龙门石窟被中国世界纪录协会收录为中国现存窟龛最多的石窟，创造了现存窟龛数量中国之最。

3. 山西大同云冈石窟

云冈石窟位于大同市西16公里的武周山麓，武州川的北岸。石窟依山开凿，东西绵延一公里。云冈石窟开凿于北魏中期。文成帝和平年间(460—465)云冈石窟开始大规模营造，到孝明帝正光五年(524)建成，前后共计60多年。现存主要洞窟45个，计1100多个小龛，大小造像51 000余尊。云冈石窟的雕刻在我国三大石窟中以造像气魄雄伟、内容丰富多彩著称。最小的佛像2厘米，最大的高达17米，多为神态各异的宗教人物形象。石窟有形制多样的仿木构建筑物，有主题突出的浮雕，有精雕细刻的装饰纹样，还有栩栩如生的乐舞雕刻，生动活泼，琳琅满目。其雕刻艺术继承并发展了秦汉雕刻艺术传统，吸收和融合了佛教艺术的精华，具有独特的艺术风格。对后来隋唐艺术的发展产生了深远的影响，在我国艺术史上占有重要地位，也是中国与亚洲国家友好往来、文化交流的历史见证。云冈石窟作为世界闻名的艺术宝库，1961年被国务院公布为第一批全国重点文物保护单位。

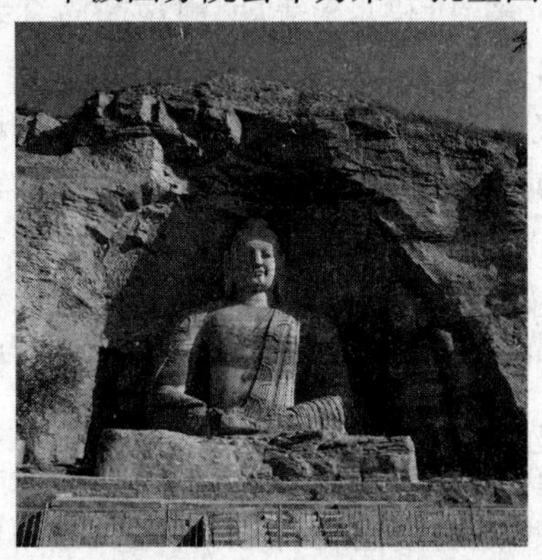

图6-5　山西大同云冈石窟

4. 甘肃天水麦积山石窟

麦积山位于甘肃省天水市东南约35公里处，是我国秦岭山脉西端小陇山中的一座奇峰，海拔1742米，但山高离地面只有142米，山的形状奇特，孤峰突起，犹如麦垛，因此人们称之为麦积山。麦积山周围风景秀丽，山峦上密布着翠柏苍松，野花茂草。在我国的四大著名石窟中，自然景色以麦积山为最佳。素有“小江南”、“秦地林泉之冠”之美誉。

麦积山石窟开凿在山峰西南面的悬崖峭壁上，有的距山基二三十米，有的达七八十米。在如此陡峻的悬崖上开凿成百上千的洞窟和佛像，在我国的石窟中是罕见的。其开凿的年代，大部分学者认为始于后秦，历经北魏、西魏、北周、隋、唐、五代、宋、元、明、清代都不断地开凿和修缮，现存造像中以北朝造像原作居多。现存洞窟194个，其中有从4世纪到19世纪以来的历代泥塑、石雕7200余件，壁画

图 6-6　甘肃麦积山石窟

1300 多平方米。

麦积山石窟以其精美的泥塑艺术著称于世，被雕塑家刘开渠誉为“东方雕塑陈列馆”。这里的泥塑大致可以分为突出墙面的高浮塑、完全离开墙面的圆塑、粘贴在墙面上的模制影塑和壁塑四类。其中数以千计的与真人大小相仿的圆塑，极富生活情趣，被视为珍品。麦积山石窟的雕像，大的高达 16 米，小的仅有 10 多厘米，体现了千余年来各个时代塑像的特点，系统地反映了我国泥塑艺术的发展和演变过程。

三、塔建筑

东汉时期，来到中国的两位印度僧侣，在白马寺督造了一种在中国前所未有的建筑，“窣堵波”（即佛塔），为中国佛塔建筑之始。如今这座佛塔虽已荡然无存，但印度的“窣堵波”建筑却与中国的传统木结构建筑工艺实现了完美的结合，逐渐演变为地道的中国式建筑——宝塔，其意义也逐渐丰富起来，不仅仅局限于埋葬佛舍利，还具有辟邪和瞭望的作用。

（一）塔的起源与发展

塔起源于印度，梵文称作 stupa，中文译作浮图、塔婆。相传，释迦牟尼佛“灭度”后，他的弟子阿难陀等人将其尸骨火化，意外地得到许多“晶莹五彩、击之不破”的“舍利”。这一神奇的现象，在佛教徒心目中生起了崇敬之意。于是人们把这些“舍利”分做八份分别在释迦牟尼佛生前主要活动过的八个地方瘗埋起来，并聚土垒石为台，作为缅怀和礼拜这位佛教创始人的纪念性建筑物。这就是人们通常所说的佛塔的起源。这种藏着“舍利”的土石台子，人们为之取名叫作“窣堵波”。从现存古代印度几座大型窣堵波的形制上看，可以知道它们是一种由台座、覆钵、宝匣、相轮（又称刹竿或伞盖）四部分构成的实体建筑物。后来佛教高僧、大法师死后，亦建塔埋葬灵骨，也有用以埋葬重要的经卷、袈裟、法器的。

中国的佛塔源于印度，“塔”这种建筑物也是随着佛教的传入而出现的一种新的建筑类型。译成中文时，各家所译各式各样，有过许多音译名，如“窣堵波”、“私偷簸”、“偷婆”、“佛图”、“浮屠”、“浮图”等；意译则有“方坟”、“圆冢”、“高显”、“灵庙”和“功德聚”等。两晋南北朝时期，一些佛经翻译家们绞尽脑汁造出了一个新的汉字——“塔”，命名这个新输入或新确立起来的建筑类型。“塔”这一字采用了梵文佛字“布达”的音韵，较旧译浮图、佛图更为接近。加上土作偏旁，以表示土冢之意义，也就是封土之下埋有尸骨或“舍利”的意思。隋、唐以后，叫“塔”的便逐渐多起来，到了宋、元时期就普遍地叫“塔”了。原先的译名“窣堵波”便成了古代印度式佛塔的专用称谓，“塔”的这一名称，则成了汉语系佛教佛塔的专指称谓。

中国的秦汉时期，已经开始出现修建高楼台榭，以候仙人的现象。随着佛教的传入，中国塔幢建筑逐渐从仿造印度塔的形制，到将印度的佛塔与我国传统楼阁建筑结合，出现了中国楼阁式塔建筑，窣堵波的圆盘式相轮等被抬高到顶上，变成了“刹”，成为中国最早的楼阁式塔。元代，窣堵波从尼泊尔又一次传入我国内地，带来了另外一种塔建筑模式，即喇嘛塔（又称藏式塔）。明朝时，开始大量修建佛教密宗的金刚宝座塔。在历史发展的长河中，中国原有的亭台楼阁建筑特点运用在塔的建筑之中，创造了各种样式的名塔，有楼阁式塔、密檐式塔、内楼外密檐式塔、亭阁式塔、花塔、喇嘛塔、金刚宝座塔等。据统计，中国现存的塔近万座，遍布全国，一般来说，南塔清秀挺拔，北塔端庄厚重。其中佛塔分为三种类型：“真身舍利塔”是专门用来供奉舍利子的；“法身舍利塔”是用来供奉佛经的；“墓塔”是为修行高深、功德圆满的历代高僧建造的。

（二）塔的构造

塔不管属于哪一类，大体都包括三个部分：塔基、塔身、塔刹。

塔基，包括基座和地宫。埋于地下作为塔的基础的称为“地宫”，一般是由砖石砌筑而成，是用来瘗藏佛舍利或佛像、佛的遗物、经卷等“法物”的密室。这与我国帝王陵寝的地宫相似。当然，塔的地宫规模要小得多，安放的东西主要是一个石函，舍利等物即藏于其中。这与印度窣堵波把佛舍利藏在“刹竿”里的做法不同。

露在地面上的基座，常常做成须弥座的形式。据说这样做是为了象征世界中心的须弥山，含有独尊和稳固的寓意。基座的高度占全塔高的比例大小很有讲究，以稳重坚实、承托万钧之力的美感为标准，为塔的造型美中不可或缺的重要组成部分。

塔身，作为塔的主体，千变万化，决定了塔的类型。其内部构造有实心和中空两种。实心的内部有用砖石全部满铺满砌的，也有用土夯实填满的。中空塔则结构较复杂，有木楼层的、砖壁木楼层的、木中心柱的、砖木混砌的、砖石塔心柱的，还有高台塔身的等,形式丰富多彩。

塔刹,位于塔的最高处,是"冠表全塔"和塔上最为神奇的标记,可谓"无塔不刹,无刹不塔"。"刹",梵文 Laksata 的省音译,又称为"乞叉","乞洒"。意思是土田,代表国土,也称为佛国。在僧家心目中,塔刹是神圣不可亵渎的,有着神秘的宗教意义,被视为佛法崇高的象征。

特别提示

看一座塔,不能单纯地看它的外形,应当从内部构造与外部样式两方面进行分析。实际上中国的塔不全是高层建筑,也就是说不全是楼阁式塔,楼阁式塔只是其中一部分,中国大量的塔是用砖造的,是砖塔。而且,绝大部分的塔是不可能登人的,只是一种象征性的塔。

(三)塔建筑的典范

佛塔传入中国,与传统楼阁建筑文化融合,成就了我国数量庞大、造型复杂、民族特色强烈的中国式塔建筑。其中较为突出的有以下几种:

1. 楼阁式塔

楼阁式塔的建筑形式来源于中国传统建筑中的楼阁。佛教传入中国后,为了适应中国的传统习惯,迎合人们对多层楼阁通天的寄托,以楼阁形式作为礼佛的纪念性建筑物。楼阁式塔可供奉佛像,并可供人等登临之用。有的楼阁式塔还兼有军事瞭望的功用,如北京良乡的昊天塔。其建筑材料有木材或石砖,有的塔表面装饰有石刻或琉璃。

楼阁式塔的特征是具有台基、基座,有木结构或砖仿木结构的梁、枋、柱、斗拱等楼阁特点的构件。塔刹安放在塔顶,形制多样。有的楼阁式塔在第一层有外廊(也叫"副阶"),外廊加强了塔的稳定性,也使其更为壮观。外廊能有效地防止地基被雨水冲刷,提高了塔的寿命。

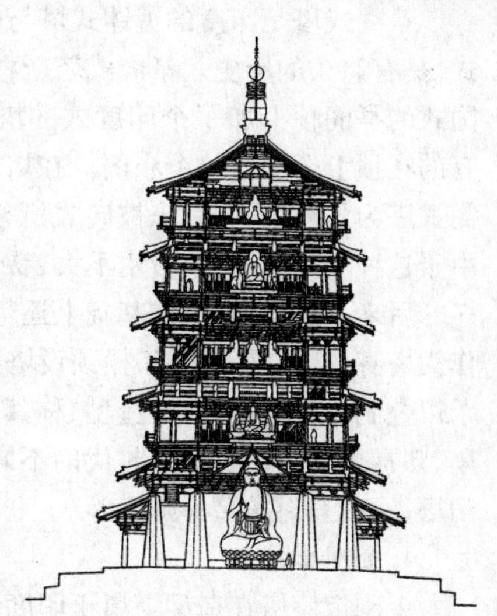

图 6-7 楼阁式木塔(辽代山西应县八角形木塔剖面图)

楼阁式塔是中国塔的发展主流,南方以苏、浙、沪、粤为楼阁式塔分布的主要地区,以上海方塔与杭州六和塔为代表作;北方以冀、晋、陕、甘、辽等地为主。著名的有陕西西安的大雁塔、山西应县木塔、河南开封铁塔、福建泉州开元寺塔、杭州六和塔、苏州虎丘云岩寺塔等。

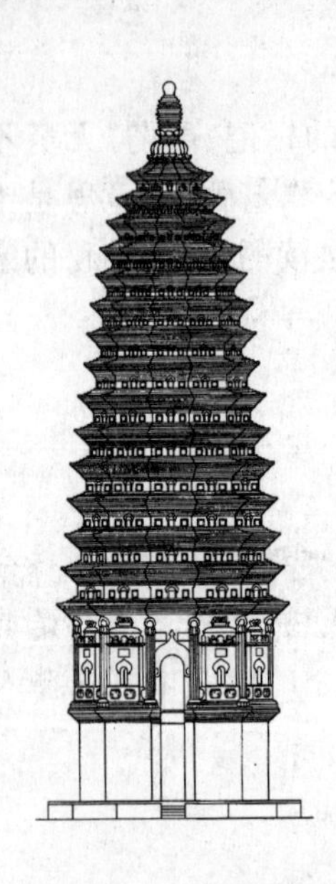

图6-8　密檐式砖塔（北魏嵩岳寺十二边形砖塔示意图）

2. 密檐式塔

密檐式塔为中国佛塔主要类型之一，是一种由楼阁式塔演变而来的新式佛塔，多是砖石结构。它完全用砖依照木结构的形式在塔的外表做出每一层的出檐、梁、柱、墙体与门窗，在塔内也用砖造出楼梯可以登上各层；也有的砖塔塔内用木材做成各层的楼板，借木楼梯上下。但是，这种砖塔在外形上逐渐起了变化，就是把楼阁的底层尺寸加大升高，而将以上各层的高度缩小，使各层屋檐呈密叠状，檐与檐之间不设门窗，使全塔分为塔身、密檐与塔刹三个部分，因而称为"密檐式"砖塔。而且塔身越往上收缩越急，形成极富弹性的外轮廓曲线。著名的密檐宝塔有河南登封县的嵩岳寺塔、西安的小雁塔、云南大理崇圣寺三塔中的千寻塔、北京的天宁寺塔等。其中河南登封嵩岳寺塔为这类佛塔中留存至今年代最早的，建于北魏正光四年（523），塔高约41米，塔身外呈十二边形，为全国佛塔所独有。内室为正八边形。塔身二层占总高约三分之一，以上为15层密檐，顶部为石造的塔刹。

3. 亭阁式塔

亭阁式塔是印度的覆钵式塔与中国古代传统的亭阁建筑相结合的一种古塔形式，具有悠久的历史。亭阁式塔较楼阁式塔结构简单，更为平民化，形式上如同中国式的亭阁顶上加了个印度式的塔刹。塔身有四角形、六角形、八角形、圆形等。有的在顶上还加建一个小阁。在塔身的内部一般设立佛龛，安置佛像。早期的亭阁式塔为木质结构，后来被砖式所替代。最初，亭阁式塔只是为了供奉佛像，后来由于这种塔结构简单、费用不大、易于修造，曾经被许多高僧们所采用作为墓塔。

后来，在亭阁式塔的基础上还衍生出一种类似亭阁式的塔。塔基上置一球体作为塔身，其上置一塔檐，檐顶设塔刹。整个塔身以方、圆、三角、半月、团形的石块予以叠制，根据其形成的造型，称其为五轮塔。这种塔都是石材建造，造型虽然简单，却富于变化，依地点、时代的不同，具体造型也不同。例如，山东历城神通寺四门塔、河南登封净藏禅师塔等。

4. 金刚宝座塔

金刚宝座塔在造型上属于印度形式，但在结构上（如宝座上的短檐、斗拱和宝座顶上的琉璃罩亭等），鲜明地体现了中国建筑特有的传统风格，成为中国建筑和外来文化互相结合的创造性杰作。

图6－9　明代北京真觉寺金刚座宝塔

北京真觉寺的金刚宝座塔内部用砖砌成，外表全部用青白石包砌。塔的下部是一层略呈长方形的须弥座式的石台基，台基外周刻有梵文和佛像、法器等纹饰，台基上面是金刚宝座的座身，座身分为五层，每层均有挑出的石制短檐，檐头刻出筒瓦、勾头、滴水及椽子，短檐之下是佛龛，每龛内雕坐佛一尊，佛龛之间用雕有花瓶纹饰的石柱相隔，并且柱头上雕出斗拱以承托短檐。宝座的南北两面正中各开券门一座，通入塔室。拱门券面上刻有金翅鸟、狮、象、孔雀、飞羊等图饰。南面券门入塔室。中心有一方形塔柱，柱四面各有佛龛一座，龛内原有佛像已不存。在过室的东西两侧，各有石阶梯44级，盘旋而上，通向宝座顶上的罩亭内。罩亭为琉璃砖仿木结构，亭之南北也各开一座券门，通向宝座顶部的台面，台面四周都有石护栏围绕。玻璃罩亭北面是五座密檐式小石塔。小塔为方形，中间一塔较高，有檐十三层，顶部是铜制的覆钵式塔形的刹。四隅的小塔较中央的稍低，檐十一层，塔刹为石制。五座小塔的雕刻也集中在塔檐下的须弥座和第一层塔身上，纹饰同宝座。唯中央小塔的塔座南面正中，刻有佛足一双，表示佛足迹遍天下。

傣族的“笋塔”也是一种金刚宝座塔。它深受缅甸寺塔建筑风格的影响，具有典型的热带建筑特点。其平面呈八角形，每角建有一座人字脊、山面向外的下坡路塔屋；塔基立着九座佛塔，佛塔塔形呈葫芦形，外表皆白；塔刹呈尖形，上有三到五重圆伞；各塔雕刻莲花或莲蕾，有浓郁的傣族地方风情。其中最具代表性的是云南西双版纳的曼飞龙塔。

5. 覆钵式塔

又称喇嘛塔，是藏传佛教的塔，主要流传于南亚的印度、尼泊尔，中国的西藏、青海、甘肃、内蒙古等地区，直接来源于印度的窣堵坡，其造型与印度的窣堵坡基本相同，早期流入中国西藏，再从西藏流传至其他地区。

覆钵式塔基本都是由四部分组成,从下向上分别是:

基座:有圆形、方形、八角形、多角形,其中圆形很少见,山西代县圆果寺里的覆钵式塔即是圆形基座。最多见的是方形,采用须弥座式建造,即通常是方形或亚字形折线式束腰。在基座半腰部位雕有伏莲或仰莲,有的还有狮子。多角形的基座是方形的折角,每个转角折五个尖角。基座上多有台阶,称为"金刚圈",用以承托塔身。藏式喇嘛塔的基座很宽大,有的开辟为房间,用于存放物品或居住。

塔身:也称为塔肚子、覆钵、覆钵丘,形如倒扣的钵,因此得名。有的塔在塔身上开有佛龛,称为眼光门。塔身多是圆肚形,也有做出棱角的。

塔脖子:又称为相轮,因叠成圆锥形的相轮最多有十三层,所以也叫"十三天"。塔脖子有的短粗,有的细长,一般都砌出奇数(七、九、十一、十三)条线条,也有的做成象征性的光面。

塔刹:由伞盖和宝刹组成。伞盖位于十三天的上部,通常包括华盖和流苏,也有采用天地盖的造型。宝刹的形制有三个系统:日月刹、金属高刹、宝珠刹。塔脖子和塔刹象征着佛的头部,巨大的塔身蕴含着深厚的佛教内涵。

覆钵式塔供崇拜之用,也被用作舍利塔,还可做僧人的墓塔。中国现存最大的覆钵式塔是建于元代的北京妙应寺(白塔寺)白塔。

第二节　道教建筑

道教建筑是用以祀神、修道、传教以及举行斋醮等祝祷祈禳仪式的建筑物。汉代称"治",晋代有"庐"、"治"、"靖"(又作"静")等多种称呼。南朝时称"馆",北朝时称"观"(个别称"寺")。唐代开始都称之为"观"。唐宋以后规模较大称"宫"或"观",部分主祀民俗神的建筑也有称"庙"的。

一、道教建筑的起源与发展

道教发源于民间,最早的活动场所主要在山区,因此那时的道教建筑只有洞、石室、静室、大堂、山居、草堂、义舍等民居房屋,对修炼和居住环境的要求也相对简单,只是尽量希望"远离尘境,栖寓缥缈"而已。魏晋时期,为了适应封建统治者的需要,道教借鉴儒家和佛教思想进行改革,逐步完善道教的教礼教义,提出了新的理论:道教徒应以忠孝仁义为本,炼丹服药,延年长生。从此,道教体现了历代帝王对人民进行精神统治的需求,得到统治者的欢迎,由原始的民间宗教向系统的官方道教发展。为了便于与皇权结合,道教建筑开始出现在平原和城市中,原本是宫廷建筑的"宫"和"观"也成为道教建筑的名称。道教建筑中较为有名的有北魏太武帝为寇谦之建造的五层重坛道场;南朝宋建造的崇虚观;齐梁建造的兴世馆、朱阳馆等。

唐朝奉老子李耳为先祖,封尊号为“太上玄元皇帝”,俗称“太上老君”,成为与佛教的释迦牟尼佛同等地位的天神。由于唐代皇帝推崇道教,因而道教盛行。宋朝更重道教。唐宋两代可谓是道教的鼎盛时期,恰好这一时期以高台基、大屋顶、装饰与结构功能高度统一为主要特色的中国木结构建筑,经过两汉和魏晋南北朝的发展,不论从建筑形制还是组群布局和工艺水平上,都达到了相当成熟的阶段,为道教建筑的发展提供了强大的支撑。如宋真宗时,在都城东京建造的昭应玉清宫,房屋有数千间,规模十分庞大。金大定七年(1167),王重阳创全真教派,他的徒弟丘处机得元代成吉思汗礼遇,道教建筑遍布全国,盛极一时。元代供奉吕祖,封吕洞宾为“纯阳演政警化孚佑帝君”,在山西永济县永乐镇建造永乐宫。庙宇建筑一直保存至今,后又扩建北京白云观。明代大建湖北武当山道教建筑群,青岛崂山道教建筑群。清代在明代道教建筑的基础上扩大建设,在江西龙虎山、甘肃平凉崆峒山、山西襄陵龙斗峪、陕西龙山龙门洞、四川灌县青城山都建造了大规模的道教建筑群。

二、道教建筑的风格特色

道教文化崇尚自然,认为“人法地,地法天,天法道,道法自然”,顺应自然与回归自然便成为道教在建筑上的追求。道教建筑选址上首先要取山林野趣,结合山势,融于山水之间,同时又要符合阴阳五行和八卦的规律,适应环境,这样才能达到技术、艺术与自然的和谐,达到“天人合一”的境界。

其次,道士的修行将“得道成仙”作为最终的目标,而这些山便被人为地赋予了“仙境”的内涵。中国古代有着丰富的神话传说,道教认为这些传说中神仙的住处除了在遥不可及的茫茫大海中、九天云霄外,就是人迹罕至的名山中的“洞天福地”了。“洞”即“通”,指可以通达上天;“福”指祥瑞,表示在该处修道可以得道成真。于是道教将真实的地理位置与这些“洞天福地”相对应,界定了道教建筑的位置和环境。

最后,道教建筑还反映了道教追求吉祥如意、延年益寿和羽化登仙的思想。如在建筑上描绘日月星辰、山水岩石以寓意光明普照、坚固永生;以扇、鱼、水仙、蝙蝠和鹿作为善、(富)裕、仙、福、禄的表象;用松柏、灵芝、龟、鹤、竹、狮、麒麟和龙凤等分别象征友情、长生、君子、辟邪和祥瑞。还直接用福、禄、寿、喜、吉、天、丰、乐等字变化其形体,用在窗棂、门扇、裙板及檐头、蜀柱、斜撑、雀替、梁枋等建筑构件上,对传统民间民俗文化影响深远。像八宝图、福寿双全图、八仙庆寿图这些源自道教思想和神仙故事的图案早已家喻户晓。

三、道教建筑的形制与布局

道教建筑大致由门、楼、殿、堂、庑、阁、坛、祠等单体建筑组合而成。规模较大的可排列或分散成几处院落，还可以附以道士的生活场所和接待雅客的住宿处所等。山门、正殿、庙院、斋堂、云堂、法堂和主持的住所静室等与佛寺基本相同。

道教宫观建筑的平面组合布局有两种形制，一种是礼制布局，以中轴线贯穿，主要殿阁都建在中轴线之上，左右均衡对称，井然有序；另一种是园林式布局，与自然环境中的山石、流水、树木互相结合。后一种布局方式又分为两种类型，一种是凡是名山大规模的道教建筑群，其亭台楼阁、殿宇回廊，高低错落、大小不等，桥廊碑石布局自然，依山石径，登道蜿蜒，河谷深邃，溪水湾流，鲜花野菜，古树栉比，一入其境，犹如神仙境界。另一种是按五行八卦方位确定主要建筑的位置，然后再绕八卦方位放射敞开，颇具有神秘色彩。

拓展知识

均衡对称式建筑，以道教正一派祖庭上清宫和全真派祖庭白云观为代表。山门以内，正面设主殿，两旁设灵宫、文昌殿，沿中轴线上设规模大小不等的玉皇殿或三清、四御殿。一般在西北角设会仙福地。有些宫观还充分利用地形地势的特点，造成前低后高、突出主殿威严的效果。膳堂和房舍等一类附属建筑则安排在轴线的两侧或后部。

五形八卦式建筑，以江西省三清山丹鼎派建筑为代表，三清山的道教建筑雷神庙、天一水池、涵星池、王祐墓、詹碧云墓、演教殿、飞仙台等大建筑都围绕着中门丹井和丹炉，周边按八卦位，一一对应排列。而它们的南北中轴线特别长，所有其他建筑都在这条中轴线两端一一展开，构成一个严密建筑体系。这是由道教内丹派同步协调修炼“精、气、神”思想在建筑上的反映。

（资料来源：杨嵩林. 中国建筑艺术全集 · 道教建筑. 北京：中国建筑工业出版社，2002：270.）

在风景名胜点的道观建筑，除了奉祀系统的建筑为服从宗教需要而显得比较刻板外，大都利用奇异的地形地貌，巧妙地构建楼、亭、阁、榭、塔、坊、游廊等建筑，造成以自然景观为主的园林系统，配置壁画、雕塑和碑文、诗词题刻等供人观赏。这些建筑或以林掩其幽，或以山壮其势，或以水秀其姿、形势，充分体现道家“人法地，地法天，天法道，道法自然”的自然思想。

四、道教建筑的典范

中国道教建筑是我国传统文化中的重要组成部分,其中有一些重要建筑已列为国家级或省市级文物保护单位。其中具有代表性的有以下几处。

(一)武当山道教建筑群

武当山道教建筑群由明代皇帝亲自策划营建,皇室派员管理。现存建筑的规模之大,规划之高,构造之严谨,装饰之精美,神像、供器之多,在中国现存道教建筑中是绝无仅有的。武当山道教建筑群虽历经沧桑,现仍存留有 4 座道教宫殿、2 座宫殿遗址、2 座道观及大量神祠、岩庙。在布局、规制、风格、材料和工艺等方面都保存了原状。

武当山道教建筑群主要分布在以天柱峰为中心的群山之中,总体规划严谨,主次分明,大小有序,布局合理。建筑位置选择,注重环境,讲究山形水脉的布局,疏密有致。建筑设计的规划或宏伟壮观,或小巧精致,或深藏山坳,或濒临险崖,达到了建筑与自然的高度和谐,具有浓郁的建筑韵律和高超的创造力。建筑类型多样,用材广泛,其设计、构造、装饰、陈设,不论木构宫观、铜铸殿堂、石作岩庙,以及铜铸、木雕、石雕、泥塑等各类神像都达到了很高的技术与艺术成就。其建筑主体以宫观为核心,主要宫观建筑在内聚型盆地或山助台地之上,庵堂神祠分布于宫观附近地带,自成体系,岩庙则占峰踞险,形成“五里一庵十里宫,丹墙翠瓦望玲珑”的巨大景观。在建筑艺术、建筑美学上达到了极为完美的境界,有着丰富的中国古代文化和科技内涵,是研究明初政治和中国宗教历史以及古建筑的实物资料。

(二)北京白云观

北京白云观位于北京西便门外,为道教全真龙门派祖庭,享有“全真第一丛林”之誉。其前身是唐代的天长观。金正隆五年(1160),天长观遭火灾焚烧殆尽。金大定七年(1167)敕命重修,历时七载,至大定十四年(1174)三月竣工。金世宗赐名曰“十方天长观”。泰和二年(1202),天长观又不幸罹于火灾,仅余老君石像。第二年重修,改名“太极宫”。金宣宗贞佑二年(1215),国势不振,迁都于汴,太极宫遂逐渐荒废。元初,丘处机命弟子王志谨兴修白云观。元太祖二十二年(1227)五月,成吉思汗敕改太极宫为“长春观”。七月,丘处机仙逝于长春观。元末,连年争战,长春观原有殿宇日渐衰圮。明初,以处顺堂为中心重建宫观,并易名为白云观。清初,在王常月方丈主持下对白云观又进行了一次大规模的重修,基本奠定了今日白云观之规模。新中国成立后,中国道教协会、中国道教学院及中国道教文化研究所等道教界的全国性机构均设立在白云观。

白云观的建筑分中、东、西三路及后院,规模宏大,布局紧凑。中路以山门外的照壁为起点,依次有照壁、牌楼、华表、山门、窝风桥、灵官殿、钟鼓楼、三官殿、财神殿、玉皇殿、救苦殿、药王殿、老律堂、邱祖殿和三清四御殿。白云观西路有祠堂、八仙殿、吕祖殿、元君殿、文昌殿、元辰殿等。白云观东路有三星殿、慈航殿、真武殿和雷祖殿。白云观后院为一个清幽雅静的花园,又称小蓬莱。后院由 3 个庭院连接而成,游廊迂回,假山环绕,花木葱郁,绿树成荫。花园的中心为戒台和云集山房。戒台为道教全真派传授“三坛大戒”(初真戒、中极戒和天仙戒)的坛场,云集山房为全真道律师向受戒弟子讲经说法之所。1989 年,白云观举行了新中国成立以来首次全真派传戒仪典,盛况空前。每年春节的民俗庙会,这里游人如织,热闹非凡。白云观已成为人们了解中国道教文化与传统习俗的重要窗口。

(三)成都青羊宫

青羊宫是成都市区内现有的一座最大、最古老的道教庙宇,地处成都市西郊,原占地面积约三百余亩,被誉为川西第一道观。青羊宫南面百花潭、武侯祠(汉昭烈庙),西望杜甫草堂,东邻二仙庵。相传宫观始建于周,初名“青羊肆”。据考证,三国之际取名“青羊观”。到了唐代改名“玄中观”,在唐僖宗时又改“观”为“宫”。五代时改称“青羊观”,宋代又复名为“青羊宫”,直至今日。现存主要建筑有山门、混元殿、八卦亭、三清殿、斗姥殿、后苑三台、玉皇殿等。玉皇殿内九米多高的玉清(元始天尊)、上清(灵宝天尊)、太清(道德天尊)等像,堪为全国道观一流。

(四)龙虎山天师府

龙虎山天师府全称“嗣汉天师府”,亦称“大真人府”,是历代天师的起居之所。府第坐落在江西贵溪上清古镇,南朝琵琶峰,面临上清河(古称沂溪),北倚西华山,东距大上清官二华里,西离龙虎山主峰十五里许。宋崇宁四年(1105)始建于上清镇关门口,元延祐六年(1319)重建于上清镇长庆坊,明太祖洪武元年(1368)建于今址。整个建筑占地 2.4 万多平方米,建筑面积 1.1 万多平方米,主要建筑由府门、仪门、玄坛殿,真武殿、提举署、法箓局、赞教厅、万法宗坛、大堂、家庙、私第(即三省堂)、味腴书屋、敕书阁、观星台、纳凉居、灵芝园,以及厢房廊屋等构成。明代的建筑大部分已毁于清康熙年间,现存 6000 平方米左右的建筑,多是清代乾隆、同治年间重建和修建的遗物。天师府的建筑布局呈“八卦”形,规模宏大,雄伟壮观,建筑华丽,工艺精致,是一处王府式样的建筑。院内豫樟成林,古木参天,浓荫散绿,环境清幽,昔有“仙都”、“南国第一家”之称。这里文物古迹众多,不仅具有研究中国道教的价值,而且是我国古代文化的珍贵遗产。

第三节 伊斯兰教建筑

伊斯兰教由穆罕默德在阿拉伯半岛的麦加城创立,与佛教、基督教并称为世界三大宗教。伴随着伊斯兰教的传播，伊斯兰教建筑也得到空前的发展，各国陆续修建了大量的清真寺建筑，形成了各地独特的伊斯兰教建筑，成为世界文化宝库中不可分割的一部分。

一、中国伊斯兰教建筑的起源与发展

随着伊斯兰教传入中国，其宗教教义逐渐与中国的传统建筑技术相结合，形成中国伊斯兰教建筑的独特风貌和艺术特色。

（一）唐宋时期的伊斯兰教建筑

伊斯兰教自唐传入中国，在我国东南沿海的一些商业城市中以及长安、洛阳等地相继出现了伊斯兰教建筑，这些建筑包括侨居中国的阿拉伯商人、波斯商人、传教士聚集的“番坊”，进行贸易的波斯店铺，开展宗教活动进行礼拜的清真寺，以及久居中国死后埋葬在中国的墓地等。这一时期的伊斯兰教建筑都是留居或定居中国的阿拉伯人所建，多建在他们聚居的坊内或其附近。这些建筑的平面布局，不强调对称，与中国古代传统木构架建筑制度有很大差异。其造型也多为阿拉伯式样。礼拜殿、大门及宣礼塔等建筑，都是砖石砌筑，多用尖拱券或穹隆顶，砖石砌筑的方法也与唐宋时期砖石塔砌筑方法迥异。内部多用植物及阿文组成装饰纹样，与早期的阿拉伯伊斯兰教建筑的装饰手法一脉相承，表现出伊斯兰教建筑移植时期的鲜明特点，这一时期的建筑虽对以后中国伊斯兰教建筑有所启蒙，但还没有形成独特的中国伊斯兰教建筑风格。

（二）元、明、清时期的伊斯兰教建筑

元、明、清时期是中国伊斯兰教建筑的形成时期。伴随着伊斯兰教的发展，清真寺、陵墓（拱北）、道堂等建筑大量兴建，并完全形成了以木构架为主体的中国内地伊斯兰教建筑体系。其总体布局多采用以礼拜殿为中心的纵轴形制，并以庭院为单元向纵深及横向延展，组成庞大的院落组群，创造出许多组合复杂、规模宏大、气势雄伟的礼拜大殿，极大地丰富了中国古代建筑的平面组织及外观的处理手法，取得了突出的成就。新疆地区的伊斯兰教建筑，按照当地的传统继续发展，更多地保留了阿拉伯式样，并结合当地的气候、材料和建造技术，形成了新疆地区伊斯兰教建筑的特有风貌。礼拜寺平面布局灵活，多采用内外殿制度。教主陵墓（当地称玛扎）也非常高大华丽，喀什阿巴伙加玛扎（俗称香妃墓）就是典型例证。

（三）鸦片战争至新中国成立前的伊斯兰教建筑

从 1840 年至 1949 年的百余年间，由于世界各帝国主义列强相继侵入我国，中国逐渐沦为半殖民地半封建社会。西方建筑技术的涌进，加速了中国传统建筑的急剧变革。在某些新建的清真寺中也开始使用钢筋混凝土结构，并出现了楼层式的礼拜殿。由于战乱不止，不少伊斯兰教建筑遭到破坏，而一些新建的清真寺，其

规模、质量和艺术水平也远远不如前一时期。东南沿海各省已成为帝国主义侵略中国的前沿阵地,伊斯兰教建筑则出现了停滞乃至衰退现象。

鸦片战争后,西北地区的门宦制度有了一定发展。许多教主为扩大自己的势力和影响,招揽教民,兴建了许多规模宏大、装饰华丽的道堂和清真寺建筑。甘肃临夏八坊就是这种情况的一个典型缩影。中华人民共和国成立后,党和人民政府制定并执行宗教信仰自由、尊重各族人民的风俗习惯等方针政策,还颁行了保护文物法令,许多重要的伊斯兰教寺院、陵墓等都予以整修,得到了妥善的保护。

二、中国伊斯兰教建筑的形制与布局

中国伊斯兰教建筑在遵从传统伊斯兰教建筑风格的基础上,融合了中国传统文化的内容,形成了中国特有的形制和布局。

(一)中国伊斯兰教建筑的形制

中国伊斯兰教清真寺(礼拜寺)、陵墓、教经堂等建筑,同中国的佛、道等宗教建筑一样,也是由许多功能不同的单体建筑组成的。主要包括:礼拜寺大殿、后窑殿、大门、宣礼塔(邦克楼)、墓祠、经堂、讲堂、水房、阿訇或教主的办公室和住室,还有碑亭等附属建筑和建筑小品。

特别提示

清真寺是伊斯兰教建筑的主要类型,它是信仰伊斯兰教的居民点中必须建立的建筑。清真寺建筑必须遵守伊斯兰教的通行规则,如礼拜殿的朝向必须面东,使朝拜者可以朝向圣地麦加的方向,也就是西方,做礼拜。礼拜殿内不设偶像,仅以殿后的圣龛为礼拜的对象等。从建筑风格上来讲,大量吸收汉族传统建筑的技艺而发展形成,具有浓郁的东方情调。如采用汉族建筑的院落式布局原则,组合成封闭的院落,并且有明显的轴线对称关系等。

内地回族清真寺建筑中的讲堂、办公、住宅、水房等建筑,多为三至七开间的单层建筑,与其他宗教建筑、民居等无较大差异,平面布局、外观造型乃至装修细部等都没有更多的特殊之处。而在新疆地区的礼拜寺中许多辅助建筑,亦与维吾尔族大型民居的处理手法类似,现就一些重要的单体建筑的形制和特点分述如下。

1. 礼拜大殿

清真寺礼拜大殿是穆斯林信徒进行礼拜和各种宗教活动的中心,是清真寺(礼拜寺)中的重要建筑。整座寺院的规划布局都是围绕礼拜大殿这个主体建筑进行配置的。大殿的规模一般都很大,是全寺中最雄伟壮观的建筑。

礼拜大殿一般由卷棚、礼拜殿及后窑殿三部分构成。卷棚是教民们进殿的脱鞋处,可以在大殿前面用卷棚单独建造,也可以利用大殿的前廊。若教民多,大殿内容纳不下时,卷棚部分也可以作为朝拜之地。礼拜殿为整座大殿的主体部分,规模宏阔,空间高敞,平面形式多样,犹如一个大的会堂。内部地面铺以成行成列的毡毯,是专供教民集体朝拜的处所。后窑殿是圣龛的所在,是礼拜殿内最神圣的地方,也是全寺最辉煌、华丽的地方。

2. 宣礼塔

宣礼塔又称邦克楼、唤礼楼等。最初的功能是为定时呼唤教民至清真寺做礼拜用,是清真寺内的高层建筑。早期的邦克楼,因其功能需要多做成高塔或多层楼阁状。中国清真寺的邦克楼,多以传统楼阁式建筑为之,也有的仿阿拉伯地区的邦克楼形制,用砖石砌筑成细高形塔身,而顶层用亭式建筑,做成中西结合样式。

邦克楼的位置选择及数量,也无统一规定,内地清真寺大多沿中轴线单独设置,或位在寺院的一隅,或与大门、二门结合在一起。一般为一座,亦有少数是两座的,有的达六、七座。随着时间的推移,计时方法增多,邦克楼的唤醒作用逐步消失,自然也就成为一种装饰性的建筑了。

3. 墓祠

伊斯兰教墓祠建筑出现的时间也很久远,早期多是一些城外的传教士或知名人士的坟墓,如广州斡葛斯墓、扬州普哈丁墓等。墓祠多模仿阿拉伯形制,即在方形平面上用砖砌成半圆形拱顶,有的在屋顶外部包镶中国传统建筑形式的攒尖顶,祠内置长方形的坟墓,一般规模都不大,造型颇为简素。随着门宦制度在我国的产生和发展,伊斯兰教陵墓建筑在我国西北诸省得到很大的发展,而其他各地则很少建造。甘、青、宁诸省的墓祠多由数个庭院组成,有主体的墓祠院,也有为参拜人居住的客房院,还有礼拜殿、阿訇住宅及杂物院等,形成宏大的建筑组群。新疆地区的墓祠规模也很大,多与礼拜殿、教民的坟墓、教经堂等组合在一起。墓祠为圆拱顶,顶上满贴绿琉璃砖,明显看出是仿效麦地那穆罕默德圣墓的形制。

(二)中国伊斯兰教建筑的平面布局

伊斯兰教建筑自明清时期,就已形成了以回族清真寺和新疆维族礼拜寺为代表的中国两大伊斯兰教建筑体系。在总体布局及单体平面等方面呈现出明显的地域特色和艺术风貌。

内地清真寺的总平面布局,不像其他宗教建筑那样,有比较固定的格局,而是比较灵活自由。一些单体建筑也无固定位置,所以几乎每一座寺院的总体规划都不相同。一般的规律是以全寺的主体建筑礼拜殿所在的庭院为中心,来规划整个组群的内在秩序,沿用中国古代建筑中的对称原则,有明显的主轴线。通常以礼拜大殿前的庭院为主导,在其两侧布置办公室、讲堂等辅助建筑。沿主轴线向前延伸,分别布置大门、二门、邦克楼、木石牌楼等建筑,形成庭院重重的纵深布局。水房、住宅等附属建筑,多在主轴线两侧,或另组小型庭院。值得一提的是,中国伊斯兰教清真寺院的主轴线都是东西方向,构成西向为尊的庭院形制。

新疆地区礼拜寺的总体布局,受到中国传统建筑的影响较少,基本上仿照阿拉伯及中亚地区的伊斯兰教建筑形制,不强调院落重重,也不强调轴线对称等原则。有的则开门见山,进入大门便可望见礼拜大殿,其他附属建筑也较少。至于一些小的寺院,布局就更为自由灵活。

拓展知识

中国伊斯兰教建筑受伊斯兰教思想的影响并融合中国古代建筑的传统工艺,表现出如下特征:

一是布局严整。中国清真寺建筑既采用伊斯兰教建筑向西崇拜的方位格式,又吸收中国传统的四合院形制,沿中轴线有次序地对称布局;既不违反伊斯兰教基本教义,又使每一进院落都有本土化的功能和风格。

二是中国化的建筑类型。中国清真寺与阿拉伯风格清真寺的明显不同之处,在于具有显著的阿拉伯尖塔式建筑特点的砖砌邦克楼被我国传统的楼阁式木构建筑形制所取代,阿拉伯式的圆形穹隆大殿则被中国传统的大殿建筑取代。

三是礼拜殿面积大。按伊斯兰教规定,教徒除每日礼拜五次外,每周五为聚礼日,教区内教徒须集中在清真寺礼拜殿内做功课,因此礼拜殿面积特别大,以适应同时容纳多达成千上万教徒做礼拜的需要。

(资料来源:中国现代美术全集编辑委员会.中国建筑艺术全集·伊斯兰教建筑.北京:中国建筑工业出版社,2003:286.)

三、中国伊斯兰教建筑的典范

中国伊斯兰教建筑最重要、也最多的是清真寺建筑,全国各省市、自治区均有分布,约有2.3万处。早期多建在东南沿海城市,如伊斯兰教四大著名古寺,即广州怀圣寺、泉州圣友寺、杭州真教寺及扬州清真寺。明清以后则较集中分布在丝绸之路畔各省,自西安、洛阳向东延伸至山东济宁市和大运河两岸诸省市。其他如云南省及长江中下游一带也较多。有许多清真寺规模宏大,建筑精丽,在艺术及技术上都有独到之处。此外,伊斯兰教建筑还有陵墓(又称拱北或玛扎)及教经堂、道堂等建筑类型。

(一)北京牛街清真寺

牛街清真寺,位于北京市广安门内牛街,是北京规模最大、历史最久的一座清真寺,也是世界上著名的清真寺之一。

据《北京牛街岗上礼拜寺志》记载,牛街清真寺创建于966年(辽圣宗十三年、北宋至道二年),为辽代入仕的阿拉伯学者纳苏鲁丁所建。1427年(明宣德二年)扩建,1442年(明正统七年)整修。1474年(明成化十年),都指挥詹升题请名号,奉敕赐名“礼拜寺”,故有“明寺”之称。1696年(清康熙三十五年)又按原样进行大规模修葺,总共经历8次修缮扩建。中华人民共和国成立后,先后于1955年和1979年两次拨款进行全面修缮。中外穆斯林经常到此进行宗教活动和参观访问。北京市宣武区伊斯兰教协会和北京穆斯林建设牛街基金会均设在寺内。1988年被列为国家重点文物保护单位。

寺内现存主要建筑均为明清时期修筑,坐东朝西,面积6000多平方米,建筑面积3000多平方米。清真寺建筑集中对称,其格局采用中国宫殿式的木结构形式为主,其细部带有浓厚的伊斯兰教阿拉伯建筑的装饰风格。由礼拜殿、望月楼、宣礼楼、讲堂、碑亭、对厅、沐浴室等组成。

(二)广州怀圣寺

怀圣寺又名狮子寺,俗称光塔寺,是中国四大古代清真寺之一,被列为广东省省级重点文物保护单位。

该寺礼拜大殿位于院庭的正面,是3间带周围廊、歇山重檐绿琉璃,带斗拱的古典式建筑,巍然耸立在带雕石栏杆的大平台上,充分显示了大殿的高贵威严。石栏杆板上的雕刻各异,有葫芦、扇子、伞盖、花卉、狮子、游鱼等物,极为活泼生动。大殿内部洁白明亮,装饰很少,显得整洁大方。除大殿之外,尚有望月楼、东西长廊、藏经室、碑亭、光塔(宣礼塔)等建筑。全寺占地面积4.5亩,建筑总面积1553平方米,其中大殿建筑面积400平方米。怀圣寺的光塔驰名中外,是极具价值的建筑古迹。

(三)西安化觉巷清真寺

西安化觉巷清真寺位于西安市鼓楼西北隅,建于明初,是时代较早、规模较大的回族伊斯兰建筑,它与西安大学习巷清真大寺并称为中国西安最古老的两座清真大寺,因其在大学习巷寺以东,故又叫东大寺。

该寺院始建于唐天宝元年(742),历经宋、元、明、清各代的维修保护,成为目前的格局,总面积1.3万平方米,建筑面积约6000平方米,被联合国教科文组织列为世界伊斯兰文物之一,是一座历史悠久、规模宏大的中国宫殿式古建筑群,是伊斯兰文化和中国文化相融合的结晶。

化觉巷清真寺的建筑布局南北窄、东西长,要历经将近200米才能进到大殿,既突出了大殿,又不使空间感到单调。它的两座寺门分设在清真寺东端南北两角。总布局采取沿东西向轴线纵深串联多重院落的形式,一共五进。单体建筑都是汉族式样。第一进是全寺前导，砖砌大照壁对着三间木牌楼。第二进以院内石牌坊为中心。第三进院内省心楼为汉式楼阁，八角，二层三檐，琉璃攒尖顶；北侧厢房为讲经室，前廊正中高起一座歇山小屋顶，轮廓变化丰富，造型轻巧。第四进是主院，正中的凤凰亭左右各连接一小亭，造型丰富。礼拜殿体量巨大，可以容纳上千人，屋顶由两座歇山顶以前后串联构成。殿前有大月台，配以月台边上的几座石牌坊和碑亭小品，烘托出大殿的重要。窑殿入口处的拱形龛门、几乎覆满全部墙面和天花的彩画，其装饰纹样仍以阿拉伯文和植物纹为主，闪着金光，在只靠前檐进光的幽暗空间里，烘托出浓烈的伊斯兰气息。第五进院是全寺结束。

第四节 基督教建筑

基督教于公元 1 世纪开始流传，罗马帝国于公元 313 年颁布《米兰敕令》，使其取得合法地位后，教堂建筑逐渐发展起来。隋唐时期，基督教传入中国，基督教建筑开始在中国大地上出现并日渐传播开来。

一、中国基督教建筑的起源与发展

隋末唐初，作为基督教教派之一的聂斯脱里派，也就是东方亚述教会传入中国，俗称景教。唐太宗贞观九年(635)，景教传教士由波斯(今伊朗)来长安传教。唐太宗派宰相房玄龄到西郊去迎接入宫。三年后，唐太宗诏示天下，鼓励信教，并在义坊街建筑一所教堂，即大秦寺，供养 22 位传教士。其中最出名的有阿罗本、景净、阿罗憾。在此期间也培养了两位有名的基督徒：宰相房玄龄和山西汾阳王郭子仪。

唐武宗时期出于政治上的考虑，颁布了灭绝一切外来宗教的政策，景教走向衰落。元朝时基督教(景教和罗马公教)又再次传入中国，称为“也利可温”(蒙古语“有福缘的人”)。元朝时，中国的基督徒数量有了很大的增长。中国北部及西部的沙州、肃州、甘州、凉州及河套地区有许多景教徒和景教教堂，教堂也被时人称为“十字寺”。中国南方及长江流域，景教徒及教堂较西部及北部地区少，主要分布于沿海省份蒙古人和色目人集中的地区，如泉州、福州、温州、杭州、扬州、镇江等处。

明朝万历十年(1582)，天主教耶稣会派利玛窦来中国，他被允许在广东肇庆定居并传教，曾一度成功地使天主教在中国得以立足。康熙年间，为了传教士的生活，甚至将北京东北隅的“罗刹庙”赐为教堂，称为“索菲亚教堂”。1807 年，新教派遣马礼逊来华传教，新教也开始在中国传播。鸦片战争以后，基督教以沿海通商口岸为基地迅速发展，基督教建筑如雨后春笋般出现。

特别提示

“基督教”是以新旧约全书为圣经，信仰人类有原罪，相信耶稣为神子并被钉十字架从而洗清人类原罪、拯救人类的一神论宗教。它发源于犹太教，与佛教、伊斯兰教并称世界三大宗教，估计现在全球共有15亿至21亿人信仰基督教，占世界总人口25%～30%。最早期的基督教只有一个教会，但在基督教的历史进程中却分化为许多派别，主要有天主教（中文也可译为公教、罗马公教）、东正教、新教（中文又常称为基督教）三大派别，以及其他一些影响较小的派别。在中国传播的教义通常以新教为主。

二、基督教的建筑风格

传统的基督教建筑风格有罗马式、拜占庭式、哥特式三种，其教堂的主要标志是十字架。

（一）罗马式教堂

罗马式教堂是基督教成为罗马帝国的国教以后，一些大教堂普遍采用的建筑式样。自1096年开始的十字军东侵，使欧洲兴起宗教的热潮，封建主对宗教的狂热达到如醉如痴的境地，他们全力为自己的领地兴建规模壮观的教堂和修道院，建筑史上称这种新形制为“罗曼内斯克”即罗马式。而这个时期的其他造型艺术如雕塑、绘画等都成为与教堂不可分割的装饰部分，因此在美术史上统称为“罗马式”。

罗马式教堂建筑采用典型的罗马式拱券结构。它是从古罗马时代的巴西利卡式演变而来的。罗马式教堂的雏形是具有山形墙和石头的坡屋顶并使用圆拱。它的外形像封建领主的城堡，以坚固、沉重、敦厚、牢不可破的形象显示教会的权威。巴西利卡是长方形的大厅，内有两排柱子分隔的长廊，中廊较宽称中厅，两侧窄称侧廊。大厅东西向，西端有一半圆形拱顶，下有半圆形圣坛，前为祭坛，是传教士主持仪式的地方。后来，拱顶建在东端，教堂门开在西端。高耸的圣坛代表耶稣被钉十字架的骷髅地的山丘，放在东边以免每次祷念耶稣受难时要重新改换方向。随着宗教仪式日趋复杂，在祭坛前扩大南北的横向空间，其高度与宽度都与正厅对应，因此，就形成一个十字形平面，横向短，竖向长，交点靠近东端。这叫作拉丁十字架，以象征耶稣钉死的十字架，更加强了宗教的意义。

（二）拜占庭式教堂

公元395年，以基督教为国教的罗马帝国分裂成东西两个帝国。史称东罗马帝国为拜占庭帝国，其统治延续到15世纪，1453年被土耳其人灭亡。东罗马帝国的版图以巴尔干半岛为中心，包括小亚细亚、地中海东岸和北非、叙利亚、巴勒斯坦、两河流域等，建都君士坦丁堡。拜占庭帝国以古罗马的贵族生活方式和文化为基础。由于贸易往来，又融合了东方阿拉伯、伊斯兰的文化色彩，形成独自的拜占庭艺术。

“拜占庭”原是古希腊的一个城堡。公元395年，显赫一时的罗马帝国分裂为东西两个国家，西罗马的首都仍在当时的罗马，而东罗马则将首都迁至拜占庭，其国家也就顺其迁移被称为拜占庭帝国。拜占庭建筑，就是诞生于这一时期的拜占庭帝国的一种建筑文化。从历史发展的角度来看，拜占庭建筑是在继承古罗马建筑文化的基础上发展起来的，同时，由于地理因素，它又汲取了波斯、两河流域、叙利亚等东方文化，形成了自己的建筑风格，并对后来的俄罗斯教堂建筑、伊斯兰教的清真寺建筑都产生了积极的影响。

拜占庭教堂的特点是十字架横向与竖向长度差异较小，其交点上为一大型圆穹顶。穹顶在方形的平面上，建立覆盖穹顶，并把重量落在四个独立的支柱上，这对欧洲建筑发展是一大贡献。伊斯坦布尔的圣索菲亚大教堂是典型拜占庭式建筑。其堂基与罗马式建筑的一样，呈长方形，但是，中央部分房顶由一巨大圆形穹隆和前后各一个半圆形穹隆组合而成。在建筑及室内装饰上，最初也是沿袭巴西利卡式的形制。但到5世纪时，创立了一种新的建筑形制，即集中式形制。这种形制的特点是把穹顶支撑在四个或更多的独立支柱上的结构形式，并以帆拱作为中介连接。同时可以使成组的圆顶集合在一起，形成广阔而有变化的新型空间形象。与古罗马的拱顶相比，这是一个巨大的进步。

（三）哥特式教堂

“哥特”是指野蛮人，哥特艺术是野蛮艺术之义，是一个贬义词。在欧洲人眼里罗马式是正统艺术，继而兴起的新的建筑形式就被贬为“哥特”（野蛮）了。第一个哥特式建筑是在法国国王的领地上诞生的。之后整个欧洲都受到“哥特化”的影响。

哥特式教堂的形体向上的动势十分强烈，轻灵的垂直线直贯全身。不论是墙和塔都是越往上分划越细，装饰越多，也越玲珑，而且顶上都有锋利的、直刺苍穹的小尖顶。不仅所有的顶是尖的，而且建筑局部和细节的上端也都是尖的，整个教堂处处充满向上的冲力。这种以高、直、尖和具有强烈向上动势为特征的造型风格是教会的弃绝尘寰的宗教思想的体现，也是城市显示其强大向上蓬勃生机的精神反映。如果说罗马式以其坚厚、敦实、不可动摇的形体来显示教会的权威，形式上带有复古继承传统的意味，那么哥特式则以蛮族的粗犷奔放、灵巧、上升的力量体现教会的神圣精神。它的直升的线条，奇突的空间推移，透过彩色玻璃窗的色彩斑斓的光线和各式各样轻巧玲珑的雕刻装饰，综合地造成一个“非人间”的境界，给人以神秘感。有人说罗马建筑是地上的宫殿,哥特式建筑则是天堂里的神宫。

哥特式教堂结构的变化,造成一种火焰式的冲力,把人们的意念带向“天国”,成功地体现了宗教观念,人们的视觉和情绪随着向上升华的尖塔,有一种接近上帝和天堂的感觉。

从审美的层面看,罗马式建筑较宽大雄浑,但显得闭关自守,而哥特式建筑表现出一种人的意念的冲动,它不再是纯粹的宗教建筑物,也不再是军事堡垒,而是城市的文化标志,标明在最黑暗的中世纪获得一点有限的自由。

与哥特建筑一起应运而生的是优美的彩色玻璃窗画。这种画也成为不识字信徒们的圣经。圆形的玫瑰窗象征天堂,各式圣者登上了色彩绚丽的玻璃窗,酷似丰富多彩的舞台画面。当人们走近教堂时不仅产生对天国的神幻感,也产生装饰美感。又由于它是玻璃画,因此能依光线的穿透而生艳,以其光色的奇妙而引人入胜。

三、中国基督教建筑典范

中国的基督教建筑形式也较多地受到当地建筑的影响,与当地的建筑环境相融合,采用有特色的建筑形式。如江浙一带的基督教建筑多模仿江南民居形式,尺度小巧,檐角翘起,甚至采用白粉墙;福建一带的基督教建筑借鉴了闽南风格的屋顶,正脊弯曲,屋角及正脊两端翘起;位于宁夏的某些教堂则融汇了当地清真寺的建筑风格;中国台湾地区和贵阳的一些教堂建筑,则选择了当地传统建筑特色的风火山墙。

(一)广州圣心大教堂

广州圣心大教堂坐落于广州市一德东路,是天主教广州教区最宏伟、最具特色的大教堂。1996 年 11 月被国务院公布为全国重点文物保护单位。

圣心大教堂始建于 1863 年,落成于 1888 年,前后历时 25 年,至今有 130 多年的历史,为哥特式双尖塔建筑,是东南亚最大的石结构天主教建筑,也是全球四座全石结构哥特式教堂建筑之一。由于教堂的全部墙壁和柱子都是用花岗岩石砌筑,所以又被称为“石室”或“石室耶稣圣心堂”、“石室天主教堂”。

整座教堂建筑总面积 2754 平方米,坐北朝南,东西宽 32. 85 米,南北长 77. 1 米,底层建筑面积约 2200 平方米,而从地面到塔尖高 58. 5 米,可与闻名世界的巴黎圣母院相媲美。教堂的建筑结构是:正面为一对巍峨高耸的双尖石塔,塔尖直插蓝天,这种哥特式建筑艺术有着浓厚的宗教色彩与含义,象征着向天升华、皈依上帝的宗教思想。石塔中间西侧是一座大时钟。东侧是一座大钟楼,安放四座专门从法国运来的大闹钟。后半部分是大礼拜堂,堂内是拱形穹隆。正面大门上面和四周墙壁上装饰合掌式窗棂,以法国制造的较深的红、黄、蓝、绿等七彩玻璃镶嵌,从而使室内光线终年保持着柔和,形成祥和、肃穆、神秘的宗教气氛。教堂的外围四周有大小石亭近百座,原设计为安放宗教人物塑像之用,但因故未能实现,成为该建筑物未完成的部分。

(二)利玛窦墓

利玛窦墓在北京市西城区阜成门外车公庄大街路南。

利玛窦(1552—1610),意大利人。明万历十年(1582)来华,为天主教耶稣会著名传教士。万历二十九年至北京,进呈自鸣钟、万国舆图等物,并与士大夫交往,以传授西方科学知识为布道手段,同时把我国的科学文化成就介绍到欧洲。他死后神宗"以陪臣礼葬阜成门外二里沟嘉兴观之右"。墓为土丘形,前立螭首方座石碑一座,碑额十字架纹饰,碑身刻中西文合璧"耶稣会士利公之墓"。墓地以砖砌花墙围绕,左右两侧分别有南怀仁、汤若望二外籍传教士的墓和碑。

(三)上海沐恩堂

沐恩堂位于上海市西藏中路九江路口,面对人民广场,属基督教美国卫理斯教派。因创建初期曾经得到一名叫慕尔的美国信徒巨额捐款,所以1890年改名为慕尔堂,以表示对他的纪念。1929年,该教堂向西迁移,建造了现在的这座教堂。教堂由一位欧洲设计师设计,属于新哥特式风格,1931年建成。教堂坐东朝西,占地面积为1347平方米,建筑面积为3138平方米,砖木混合结构。建筑群正中为大堂,三跨空间,其中中央跨度特大,三面围有挑台,共设1000个座位,其中正厅可容560人,楼座380人,唱诗班处60人,大堂的长方形柱子和楼座的栏杆以及讲经台都用斩假石饰面,室内露出水泥幔尖拱顶。1936年,一位美国教徒前来参观时,曾捐资在教堂的钟楼顶部安装一座5米高的霓虹灯十字架。教堂的外立面为深褐色面砖,墙角和窗框镶嵌隅石,显得古朴和神秘。教堂建成后,被当时称为"建筑雄伟,居全国各堂之首"。

1958年,上海基督教各派在这里举行联合礼拜,并正式把它的名字定为"沐恩堂"。"文革"期间停止宗教活动,教堂一度由南京中学使用。1979年起恢复宗教活动,教堂归回基督教管理使用。1989年9月25日,沐恩堂由市人民政府公布为上海市文物保护单位优秀近代建筑。

思考与练习

一、填空题

1. 中国佛教建筑发轫于汉代、风靡于________、继盛于隋唐、衰落于明清,经历了三个发展阶段。

2. 佛寺建筑在中原、江南地区大多为禅宗、律宗、净土宗、法相宗等诸宗寺院,即________建筑;在青海、西藏、内蒙古、新疆、华北地区大多为密宗(藏传佛教)寺院,即________建筑;在云南、广西部分地区为小乘寺院(俗称缅寺),即________建筑。

3. ________位于北京西便门外,为道教全真龙门派祖庭,享有"全真第一丛林"之誉。

4. ________清真寺,位于北京市广安门内牛街,是北京规模最大、历史最久的一座清真寺。

5. 传统的基督教建筑风格有罗马式、________、哥特式三种,其教堂的主要标志是十字架。

二、简答题

1. 请简要阐述中国佛教建筑、道教建筑、伊斯兰教建筑、基督教建筑的起源与发展。

2. 请简要阐述中国佛寺建筑的特色。

3. 请简要阐述中国道教建筑、伊斯兰教建筑的形制与布局。

4. 请查阅资料简述佛教建筑、道教建筑与儒学文化的相关性。

5. 请查阅资料试着讲解哥特式、拜占庭式、罗马式基督教建筑的风格,并举出实例。

案例分享

禅宗是由于佛学东渐后,在中国文化土壤上形成的一个中国佛教宗派,它因禅定作为佛教全部修习而得名。

相传禅宗为菩提达摩(南朝宋末人)创立,下传慧可、僧璨、道信,至五祖弘忍而分成北宗神秀、南宗慧能,时称"南能北秀"。北宗主张"拂尘看净"的渐修,数传后衰微;南宗传承很广,成为禅宗正统,以《楞伽经》、《金刚经》、《大乘起信论》为主要教义根据,代表作为《六祖坛经》。

六祖慧能开创南宗禅门后,主张教外别传、不立文字,提倡心性本净、佛性本有、直指人心、见性成佛,提倡"梵我合一"的一元世界观,即所谓我心即佛,佛即我心;设定了顿悟见性的修行方式,也就是通过渐修或顿悟发现本心;"以心传心"、"自解自悟"、"不着文字"的内心体验。禅宗这种提倡通过个体的直觉体验和沉思冥想的思维方式,从而在感性中通过悟境而达到精神上一种超脱与自由,对于宇宙本体的追求,实际上是一种在刹那之中使自己获得解脱的觉悟或感受。

从禅宗的观点看,世间万物都是佛法或本心的幻化。随着禅宗美学的兴起,将审美与艺术中主体的内心体验、直觉感情等的作用,提到极高的地位,使之得以深化,并把禅宗思想融入中国园林的创作中,从而将园林空间"画境"升华到"意境"。

禅宗为园林这种形式上有限的自然山水艺术提供了审美体验的无限可能性,构筑了令无数中国文人痴迷的以小见大、咫尺山林的园林空间。

(资料来源:根据相关历史资料整理)

案例思考题:请结合案例,查阅相关资料,详细阐述佛教园林的文化内涵。

第七章 古村落与民居

引言

中国的古村落与民居文化景观来源于自然和社会两种因素的支撑。自然因素主要包括地理位置、地形地貌、气候特征、材料资源等,这些天然的因素对古村落与民居的风格和形式产生了巨大的影响。此外,中国的古村落和民居文化景观还深受社会意识、民族差异、宗教信仰、风俗习惯、艺术风尚等社会因素的影响。中国是一个以宗法制度维系社会家庭稳定的国家,儒家的礼乐、宗法思想,提倡长幼有序、兄弟和睦、男尊女卑、内外有别的道德观念,崇尚数代同堂、同族同村的大家庭生活。这种宗法制度和道德观念,对古村落和民居的平面布局、房间构成、规模大小等,都有深刻的影响。正是在自然与社会两重因素的综合作用下,在时间的历史长河和广阔的地域环境中,孕育了纷繁多样的中国古村落和民居景观。

学习目标

1. 熟悉中国古村落的类型及布局形态,中国民居的起源与发展。
2. 了解中国古村落的常见建筑类型,中国古村落和民居典范。
3. 掌握中国古村落的特色,中国民居的分类。

第一节　中国古村落

中国传统社会是一个典型的农业社会,古村落是在特定历史中形成并保存至今的传统乡村聚居地,空间形态多样,而且蕴含的历史文化信息丰富、深邃。

一、中国古村落综述

中国古村落反映了中国传统社会人们的居住理想和生活态度,原汁原味的、活生生的文化，美观实用的公共建筑和民居，具有重要的历史、文化、旅游等价值。

（一）中国古村落的类型及布局形态

中国古村落是以宗族聚居为特色，以居住和生活功能为主的居民点，在不同的地域，有着不同的发展历史和独有的特色。有以风水为特色的古村，如江村、俞源；有以建筑材料为特色的古村，如大岭村、麻扎；有以古城墙为特色的古村，如福泉、隆里；有以革命遗迹为特色的古村，如冉庄、杨家沟；有以民族文化为特色的古村，如肇兴寨、莫洛。

从总体上来讲，古村落的布局大致可以分为以下几类：

1. 山水古村落

山水古村落依山傍水，水、桥、民居交相辉映，代表就是安徽黟县宏村。这类古村落融天然山水、田园风光、人文景观于一体，风水观念、耕读思想浓郁。牌坊、书院、庙宇、祠堂分布讲究，吊脚楼建筑别具特色，美观实用，或金鸡独立，或连片成寨，或负山含水，或隐幽藏奇，千姿百态，冬暖夏凉，不燥不湿，和谐统一，浑然一体。

2. 山区古村落

山区古村落环山而居，多参天古木，也可能溪水潺潺，既方便村民生活又能装点古村落的景观，其代表村落是山西临县喷口镇李家山村。此类古村落的建筑形式多为四合院，也有吊脚楼、窑洞等特色建筑。古村内巷道纵横，黑瓦白墙，马头墙高耸，雕刻精美绝伦。

3. 要塞古村落

要塞古村落以城堡和山寨为建筑特色，有极强的军事防御功能，其代表村落就是山西省介休市龙凤镇张壁。此类古村落地处险峻地段，多因军事而建城堡，易守难攻，进退自如。高大的城门、雄伟的城墙和整齐划一的街道是其标志性的建筑。

4. 名胜古村落

名胜古村落因地理上接近风景名胜而形成、繁荣，其代表村落是河北省张家口市怀来县鸡鸣驿村。此类古村落处于名寺、名山、名人故居的旁边，拥有得天独厚的地理优势，纳山川之精华，借名寺之福气，逐步发展形成风格独特的古村落。山川因名人而生动，名人借山川而传扬。因此，这类古村落最大的特点就是风景独具，文化源远流长。

（二）中国古村落的常见建筑类型

中国古村落有着原汁原味的原生态文化，传统的风水文化、宗教文化、民俗文化在古村落的角角落落展现得淋漓尽致。古村落一般依山傍水，随地势而建，除开凿水渠、池塘，广植树木、花草外，建筑类型主要包括民居、祠堂、书院、水井、桥、戏台、牌坊、塔、寺庙、墓地等，其中以祠堂和大户人家的民居建筑最为豪华。

1. 祠堂

祠堂有宗祠、支祠和家祠之分，用来供奉和祭祀祖先，也是家族议事、庆典、办学的地方。祠堂自明代开始在民间大量出现，其建筑一般都比民宅规模大、质量好，宗族越有权势，祠堂往往越讲究。高大的厅堂、精致的雕饰、上等的用材，成为家族光宗耀祖的象征。祠堂前常放置旗杆石，用以表明族人的功名。祠堂前悬挂匾额，它是古建筑的眼睛，既做装饰之用，也反映建筑物名称和性质，表达人们的义理和情感。祠堂内匾额的规格和数量都是族人炫耀的资本。

2. 正堂

正堂是祠堂最主要的建筑，内有龛、祖宗牌位、祖宗像、族谱、摆放祭品的桌几等。正堂内悬挂堂号，一般由族人或书法高手所书，制成金字匾高挂于正堂，旁边另挂有姓氏渊源、族人荣耀、妇女贞洁等匾额，讲究的还配有联对。

3. 牌坊

牌坊是一种门洞式纪念性的建筑物，是封建社会为表彰功勋、科第、德政以及忠孝节义而立。另一方面，牌坊又是祠堂的附属建筑物，昭示家族先人的高尚美德和丰功伟绩，兼有祭祖的功能。牌坊建筑具有明显而浓郁的中国风情，是中国传统建筑中非常重要的一种建筑类型。现在很多海外的“唐人街”还常把牌坊建筑作为标志。

4. 戏台

戏台用于演戏或典礼仪式，建筑典雅古朴，每逢重要节日，祠内戏台上下紧锣密鼓，台下人头攒动，很是热闹。

5. 府第

大户人家通常在古村落里占据着主导地位。他们的房子通常都很大，有多进，装饰丰富，强调建筑工艺、雕刻工艺，有的还建有园林。豪华的府第体现着家族的荣耀。

6. 其他

很多古村落的选址一般要依山，不能依山的也大多选择远山做背景。山环如郭、水绕四门是理想的村址。古村落里的其他建筑类型当然还有很多，这里只简要介绍几种。

水口:多位于古村落的入口处,通常以塔、桥等为标志性的建筑,构成人文景观。

池塘:池塘可养鱼,方便洗刷和取水,还可以蓄积风水,是古村落不可缺少的元素。山水倒影的意境是古人所一直追求的。

塔:不少的古村落都建有塔,通常位于村口以调节风水或装点风景。

(三)中国古村落的特征

中国古村落分布广泛,种类繁多,但也具有一些鲜明的共性。

1. 历史悠久

中国古村落之所以"古",就是因为它们都经历了相当长的一个历史发展时期,并遗存至今。在这些历经沧桑岁月而风韵犹存的古村落中,遗存的码头、港口、街市依稀可辨昔日的繁华景象。美观而实用的古建筑和民居依稀保留历史时期的建筑模式、风范,古色古香。在没有进行大规模旅游开发之前,大多数古村落中的人们数代人居住在这片古老而神奇的土地上,过着日出而作、日落而息的恬静生活。

2. 符合风水理念

中国人数千年来都在追寻"天人合一"的人居理念,传统的风水观也把人看成是自然的一部分。这一点,在中国的古村落中体现得淋漓尽致。几乎所有的古村落在选址、规划和布局中都十分注意风水的因素:靠山即讲究"龙脉"所在,左青龙,右白虎,前朱雀,后玄武,山水相映,景色绝美。

3. 体现宗族制度

中国古村落大多以宗族聚居为特色,呈现出井然的秩序感与等级特征,传统的家族制度与文化理念,使围绕血脉的人缘居住方式一脉相承。牌坊、祠堂等作为封建礼制象征性的建筑无处不在。

4. 展现多种文化特色

首先是建筑文化。一个古村落的建筑就是一篇优美的乐章。小巧玲珑的吊脚楼依山傍水;高大气派的四合院古朴厚重。福建连城县的培田古民居是古村落建筑结构的典范;河北省井陉县的于家石头村写就了石头的诗篇;山东省荣成市东褚岛的海草房洋溢着浓郁的原生态气息。其他如碉楼、鼓楼、土楼群、城堡、古寨更是风格各异。在这些古村落中,无论是民居、亭阁还是寺塔、古桥,随处可见的各类雕刻以及匾额楹联无不体现古人对美的追求。

其次是耕读文化。落叶归根以及唯耕唯读的传统理念,使得乡村成为古代中国的财富聚集地。重视教育的古人,在村落的整体建筑布局中处处体现了对文化的渴求,留下了恢宏的荣耀痕迹,荫庇后人。

最后是特色民俗。中国古村落因地域、民族不同,展现出丰富多彩的文化特点和文化风格,留下了纷繁多姿的民俗文化,如风格别样的美食文化,五彩缤纷的服饰文化,令人赞叹的娴熟手工艺,丰富多彩的各种节祭习俗。

(四)中国古村落的典范

1. *宏村*

宏村,古取宏广发达之意,称为弘村,位于安徽省黄山西南麓,距黟县县城11公里,是古黟桃花源里一座奇特的牛形古村落;始建于南宋绍兴年间(1131—1162),距今约有900年的历史,清乾隆年间更名为宏村。整个村落占地30公顷,枕雷岗面南湖,山水明秀,享有“中国画里的乡村”之美称。

南宋绍兴年间,古宏村人为防火灌田,独运匠心开仿生学之先河,建造出堪称“中国一绝”的人工水系,围绕牛形做活了一篇水文章。村北的雷岗山是“牛头”,村口的两株古树是“牛角”,村中的“月沼”是“牛肚”,“南湖”是“牛胃”,九曲十弯的水圳是“牛肠”,“牛肠”两旁民居为“牛身”,盘桓在南湖边的长堤是“牛尾”,四座古桥为“牛脚”。称作“山为牛头树为角,桥为四蹄屋为身”,形状惟妙惟肖,整个村落就像一头悠闲的水牛静卧在青山绿水之中,湖光山色与层楼叠院和谐共处,自然景观与人文内涵交相辉映,是宏村区别于其他民居建筑布局的特色,成为当今世界历史文化遗产一大奇迹。

全村现完好保存明清民居140余幢,承志堂“三雕”工艺精湛,富丽堂皇,被誉为“民间故宫”。著名景点还有:南湖风光、南湖书院、月沼春晓、牛肠水圳、双溪映碧、亭前大树、雷岗夕照、树人堂、明代祠堂乐叙堂等。村周有闻名遐迩的雉山木雕楼、奇墅湖、塔川秋色、木坑竹海、万村明祠“爱敬堂”等景观。

2000年11月30日,宏村被联合国教科文组织列入世界文化遗产名录。2003年7月,被正式评为国家级4A景区,2003年12月被评为全国首批历史文化名村(国家首批12个历史文化名村之一)。

特别提示

村落园林

同在山水画意境中的还有宏村的民居园林。明末至清末的300多年间,是宏村始祖汪氏家族发展的鼎盛时期。此时,徽商崛起,高官、文人辈出。为了光宗耀祖,他们纷纷回乡投资,树祠堂、建宅院、挖渠塘、铺街巷,一时间楼阁耸立,街巷八达。宏村的宅院大多受苏杭园林之风的影响,山川湖泊的景色微缩于园中,“三五步,行遍天下”。工匠们巧借水圳的活水,在院中挖池塘、建水榭、造亭阁、种花植树,造就了风格各异的村落私家园林。

2. 西湾古村

山西临县碛口镇西湾村距黄河古镇碛口仅一公里之遥,是依靠黄河船运发迹的陈氏家族,历经明末到民国300年时间逐步修建而成的,占地3万多平方米。村落的主体部分建在两座石山中间,民居建筑群坐落在三十度的斜坡上,层层叠叠,空间和平面布局丰富多彩,最高处可达六层;参差错落、变化有致,给人以和谐秀美、浑然天成之感。湫水河静静地从村前流过,见证了西湾村的创建、兴盛和衰落。

西湾村依山就势,街街相通,巷巷相通,院院相通,都是窑洞式的明柱厦檐高屹台。每一院建筑正面是明柱厦檐高屹台院,南面是客厅,或者是马棚、厕所、大门,而且,它是顺着山坡修建的,下面院子的屋顶,俗称"脑畔","脑畔"就是上面院子的院子,是层层叠叠往上修的。现保存完好的有四十多处院落,不拘一格,样式多变,不同地势随行成序、错落有致,与周边环境十分和谐,防盗、防火、排水、泄洪的各种设施配制十分精妙,这里的一砖一石一木都洋溢着浓浓的传统文化气息,各种雕刻构思精巧,刻画细腻,被评为"全国历史文化名村"。

据说,当年西湾村的选址是依据传统的风水学说背山面水、负阴抱阳的原则确定的。依山面水、背风向阳,随势而上,如波涌浪卷,层次感极强。它的整体设计奇特,整个村落由五条南北走向的竖巷分隔开来。这五条竖巷寓意为金、木、水、火、土五行,代表着陈氏家族的五个支系。各个支系的人分别依这五条巷子聚居,既便于管理,又易于日后村落向左右扩展。每条竖巷里的宅院都可以互相贯通。只要进入一座院落,就可以通过院与院之间的小门游遍全村,可谓"村是一座院,院是一山村"。这样的设计,不仅是为了解决村内的横向交通,更有利于突发事件下的快速转移和集体防御。巷子的地面用石块铺砌,两侧有石护墙,有的地方还建有堞楼和供巡视的墙道。当年,整个村子如同一座壁垒森严的城堡,只在村南段建有三座寓意为天、地、人的大门,是道家天人合一思想的建筑体现。显然,古村西湾对外部世界来说是封闭的、内向的,而对于大家庭的生活方式而言是开放的、外向的,折射出对外防御、对内聚合向心的传统心态。

拓展知识

西湾民居巷道设计体现了"向空间索取建筑面积"的奇巧构思,多在街巷两侧墙体间砌筑拱门洞,并在门洞上建楼,行人来往、排洪泄水、加固墙体、增加建筑面积多项功能俱备,使建筑的平面铺排和空间展示显得灵活多变、气韵生动。这种立体交融式的乡土建筑格局体现了人与自然、人与山地的完美和谐。

（资料来源：《图行世界》编辑部. 中国最美100个古镇古村. 北京：中国旅游出版社，2011：134.）

3. 郭峪村

郭峪村位于山西省阳城县北留镇，是太行山麓一座唐初建置的城堡式村落，城堡依山傍水，城墙雄伟壮观，城内豫楼高耸、古庙森严、官宅豪华、民居典雅，是中国乡村独特的建筑群，具有“山上山、庙中庙”的奇特景观。

特别提示

郭峪村良好的生活环境，造就了鼎盛的文风。由唐至清，考取功名者多达80多人，特别是明清两朝，包括陈氏家族在内，郭峪村一共产生了15位进士、18位举人，也出现过一门四进士的科举世家和担当侍郎等职的官宦人家，民间有“金谷十里长，才子出郭峪”的美誉。他们把儒家礼制观念体现在村落、民宅的建筑上，有着深厚的文化底蕴和很高的历史价值。

明崇祯十一年，为抵御流寇侵扰，郭峪村几家大姓家族联合修建郭峪城，是年正月十七开工，同年十月竣工，城墙高12米，宽5米，城周1400米，城内面积近18万平方米，开设东、北、西城门3座，水门1座，敌楼10座，窝铺18个，转角有木亭。为辅助城防，又增建窑洞，一边居住，一边防守。窑有三层，共628眼，郭峪城墙因而也被形象地称为“蜂窝城墙”。

郭峪城至今仍保留着“老狮院”、“小狮院”、“陈氏十二宅”、古村郭峪正门、“王家十三院”等明代民居40院1100间，元代修建的汤帝庙，尚存20米高的挑角戏台及罕见的九开间大殿，另有豫楼、戏台等古建筑。全国著名专家学者对郭峪村现存古建筑给予了高度的评价。

4. 棠樾村

棠樾村，属安徽省黄山市歙县，是鲍氏村落，历代以经商为生，以牌坊群闻名于世。

棠樾村的牌坊群坐落在歙县城西10多华里的棠樾村头大道上，共有7座牌坊依次排列，分别建于明代和清代，明代3座，清代4座，以忠、孝、节、义的顺序相向排列，都是旌表棠樾人的“忠孝节义”的。

图7-1　棠樾村

特别提示

棠樾牌坊群是徽州牌坊中最有名的一处，与古祠堂、古民居共称徽州古建三绝。七座牌坊中最早的一座是排在第二的“慈孝里”牌坊，修建于明永乐十八年(1520)；最晚的一座是排在第四的“乐善好施”牌坊，修建于清嘉庆十九年(1814)，时间前后长达近300年。乾隆下江南的时候，曾大大褒奖牌坊的主人鲍氏家族，称其为“慈孝天下无双里，衮绣江南第一乡”。

棠樾牌坊群建筑风格浑然一体，虽然时间跨度长达几百年，但形同一气呵成。这些牌坊群一改以往木质结构为主的特点，几乎全部采用石料，且以质地优良的“歙县青”石料为主。这种青石牌坊坚实，高大挺拔、恢宏华丽、气宇轩昂。到了明清两代，牌坊建筑艺术也日臻完善。建筑专家们认为：棠樾牌坊对研究明清时代的政治、经济、文化及建筑艺术和徽商的形成、发展，甚至民居民俗都有极其重要价值。

在牌坊群旁，还有男、女二祠，建筑规模宏大，砖木石雕精致，近年已修复如旧。中国牌坊博物馆也在这里筹建。

5. 培田村

培田古村位于福建省闽西山区连城县宣和乡境内，至今仍保存着(全国)较为完整的明清时期古民居建筑群。在这个面积仅13.4平方公里、住户300多家，村民仅1000多人的小小村落里，保存着30幢大宅、21座祠堂、6处书院、1条千米古街、2座跨街牌坊、4处庵庙道观，总面积达到7万平方米。全村建筑的博大、保护的完好、珍藏品之多、文化底蕴之深，为外界所叹服。其精致的建筑，精湛的工艺，浓郁的客家人文气息，堪与永定土楼、梅州围龙屋相媲美，是客家建筑文化的经典之作，人称“福建民居第一村”、“中国南方庄园”，有“民间故宫”之美誉。2005 年 11 月 12 日，在第二批中国历史文化名镇(村)评选中，培田荣获“中国历史文化名镇(村)”的称号。

拓展知识

培田的武风盛行，存放在进士第的练武石、村旁的练武场和习武学校般若堂至今仍存。村中还有对妇女进行素质培训的容膝居，以传授泥、木、雕塑等技艺的修竹楼，学习农耕知识的锄经别墅等。

培田文化是多种文化类型的集聚，它展示的不仅是丰厚的建筑文化，而且包含客家的历史文化、系统的宗教文化、淳朴的民俗文化、古今名人文化等。从门楼上的“水如环带山如笔，家有藏书陇有田”等楹联不难看出培田先祖们尊崇“唯耕唯读”的人生理念。

（资料来源：《图行世界》编辑部. 中国最美 100 个古镇古村. 北京：中国旅游出版社，2011:93.）

6. 郭洞村

郭洞村，位于距浙江武义县城 10 公里的群山幽岭之间。郭洞村先祖在元代至元三年(1337)，仿珍藏北京白云观的学仙修道宝图《内经图》营造村庄。砌城墙形成水口，建回龙桥聚气藏风，植村周树木绿化环境，规划民居、通道并巧设七星井，形成“山环如郭，幽邃如洞”的绝佳人居环境，故名郭洞。被誉为“江南第一风水村”。在约 5 平方公里的景区内，层峦叠嶂，竹木苍翠，静雅宜人。“郭外风光凌北斗，洞中锦绣映南山”，是古人对郭洞村的贴切描绘。郭洞村历代尊师重教，人才辈出，仅明清两代就出过秀才、贡生、举人 146 名。村民身健寿高，是著名长寿村，平均寿命高达 85 岁以上。

郭洞村名胜众多。外鳌鱼山顶的鳌峰塔，高 14.5 米，建于清乾隆四十三年(1778)。集山川之秀，汇诡奇之景的郭洞水口，80 多棵明代万历年间栽种的古树，密布于古城墙内外，古韵森然。城墙东首的回龙桥，桥东龙山奇峰插云，百亩古森林中云蒸雾游，蝉噪鸟鸣，煞是神奇。村南宝泉岩，为武义著名的“武阳十景”之一。登上狮子头山顶眺望千峰奇景时，两腋风生，飘飘然有云游仙境之感。何氏宗祠是郭洞 20 多幢明清古建筑中的代表，建筑恢宏，气魄不凡。祠内的古戏台典雅古朴，匾额满梁显示着这里的人杰地灵，后院与祠同庚的罗汉松，冠大形美，为省内难得的古树珍品。

特别提示

郭洞人做活了“竹”文章，竹茶杯、竹笔筒、竹烟缸等数十种工艺品琳琅满目。这里的居民还有将葫芦当作容器的习俗，葫芦的外面用极细的篾线编织，相当讲究。另外，这里的宣莲（中国三大名莲之一）、有机茶、猕猴桃、胡柚、土鸡煲、竹筒饭、土菜等特产都很有名。

第二节　中国民居

一、中国民居的起源与发展

“民居”一词最早来自于《周礼》一书，当时是相对于皇宫的居室而言，把平民百姓的住宅称为“民居”。民居是中国最基本的建筑类型，出现的时间最早，分布的地区最广泛，留存的数量最多。由于中国各地区的自然环境和人文环境的不同，各地民居也呈现异彩纷呈的多元格局。

（一）中国原始民居

追溯中国民居的久远渊源，毋庸置疑，在原始社会时期，洞穴和巢穴是古人类遮风避雨之所。

1. 穴居

洞穴的选址必须具备一些适合生存的基本条件，比如，洞穴一般建在地势较高的地方，而且大都比邻河流，从而便利生活和满足狩猎、捕鱼的需要。洞穴的方位一般朝南或朝东，位于阳坡，这样可以阻挡寒风的侵袭。同时，洞穴还要进出自如，利于防范野兽的进攻。一般的洞穴，洞前比较开阔，洞内比较干燥，冬暖夏凉。

在旧石器时代结束、新石器时代伊始的时候，半穴居民居出现了。所谓半穴居民居就是掘土为凹地，然后在上面立柱搭棚。房屋的一半在地下，一半在地面。这种房屋不高，但很节省材料，并且坚实稳固，北方曾广泛采用这种形式。

2. 巢居

在若干万年前，我们的祖先像鸟一样在树上栖息，这种居住现象叫作“巢居”，是与穴居同时并存的一种居住形式，特指在树上筑巢而居。巢居在南方很流行，南方的气候迫使先民们先是缘树而栖，后来才发展为“构木为巢”，利用树枝搭建起简单的树屋，来躲避自然的风雨、野兽的侵害和潮湿的威胁。

3. 干栏

干栏式建筑是长江流域及其以南地区的土著建筑形式，大约出现在新石器时代晚期。干栏又称高栏、阁栏、麻栏。房屋分为两层,一般用木、竹料做桩杆、楼板和上层的墙壁,下层无遮拦,墙壁也有用砖、石、泥等从地面起来的。屋顶为人字形,覆盖以树皮、茅草或陶瓦。上层住人,下层圈养家畜或置放农具。这种建筑可防蛇、虫、洪水、湿气等的侵害,主要分布在气候潮湿的地区。

(二)夏、商、周时代民居

在初具社会形态的夏商周时期,那些稚拙、朴素的房屋,勾勒出中国民居的最初轮廓。

1. 夏代民居

夏代居民大多生活在黄土高坡,或是以灌木、草木为特色的森林草原、湖泊沼泽。所以,选择的居址一般在河道比较稳定的大河支流两岸阶地或阳坡,这些地方采光较好,土壤疏松肥沃而又利于农作,靠近水源便于生活,地势相对较高,既不潮湿伤身,又可防范敌侵及避免水患。

刚刚有了一些建筑技术的夏代,一般民居的建筑样式还比较简单,主要有三种类型:

(1)平地起建筑:此类建筑大都有夯土台基,房屋为土木结构,比较宽敞,长方形,是一种从地面上建立起来的房子。有的内部设有瓢形烧灶。建筑结构是以木架为骨,草泥为皮。

(2)半地穴式建筑:这种建筑以较为垂直的坑壁作为墙壁,南边进门处挖有台阶和走廊,靠近北壁有椭圆形火坑,一般面积不足10平方米。

(3)窑洞式建筑:此类建筑一般选择在断崖或沟崖处,经过修整后掏挖而成。面积一般4平方米左右。

2. 商代民居

随着农业生产力的逐步扩大和手工艺的出现,商代的民居多分布在商城内城根和城外工业作坊区,大致维持了以氏族或家族为单位的分片聚居形态。

此时的民居对生态环境的选择,已兼顾到土质、地貌、气候、水利等多重利用因素,重视总体的安排,基本上贯彻了便于生活、便于生产、便于交通、保障安全防范的原则。与现代居住的情景恰恰相反,城内的居住条件往往不如城外的居民,城内都是些长方形或正方形半地穴式小住所。城外作坊区的工官及其族氏家室的住所,一般要优于城内民室。

3. 周代民居

周代形成了以院落为中心的合院式房屋群落组织方式,有"前堂后室"的空间划分,并发展成为中国传统房屋的主要组织形式——四合院。以木柱梁为房屋结构的形式已经成为当时建筑的主流,柱网亦逐渐趋于整齐,又出现了斗拱这种具有中国特色的重要建筑结构构件。陶制土砖、屋瓦、水管、井圈和铰叶等的使用,是建筑技术上的一大进步,不但发掘了新的建筑材料,改进了建筑构造,延长了使用时间,而且改善和美化了人们的生活。建筑外观总体比较低平,屋盖有四坡、攒尖、两坡等多种。建筑构件的外形也常予以装饰。在陕北地区,经过人们的不断摸索和改进,半地穴式窑洞逐渐发展成为全地穴式窑洞,也就是今天的土窑洞。

(三)春秋战国时期民居

春秋战国时代,建筑技术进一步发展成熟,并出现了很大的飞跃。木结构成为主要结构形式,大都属于台榭式建筑,以阶梯形夯土台为核心,倚台逐层建木构房屋,借助土台,聚合在一起的单层房屋形成类似多层大型建筑的外观。春秋时代士大夫阶级的住宅在中轴线上有门和堂,大门的两侧为门塾。门内是庭院,院内有碑,用来测日影以辨时辰。正上方为堂,是会见宾客和举行仪式的地方。堂设有东、西二阶,供主人和宾客上下之用。此时屋面已大量使用青瓦覆盖,晚期开始出现陶制的栏杆和排水管。战国时期,用丹漆彩绘装饰屋宇已成为较普遍的现象。

(四)秦汉时期民居

秦汉时期,大规模的建筑活动拉开了中国民居迅速成长的帷幕。

1. 秦代民居

秦代的营造方式延续了前代的遗风,先筑高土台子,然后依台建筑多层的楼台宫室。秦代民宅的基本形式是一堂二室。建筑形式以夯土和木框架的混合结构为主,屋顶大多是悬心式顶或囤顶。每个房间都有窗,形状有方形、横长方形、圆形等。窗棂以斜方格居多,也有作垂直密列形的。有的房间还特设许多小窗来增加亮度。民居周围常有围墙,自成院落。此时的建筑技术融合了不少的艺术加工,使房屋显得更加美观、漂亮。

2. 汉代民居

中国民居到了汉代的时候已有定型并逐渐走向成熟,汉代以后的民居开始由前期的简约、质朴转向异彩纷呈。贵族宅第由前后堂和几个四合院式庭院组成,另外还附属有园林。贵族豪门的深宅大院,平面呈"一字形"或"曲尺形",同时也出现了"三合式"和"日字形"。院落内门、堂、庭院、正房、后院、回廊等已趋完备;平民则是"一堂二内"的住屋形制,平面以方形或长方形为主,屋门在房屋一面的中间,有的偏在一边。窗有方形、横长方形、圆形多种。房子大多是木构架结构、夯土筑墙、屋顶为悬山式或囤顶。

(五)魏晋南北朝时期民居

魏晋南北朝时期是中国历史上一个民族文化融合的时代。当时政治动荡,民族矛盾愈演愈烈,思想艺术空前活跃,民居建筑也体现出纷繁变幻的风尚和格局。此时的中国民居开始由较为单一的建筑形式,转变为多样的建筑形式。民居装饰在继承前代的基础上,表现得更加生动,雕刻纹饰多样,花草、鸟兽、人物等充满了时代的创新精神,为此时的民居文化注入了新鲜的血液。

建筑装饰在继承前代的基础上,脱离了汉代的格调,开创了一代新风,增添了更多生动的雕刻,如花草、鸟兽、人物等纹饰。此时的庭院式住宅种类众多,楼阁式民居也很普遍,既有方形、长方形,也有一字形、曲尺形、三合式、四合式、日字形,但基本结构都是一堂二室,并且都带有庭院,面积大小不等。小型住宅比较自由,中型以上才有明显的中轴线,并以四合院为组成建筑群的基本单位,以围墙和廊屋包围起来的封闭式为主要形式。砖瓦的产量和质量都有所提高,瓦当的纹饰丰富,许多金属材料也开始被用作装饰。

(六)隋唐时期民居

隋唐时期伴随着社会的逐步稳定、国家的统一、经济快速发展而逐渐走向辉煌,中国民居在这次复兴中得到了最大的伸展,进入了一个全面飞升的巅峰时代。

隋唐时期,在经济繁荣的背景下,民居的形制也更加繁复多姿,但基本的核心模式仍以四合院为主。贵族、富人的四合院的大门多采用乌头门的形式,宅院内由有直棂窗回廊连接的两座主要房屋,从而形成四合院,此种格局具有明显的中轴线和左右对称的平面布局。随着贵族宅第的逐渐兴盛,原本只在皇宫等极少数居住形态中使用的技术、手法、用材等,也被广泛应用到民间。民居体现了鲜明的封建等级特点。对官员和庶民的住房均有特定制度,包括房屋间数、架数、屋顶形式、色彩、装饰都有明确的规定。如乡村平民住宅不得用回廊,而代之以房屋围绕,构成平面狭长的四合院。除此之外,还有以木篱茅屋组合起来的简单三合院,布局比较紧凑,与廊院式住宅形成了鲜明的对比。

(七)宋元时期民居

中国民居发展到宋代,展现出柔丽的风格,至元代则明显粗犷。

1. 宋代民居

受宋代文风的影响,宋代的民居风格渐失了唐代的雄浑和阳刚之气,显现出一种符合自己时代气质的阴柔之美。民居的造型光怪陆离,各式各样。工字形平面,门多饰乌头门,门窗有板门、落地长窗、格子门、格门、栏槛等。此时,斗拱技术日趋成熟,种类繁多,但其承重作用明显减弱,拱高和柱高的比例越来越小。宋代屋顶的坡度增加,大量使用减柱法,屋顶组合十分繁缛。瓦当的纹样异彩纷呈,制造琉璃瓦的技术更加娴熟。豪华的房屋多用琉璃瓦和青瓦组成屋顶,富丽堂皇,流光溢彩。天井的式样很多,诸如圆形井、八角井、菱形覆斗井等。装饰纹样精美典雅,彩画分为五彩遍装、青绿彩画和土朱刷饰等多种形式。

2. 元代民居

元朝的建立,结束了地方割据、多国鼎立的混乱局面,出现了中国历史上民族再度大融合的繁盛时期。民居建筑也进入了一个多种风格交融、共存的时期,新的类型和新的风格源源不断涌现出来,为中国民居的长期发展奠定了核心的基础。

由于受宗教信仰和民族风俗等因素的影响,元代产生了一些新的建筑类型,如喇嘛塔、盝形屋顶等。汉族固有的建筑形式和技术在元代也有了一些变化,如在官式木构建筑上直接使用未经加工的木料等,使元代建筑带着一种潦草的直率和粗犷豪放的蒙古草原的独特风格。院落式布局和工字形房屋在民居中最为流行,与明清时代的四合院非常相似,这种布局其实就是四合院的前身。四合院是随着元大都胡同的出现并逐步发展起来的。

(八)明清时期民居

明清时期,国力强盛,经济发达,文化昌明,中国民居建筑达到了登峰造极的辉煌。

1. 明代民居

明代的民居建筑空前繁荣,各地的住宅、园林、祠堂、村镇如雨后春笋般脱颖而出,主要集中在经济发达的江苏、浙江、安徽、江西、福建等地,出现了许多串联着牌坊、祠堂、书院等设施的环境优美的乡镇。

明朝砖的生产技术改进,产量增加,各地建筑普遍用砖,一改元以前以土墙为主的状况。创造了一种用刨子加工成各种线脚作为建筑装修的工艺,称之为"砖细",通常用作门窗框、墙壁贴画等。与此同时,砖雕也有了很大的发展,琉璃制作技术进一步提高,木构架技术在强化整体结构性能、简化施工和斗拱装饰化三个方面有所发展。明代的民居体现了严格的等级制度,公侯和官员的住宅分为四个等级,从大门与厅堂的间数、进深以及油漆色彩等方面都有了严格的限制。至于百姓的屋舍,则不许超过三间,不许用斗拱和彩色。

2. 清代民居

清代民居在建筑的技术和造型上日趋定型,呈现出形体简练、细节烦琐的风格。这个时期的民居遗存也是最多的,且有多种类型,如合院式、厅井式、组群式、窑洞式、干栏式、碉房式、移动式、井干式及其他不同类型。

拓展知识

1. 合院式

合院式民居是自古以来汉族居民主要的居住形式,后来成为大众化的住宅典范。合院式房屋中各幢房屋都有坚实的外檐装修,住屋间所包围的院落面积较大,门窗皆朝向内院,外部包以厚墙。屋架结构采用抬梁式构架。这种民居形式在夏季可以接纳凉爽的自然风,并有宽敞的室外活动空间。

2. 厅井式民居

厅井式民居的特色表现在敞口厅及小天井,即组成庭院的四面房屋皆相互联结，屋面搭接，紧紧包围着中间的小院落，因檐高院小，形似井口，故又称“天井”。天井内一般都在地面铺装给排水管道。每幢住屋前皆有宽大的前廊或屋檐，以便雨天时串通行走。同时，一部分住屋做成敞口厅等半室外空间，与天井共同作为生活使用空间，其结构多为穿斗式构架。

3. 组群式民居

组群式民居是庭院式民居的集合式住宅，以它特有的构图模式去组合全族众多的住屋，构成雄浑巨大的民居外貌，多应用在闽西、粤东、赣南的客家人居住地区及福建漳州地区、广东潮汕地区。客家人喜欢建造圆形或方形的大土楼。

（资料来源：陆琦. 中国民居之旅. 北京：中国建筑工业出版社，2005:213.）

（九）中国近代至今的民居

19 世纪后半期，西方文化扑面而来，中国民居的气质中便夹杂了浓重的西洋味道，中西合璧的民居形式开始出现。

19 世纪末 20 世纪初，中国民居传统建筑体系的发展出现了严重停滞，一个完全不同于中国传统的建筑技术与艺术系统的西方建筑系统在中华大地上迅速漫延。在上海，人们仿照欧洲联排式住宅建造的木板房，成为里弄式住房的雏形，在此基础上又改用砖木结构，以群体居住为特点的相互毗连的新式里弄住宅，成为了上海的主流住宅，中国几千年来独门独院的居住形式开始被打破。这种住宅在城区沿街联排而建，一般是两三层，房屋内规划了起居室、卧室、浴室、厕所、厨房，有些还有煤气灶，宅前留有绿化园地，里弄的宽度可容车辆进出。富有的人则开始仿效外国人的生活方式，修建花园别墅。此时，高楼大厦也随着城市化进程不断出现。

二、中国民居的分类

中国民居经过漫长的历史演变，形成了丰富多彩的民居类型。

（一）木架构庭院式民居

木架构庭院式住宅是中国传统住宅的最古老形式，也是最主要的形式。数量多，分布广。这种住宅以木架构房屋为主，在南北向的主轴线上建正厅或正房，正房前面左右对峙建东西厢房。这种由一正两厢组成的院子，就是通常所说的“四合院”、“三合院”。大型住宅以两个或两个以上的四合院向纵深排列。更大的住宅在左右或后院建有花园。长辈住正房，晚辈住厢房，妇女住内院，来客和男仆住外院，这种分配符合中国封建社会家庭生活中要区别尊卑、长幼、内外的礼法要求。这种形式的住宅遍布全国城镇乡村，但因各地区的自然条件和生活方式的不同而又各具特点。

如四合院建筑,经过长期的经验积累,形成了一套成熟的结构和造型。一般房屋在抬梁木构架外围砌砖墙,屋顶式样以“硬山”居多。墙壁和屋顶都比较厚重,并在室内设炕床取暖。在色调上,一般以灰青色墙面和屋顶为主,而在大门、二门、走廊与主要住房处施彩色,在大门、影壁、屋脊等砖面上加若干雕饰,以获得良好的艺术效果。四合院以北京四合院为代表,形成了独具特色的建筑风格。

(二)“四水归堂”式民居

“四水归堂”式住宅其实就是江南水乡住宅的俗称,因其各屋面内侧坡的雨水都流入天井而得名。其平面布局同北方的四合院大体一致,只是院子较小,称为天井,仅作排水和采光之用。天井的设计体现了风水学的玄妙。风水学中“以水为财”,天井因而与“财禄”息息相关。天降的雨雪落到房顶后,汇集于天井,然后顺着水枧,流入屋内的下水道。寓意四方之财犹如天上之水,源源不断地流入自己家中。因而,“四水归堂”也被通俗地称为“肥水不流外人田”。

这种宅第第一进院正房常为大厅,院子略开阔,厅多敞口,与天井内外连通。后面几进院的房子多为楼房,天井更深、更小些。屋顶铺以小青瓦,室内多以石板铺地,适合江南潮湿的气候。江南水乡住宅往往临水而建,前门通巷,后门临水,每家自有码头,供洗濯、汲水和上下船之用。

这种宅第的个体建筑以传统的“间”为基本单元,房屋开间多为奇数,一般三间或五间。每间面阔3~4米,进深五檩到九檩,每檩间距1~1.5米。各单体建筑之间以廊相连,和院落一起围成封闭式院落。为了利于通风,多在院墙上开设漏窗,房屋也前后开窗。这类适应地形地势、充分利用空间、布置灵活、体型美观、合理使用材料的民居,表现出清新活泼的面貌。

拓展知识

徽州地区的民居住宅多为“四水归堂”式砖木结构的楼房。清代以后,多为一明(厅堂)两暗(左右卧室)的三间屋和一明四暗的四合院,一屋多进。大门饰以山水人物石雕砖刻。门楼重檐飞角,各进皆开天井,通风透光,雨水通过水枧流入阴沟,体现了徽商“财不外流”的心态。各进之间有隔间墙,四周高筑防火墙(马头墙),远远望去,犹如古城堡。一般是一个家庭支系住一进,中门关闭,则各家独户过日子;中门打开,则一个大门进出,共同活动和交流。徽州山区气候湿润,人们一般把楼上作为日常生活的主要栖息之处,保留土著山越人“巢居”的遗风。楼上厅屋一般都比较宽敞,有厅堂、卧室和厢房,沿天井还设有“美人靠”。房屋外墙,除入口外,只开少数小窗。小窗通过用水磨砖或黑色青石雕砌成各种形式的漏窗,点缀于白墙上,形成强烈的疏密对比。

(资料来源:马勇虎.徽州古村落文化丛书.合肥:合肥工业大学出版社,2007:123.)

(三)"一颗印"式民居

"一颗印"民居有着很小很小的窗子,方方整整的格局。因其规矩而紧凑,从外面看去极像一枚印章而得名。它是云南昆明地区的汉族、彝族普遍采用的一种民居形式。

"一颗印"房屋的墙都很厚,具有良好的挡风效果。正房一般和厢房相连。正房两边的厢房,有左右各一间的,叫"三间两耳";有左右各两间的,叫"三间四耳"。房间包括堂屋、餐室、粮仓、起居室、厨房、柴草房和关牲口的地方。正房和厢房之间有楼梯,上楼梯就可以按顺序进入厢房和正房的楼层,布局十分紧凑。

特别提示

"一颗印"房屋的正房和厢房相连,雨天穿行十分方便,天晴时也能挡住太阳的强光直射,十分适合低纬度、高海拔的云贵高原型气候特点。正房、厢房、门廊的屋檐高度不同,屋顶相互错开,互不交接,避免在屋面形成斜沟,减少了漏雨的可能性。

"一颗印"房屋以木料的柱梁为支架,墙体多为夯土墙。建房时先要挖基沟,下石脚,立屋架,然后再砌墙、上瓦,最后做内部的楼板、墙壁等。讲究的内外墙都要用石灰粉刷,一般的人家仅仅粉刷内墙。家里富裕的将地面铺成青砖,一般地用土铺结实即可。楼板用木板拼装,楼上房间的分隔也是用木板做成的。整座"一颗印"房屋,独门独户,高墙小窗,空间紧凑,体量不大,十分小巧、轻便。

(四)大土楼

大土楼特指中国福建西部客家人聚族而居的围成环形的楼房。一般分为3~4层,最高为6层,包含庭院,可住50多户人家。庭院中有厅堂、仓库、畜舍、水井等公用房屋。大土楼是客家人为适应当地的生存环境而创造的独特的建筑形式。

福建的大土楼有圆形平面和方形平面两种。圆形土楼一般直径为40~50米,最大的可达70米。呈环形布置,最外环最高,层数可达3~5层,内环的层数较少。当中有庭院,院中有厅堂、水井、粮仓、柴房、禽畜圈舍等生活必备的设施。土楼的底层用作厨房,第二层用作储藏室,第三层及以上为卧室。底层及第二层对外不开窗,每户各占从底到顶垂直向上的一开间。楼层有环通全楼的外廊,设共享的楼梯。圆形的土楼不但避免了房屋主次之分,也避免了房间格局不同,还避免了朝向对采光的影响,而且防卫性能极强。

拓展知识

土楼的防卫性能极强,土墙厚度在1.5米以上,底层土墙除加竹筋之外,并砌筑大头在内、小头朝外的大石块,不易被挖墙脚。唯一的薄弱环节——大门,也处理得十分周密。大门用厚木板外包铁皮,门楣上设水槽通以竹管,当敌人放火烧门时,可以用水幕保护。

每一土楼均为同一姓的家族,有族谱,名字按辈分有固定的用字顺序。且每幢大土楼都有一个吉祥、文雅的名字,置于门额上。

(资料来源:廖冬,唐齐.解读土楼:福建土楼的历史和建筑.北京:当代中国出版社,2009:108.)

(五)窑洞式民居

窑洞式民居最大的特点就是需要有黏性的黄土层,因此窑洞式民居主要分布在中国中西部的河南、山西、陕西、甘肃、青海等黄土层较厚的地区。利用黄土壁立不倒的特性,水平挖掘出拱形窑洞。这种窑洞节省建筑材料,施工技术简单,冬暖夏凉,经济适用。按照建筑方式分为靠崖式、独立式、下沉式三种。

特别提示

靠崖式窑洞主要是在山坡、土塬的沟崖地带,在山崖或土坡上平着挖掘出一个窑洞,前面是开阔的平地;如果在平地上挖一个凹进去的大院子,再在院子的四面墙上掏出窑洞,就属于下沉式窑洞;独立式窑洞是在地面上用砖砌的房子,砌成窑洞式的洞门。实际上就是现代建筑中的覆土建筑。

窑洞民居一般都带有封闭和内向的特点。以窑洞为主体的居民住宅常以院为中心,院的正面挖三孔或五孔窑洞。中间为主窑,两侧为边窑,俗称"一主二仆"或"一主四仆"。院左侧为左膀,右侧为右膀,左右膀能挖窑洞的则挖窑洞,不能挖窑洞的就建偏房。前面为高围墙,只留一道门供出入。窑房均面向院内。窑洞庄院也有几进院的,由外而内,把主窑围在最里层。主窑之上再挖小窑,名曰高窑,从主窑内修暗道,筑台阶而上,在高窑可以凭窗鸟瞰整个庄院的全貌,也可以登高远眺,观察外界的情况。其内,不仅可以吃饭、睡觉,还可待客。这种民居高墙深院,重重屏障,带有明显的内守与防御性。

窑洞民居以西南为尊,以阳为上。居于中间的为尊位,是一家之主或长辈的居所,也是待客的地方;居于两旁的是卑位,是晚辈子媳的住所,以及堆放杂物之处。灶为上,多在阳面;畜厩、厕所为次,多在阴面。主窑高度必须高于边窑,厢房的房脊不能高于主窑的高度。

（六）干栏式民居

干栏式民居是用竹、木等构成的楼居。它是单栋独立的楼，底层架空，用来饲养牲畜或存放东西，上层住人。这种建筑能防止虫、蛇、野兽的侵扰，也可防风、防潮。对于气候炎热、潮湿多雨的中国西南部亚热带地区非常适用。干栏式民居在南方少数民族地区比较盛行。这类民居规模不大，一般三至五间，无院落，日常生活及生产活动都在一幢房子里，对于平地少，地形复杂的地区，显示出无比的优越性。

拓展知识

壮族称干栏式建筑为“麻栏”，以五开间者居多，采用木构的穿斗屋架。下边架空的支柱层多围以简易的栅栏作为畜圈及杂用。上层中间为堂屋，是日常起居、迎亲宴客、婚丧节日聚会之处。围绕堂屋分隔出卧室。侗族干栏与壮族麻栏相似，只是居室部分开敞外露较多，喜用挑廊及吊楼。苗族喜欢半楼居，即结合地形，半挖半填，干栏架空一半的方式居住。黎族世居海南岛五指山，风大雨多，气候潮湿。其民居为一种架空不高的低干栏，上面是覆盖着茅草的半圆形船篷顶，无墙无窗，前后有门，门外有船头，就像被架空起来的纵长形的船，故又称“船形屋”。

（资料来源：刘丽芳. 中国民居文化. 北京：时事出版社，2001：143.）

三、中国民居典范

中国民居的典范之作犹如璀璨的星辰，镶嵌在中国民居文化的天幕上，闪耀着民族与地域的斑斓、奇异的光芒。

（一）北京四合院

所谓四合，“四”指东、西、南、北四面，“合”即四面房屋围在一起，形成一个“口”字形的结构。经过数百年的营建，北京四合院从平面布局到内部结构、细部装修都形成了京师特有的京味风格。北京正规四合院一般以东西方向的胡同而坐北朝南，基本形制是北房（正房）、南房（倒座房）和东、西厢房，四周再围以高墙形成四合，开一个门。大门辟于宅院东南角“巽”位。房间总数一般是北房 3 正 2 耳 5 间，东、西房各 3 间，南屋不算大门 4 间，连大门洞、垂花门共 17 间。如以每间 11 ~ 12平方米计算，全部面积约 200 平方米。

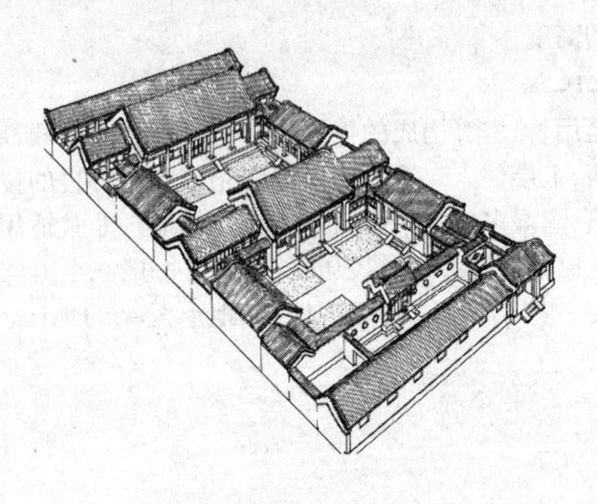

图7－2　四合院平面示意图

特别提示

四合院门内建影壁，使外人看不到宅内的活动。进入前院，坐北朝南的正房作为外客厅和杂用。自前院纵轴线上的二门（通常做成华丽的垂花门）进入面积较大、作为全宅核心的正院。坐北朝南的为正房，是全宅中最高大、质量最好的房屋，供家长起居、会客和举行礼仪活动之用。从东耳房夹道进入后院，有一排房称罩房，供老年妇女居住和存放东西之用。大型住宅在二门内，以两个或两个以上的四合院向纵深方向排列。更大的住宅在左右或后院建有花园。

北京四合院中间是庭院，院落宽敞，庭院中植树栽花，备缸饲养金鱼，是整个四合院布局的中心，也是人们穿行、采光、通风、纳凉、休息、家务劳动的场所。四合院是封闭式的住宅，对外只有一个街门，关起门来自成天地，具有很强的私密性，非常适合独家居住。院内，四面房子都向院落方向开门，一家人在里面和和美美、其乐融融。

四合院这种建筑由于院落宽敞，不仅可在院内植树栽花，饲鸟养鱼，有的还可叠石造景。

（二）山西乔家大院

乔家大院位于山西祁县乔家堡村。大院为全封闭式的城堡式建筑群，建筑面积4175平方米，分6个大院，20个小院，313间房屋。大院三面临街，不与周围民居相连。外围是封闭的砖墙，高10米有余，上层是女墙式的垛口，还有更楼，眺阁点缀其间，气势宏伟，威严高大。大门坐西朝东，上有高大的顶楼，中间是城门洞式的门道，大门对面是砖雕百寿图照壁。大门以里，是一条石铺的东西走向的甬道，甬道两侧靠墙有护墙围台,甬道尽头是祖先祠堂,与大门遥遥相对,为庙堂式结构。北面三个大院,都是庑廊出檐大门,暗棂暗柱,三大开间,车轿出入绰绰有余,门外侧有拴马柱和上马石,从东往西数,依次为老院、西北院、书房院。所有院落都是正偏结构,正院主人居住,偏院则是客房佣人住室及灶房。在建筑上偏院较为低矮,房顶结构也大不相同,正院都为瓦房出檐,偏院则为方砖铺顶的平房,既表现了伦理上的尊卑有序,又显示了建筑上的层次感。大院有主楼四座,门楼、更楼、眺阁六座。各院房顶有走道相通,便于夜间巡更护院。

综观全院,布局严谨,设计精巧,俯视呈"囍"字形;建筑考究,砖瓦磨合,精工细作,斗拱飞檐,彩饰金装;砖石木雕,工艺精湛,充分显示了我国劳动人民高超的建筑工艺水平,被专家学者誉为"北方民居建筑史上一颗璀璨的明珠",因此素有"皇家有故宫,民宅看乔家"之说,名扬三晋,誉满海内外。

(三)俞樾故居

俞樾故居即曲园,位于苏州市人民路马医科 43 号,1963 年被列为苏州市文物保护单位,1995 年被列为江苏省文物保护单位。俞樾于同治十三年(1874)得友人资助,购得马医科巷西大学士潘世恩故宅废地,亲自规划,构屋 30 余楹,作为起居、著述之处。在居住区之西北原有隙地如曲尺形,取老子"曲则全"之意,构筑小园取名"曲园",宅门悬李鸿章书"德清余太史著书之庐"横匾。

俞樾故居占地 2800 平方米,正宅居中,自南而北分五进,其东又建配房若干。其西、北为亭园部分,形成一曲尺形,对正宅形成半包围格局。正宅门厅和轿厅皆为三间。第三进为全宅的主厅,名"乐知堂",面阔三间,进深五间,用料较为粗壮,装饰朴素简洁。这里为俞樾当年接待贵宾和举行生日祝寿等喜庆活动的场所。第四、五进为内宅,即居住用房,与主厅间以封火山墙相隔,中间以石库门相通;均面阔五间,以东西两厢贯通前后,组成一四合院。乐知堂西为春在堂,面阔三间,进深四间。堂前缀湖石,植梧桐,为俞樾当年以文会友和讲学之处。南面为"小竹里馆",为当年俞樾读书之处。春在堂北突出一歇山顶小轩,名"认春轩"。轩北杂植花木,叠湖石小山为屏,中有山洞蜿蜒。穿山洞有折,东北隅为面阔两间的"艮宧",乃昔日琴室。循廊西行,有书房三间,名"达斋"。出达斋沿廊南行,有一小亭,三面环水,池名"曲池",亭名"曲水"。池东假山上有"回峰阁"与亭相对,假山中原有小门与内宅相通。亭南曲廊通春在堂。小园面积仅 200 平方米,建廊置亭,结构布局曲折多变,颇有小中见大之奇。

(四)开平碉楼

开平碉楼位于广东省江门市下辖的开平市境内,是中国乡土建筑的一个特殊类型,是集防卫、居住和中西建筑艺术于一体的多层塔楼式建筑。在开平市内,碉楼星罗棋布,城镇农村,举目皆是,多者一村十几座,少者一村二三座。从水口到百合，又从塘口到蚬冈、赤水，纵横数十公里连绵不断，蔚为大观。

图 7-3　开平碉楼

特别提示

据考证，开平碉楼最迟在明代后期（16 世纪）已经产生，到 19 世纪末 20 世纪初发展成为表现中国华侨历史、社会形态与文化传统的一种独具特色的群体建筑形象。它规模宏大、品类繁多，造型别致，是中国乡村主动接受外来文化的历史见证，是中国乡村移植外国建筑艺术的集中展示，是中国华侨文化的杰出代表，寄寓了中国人的传统环境意识，是人与自然的完美结合。

开平碉楼的兴起，与开平的地理环境和过去的社会治安密切相关。开平地势低洼，河网密布，而过去水利失修，每遇台风暴雨，常有洪涝之忧。加上其所辖之境，原为新会、台山、恩平、新兴四县边远交界之地，向来有“四不管”之称，社会秩序较为混乱。因此，清初即有乡民建筑碉楼，作为防涝防匪之用。开平碉楼的下部形式大致相同，只有大小、高低的区别。大的碉楼，每层相当于三开间，或更大；小碉楼，每层只相当于半开间。最高的碉楼是赤坎乡的南楼，高达七层，而矮的碉楼只有三层，比一般的楼房高不了多少。碉楼的造型变化主要在于塔楼顶部。从开平现存的 1400 多座楼来看，楼顶建筑的造型可以归纳为一百种，但比较美观的有中国式屋顶、中西混合式屋顶、古罗马式山花顶、穹顶、美国城堡式屋顶、欧美别墅式房顶、庭院式阳台顶等形式。

开平碉楼的种类繁多，若从建筑材料来分，可以分为四种：石楼、夯土楼、青砖楼、混凝土楼。

拓展知识

石楼主要分布在低山丘陵地区，在当地又称为“垒石楼”。墙体有的由加工规则的石材砌筑而成，有的则是把天然石块自由垒放，石块之间填土黏接。目前开平现存石楼10座，占碉楼总数的0.5%。

夯土楼分布在丘陵地带，以赤水镇、龙胜镇为多。当地多将此种碉楼称为“泥楼”或“黄泥楼”。虽经几十年风雨侵蚀，仍十分坚固。现存100座，占碉楼总数的5.5%。

砖楼主要分布在丘陵和平原地区，所用的砖有三种：一是明朝土法烧制的红砖，二是清朝和民国时期当地烧制的青砖，三是近代的红砖。用早期土法烧制的红砖砌筑的碉楼，目前开平已很少见，迎龙楼早期所建部分，是极其珍贵的遗存。青砖碉楼包括内泥外青砖、内水泥外青砖和青砖砌筑3种。少部分碉楼用近代的红砖建造，在红砖外面抹一层水泥。目前开平现存砖楼近249座，占碉楼总数的13.6%。

混凝土楼主要分布在平原丘陵地区，又称“石屎楼”或“石米楼”，多建于20世纪二三十年代，是华侨吸取世界各国建筑不同特点设计建造的，造型最能体现中西合璧的建筑特色。整座碉楼使用水泥（一般由英国进口，当时称为“红毛泥”）、砂、石子和钢材建成，极为坚固耐用。由于当时的建筑材料靠国外进口，造价较高，为节省材料，有的碉楼内面的楼层用木阁做成。目前开平现存混凝土楼1474座，在开平碉楼中数量最多，占80.4%。

（资料来源：程建军. 开平碉楼：中西合璧的侨乡文化景观. 北京：中国建筑工业出版社，2007：156.）

按使用功能，开平碉楼可以分为众楼、居楼、更楼三种类型：

（1）众楼建在村后，由全村人家或若干户人家集资共同兴建，每户分房一间，为临时躲避土匪或洪水使用。其造型封闭、简单，外部的装饰少，防卫性强。在三类碉楼中，众楼出现最早，现存473座，约占开平碉楼的26%。

（2）居楼也多建在村后，由富有人家独资建造，它很好地结合了碉楼的防卫和居住两大功能，楼体高大，空间较为开敞，生活设施比较完善，起居方便。居楼的造型比较多样，美观大方，外部装饰性强，在满足防御功能的基础上，追求建筑的形式美，往往成为村落的标志。居楼数量最多，现存1149座，在开平碉楼中约占62%。

（3）更楼主要建在村口或村外山岗、河岸，高耸挺立，视野开阔，多配有探照灯和报警器，便于提前发现匪情，向各村预警，是周边村落联防需要的产物。更楼出现时间最晚，现存221座，约占开平碉楼的12%。

开平的这一座座碉楼，是开平政治、经济和文化发展的见证，它不仅反映了侨乡人民艰苦奋斗、保家卫国的一段历史，同时也是活生生的近代建筑博物馆，一条别具特色的艺术长廊。可以说，开平作为华侨之乡、建筑之乡和艺术之乡，它的特色在碉楼上都得到了鲜明的体现。2001 年 6 月 25 日，作为近现代重要史迹及代表性建筑，开平碉楼被国务院批准列入第五批全国重点文物保护单位名单。2007 年，广东“开平碉楼与村落”被正式列入《世界遗产名录》，成为中国第 35 处世界遗产。中国由此诞生了首个华侨文化的世界遗产项目。

（五）彝族土掌房

彝族土掌房（又称土库房）是彝族先民的传统民居，距今已有 500 多年的历史。

土掌房以石为墙基，用土坯砌墙或用土筑墙，墙上架梁，梁上铺木板、木条或竹子，上面再铺一层土，经洒水抿捶，形成平台房顶，不漏雨水。房顶又是晒场。有的大梁架在木柱上，担上垫木，铺茅草或稻草，草上覆盖稀泥，再放细土捶实而成。土掌房多为平房，部分为二层或三层。彝族的“土掌房”与藏式石楼非常相似，一样的平顶、一样的厚实。所不同的，是它的墙体以泥土为料，修建时用夹板固定，填土夯实逐层加高后形成土墙（即所谓“干打垒”）。建造好的土掌房冬暖夏凉，防火性能好，非常实用。

图 7－4　彝族土掌房

土掌房主要分布在滇中及滇东南一带。这一带土质细腻，干湿适中，为土掌房的建造提供了大量方便、易得的材料和条件。这里的土掌房层层叠落，相互连通，远远看去甚是壮观，后期彝汉混居，融合了部分汉族民居的特点，逐步形成具有鲜明地方特色的民居建筑，堪称民居建筑文化与建造技术发展史上的“活化石”。

思考与练习

一、填空题

1. 古村落的布局大致可以分为以下几类:山水古村落、________、要塞古村落、名胜古村落。

2. 中国古村落的特征有:历史悠久、符合风水理念、________、展现多种文化特色。

3. 中国民居经过漫长的历史演变,形成了丰富多彩的民居类型。主要有木架构庭院式民居、“四水归堂”式民居、“一颗印”式民居、________、窑洞式民居、干栏式民居。

二、判断题

1. 隆里是以风水为特色的古村。 ( )

2. 培田村享有“民间故宫”之美誉。 ( )

3. 开平碉楼位于广东省江门市下辖的开平市境内,是中国乡土建筑的一个特殊类型,是集防卫、居住和中西建筑艺术于一体的多层亭阁式建筑。 ( )

三、简答题

1. 简要阐述中国古村落的常见建筑类型及其布局形态。

2. 简要阐述中国古村落的特色。

3. 简要阐述中国民居的起源与发展。

4. 在中国传统的民居建筑中,几乎所有的大门都正对着影壁,这是为什么?影壁四面不靠,独立在院落的前方,又有什么样的功能和作用呢?

5. 在中国传统建筑中,有着很多的装饰,其中“岁寒三友”特别引人注目,请查阅资料,试对此进行模拟讲解。

案例分享

中国民间在建筑材料的选择上十分讲究。民居的建造总是和当地的自然环境、经济水平、生产水平密切相关,人们往往顺应自然,以最简便的手法创造宜人的居住环境。在自然材料的运用上,充分利用当地所产的建筑材料进行巧妙地组合和搭配,从而使各地民居建筑形成了不同的建筑风格。但总的来说,中国民间的建筑材料离不开土、木、石、砖、瓦、竹、金属等最基本的材料。

案例思考题:请查阅相关资料,详细说明这几种建筑材料在中国民间建筑中的功能与作用。

第八章

中国古代的楼阁、桥梁与水利工程

引　言

中国古代著名的楼阁、桥梁与水利工程是技术、艺术与文化的综合产物，凝聚着中国古代劳动人民的智慧和才能。本章分别从中国古代楼阁、桥梁与水利工程的历史沿革、建筑类型、文化内涵、建筑工艺、名品典范等方面作出介绍。

学习目标

1. 熟悉中国古代楼阁、桥梁与水利工程的起源与发展。
2. 掌握中国古代楼阁的类型。
3. 了解中国古代楼阁、桥梁与水利工程的典范。

第一节　中国古代的楼阁建筑

楼阁是两层以上的装饰精美的高大建筑，可以供游人登高远望，休息观景，还可以用来藏书供佛，悬挂钟鼓。在中国辽阔的土地上，楼阁建筑随处可见，这些各具特色的建筑，折射出中华文明的丰富多彩、博大精深。

一、中国古代楼阁建筑综述

早期“楼”与“阁”是有所区别的。“楼”指的是重屋，多狭而修曲，在建筑群中处于次要位置；“阁”指的是下部架空、底层悬高的建筑，平面呈方形，两层，有平座，在建筑群中居于主要位置。“楼”与“阁”在形制上不易明确区分，而且人们也时常将“楼阁”二字连用。所以，后来“楼”与“阁”就逐渐互通，并无严格区分。

中国古代的楼阁建筑多出现在宫城和园林中，不但可以作为人们休息之处，还可作为景观观赏的对象。同时，中国古代的建筑师们在建造楼阁时往往善于从自然、文化、历史、地理、地域等具体条件出发，利用日照、山形、水势、风向来布局，因地制宜地进行设计，因而楼阁凝聚着中国古代建筑艺术的结晶。中国古代楼阁建筑大多善于"借景"，方便远眺美景，占据园林的重要观景位置或最佳视角位置。

二、中国古代楼阁建筑的发展与类型

中国楼阁建筑历史悠久，种类繁多，古往今来，历朝历代修建的楼阁，或用来纪念大事，或用来宣扬政绩，或用来镇妖伏魔，或用来求神拜佛，承载着不同凡响的文化意义和景观功能。

（一）中国古代楼阁建筑的发展

中国古代楼阁建筑起源于中国独有的高台建筑，有多种建筑形式和用途。

1. 秦汉及其前的楼阁建筑

春秋战国时期，双层楼阁建筑已十分普遍，青铜器上常刻有楼阁宴乐的画面。秦汉时期，楼阁等高台建筑达到鼎盛时期。阙楼、市楼、望楼等都是汉代出现较多的楼阁形式。汉武帝时建造的井干楼高达"五十丈"。而作为楼阁种类之一的城楼在汉代已高达三层。汉代的楼阁建筑在木架构的运用上，已经能做到充分满足遮阳、避雨和凭栏眺望的要求。各层栏檐和平座有节奏地伸出和收进，使外观既显稳定又有变化，并产生虚实明暗的对比，创造了中国楼阁的特殊风格。

拓展知识

东汉中后期的墓寝中，有大量的炫耀地主庄园经济的陶制楼阁和城堡、车、船模型，具有明显的时代特征。其中常有高达三四层的方形阁楼，每层用斗拱承托腰檐，其上置平座，将楼划分为数层。

（资料来源：刘墩桢. 中国古代建筑史. 北京：中国建筑工业出版社，2008：77.）

2. 魏晋时期的楼阁建筑

魏晋时期，随着佛教的传入以及佛教文化与中国神仙思想、传统文化的融合，中国古代高台楼阁建筑成了中国佛教"浮屠"的建筑基础模范，由此，诞生了一大批宗教楼阁建筑，如北魏洛阳永宁寺木塔，高"四十余丈"，百里之外，即可遥见。

3. 宋以后的楼阁建筑

北宋是中国楼阁建筑的集大成时期，木架构技术已经达到了很高的水平，并且形成了我国独特的建筑风格和完整的体系，对后来楼阁建筑技术的发展产生了很大的影响。

拓展知识

木架构楼阁建筑是我国古代的代表性建筑。经过长期的经验积累，到了宋朝，木架构技术已经达到了很高的水平，并且形成了我国独特的建筑风格。但是当时这种技术主要靠师徒传授的方法来传承，还没有一部专书来记述和总结这些经验，以致许多技术得不到交流和推广，甚至失传。为此，喻浩决心把历代工匠和他本人的经验编著成书，经过几年的努力，终于在晚年写成了《木经》三卷。《木经》的问世，不仅促进了当时建筑技术的交流和提高，而且对后来建筑技术的发展产生了很大的影响。

（资料来源：刘墩桢. 中国古代建筑史. 北京：中国建筑工业出版社，2008：121.）

明清以来的楼阁构架，将各层木柱相续成为通长的柱材，与梁枋交搭成为整体框架，形成通柱式的建筑风格。此外，尚有其他变异的楼阁构架形式。而且，此时期历史上有些用于庋藏的建筑物也称为阁，但不一定是高大的建筑，如文汇阁。

（二）中国古代楼阁建筑的类型

中国古代楼阁建筑的类型，依据其功能意义，可以划分为民居楼阁、文化楼阁、宗教楼阁、军事性楼阁和游赏性楼阁。

民居楼阁是一种独特的中国古代居室建筑。有些是木、竹材料建构的，有些是石砖材料建构的，有些是属于休闲赏玩的怡楼雅阁，有些是属于安身息住的静阁寝楼。

文化楼阁主要用于储藏经书，如明代浙江天一阁和储存《四库全书》的清代皇家藏书楼文渊阁、文津阁、文澜阁、文溯阁、文汇阁等。

宗教楼阁是宗教建筑常见的形式，其内常供奉高大佛像或神像。

军事性楼阁如城楼、箭楼、敌楼、城市中心的钟鼓楼等，用于抵御、灭杀来犯之敌或传达通告某些军事信息。其平面较为简单，体量高大，宏伟壮观。

游赏性楼阁依据其可登临远眺、观赏风景、自成风景的特点，成为中国古建筑文化中极具吸引力的单体建筑。

三、中国古代楼阁建筑的典范

中国古代著名的楼阁多因景而盛，因文而显。

（一）黄鹤楼

黄鹤楼号称江南三大名楼（岳阳的岳阳楼、武昌的黄鹤楼、南昌的滕王阁）之一，原址在湖北武昌蛇山黄鹤楼矶头，相传它始建于三国吴黄武二年(223)。在历史发展的长河中，黄鹤楼历经沧桑，屡毁屡建，不绝于世，可考证的就达30余次之多。黄鹤楼最后的一次被毁是清末光绪十年(1884)八月，因汉阳门外董家坡居民房屋起火，风大火猛，殃及此楼，很快将这千古名楼化为灰烬，仅存数千斤宝盖铜楼鼎一架。1984年重建的黄鹤楼在蛇山西端的高观山西坡上，处于穿过长江大桥的京广铁路和分路引桥之间的三角形地带内。新楼共5层，高51.4米，钢筋混凝土仿古结构，攒尖顶，层层飞檐，四望如一。其各层大小屋顶，交错重叠，翘角飞举，仿佛是展翅欲飞的鹤翼。楼层内外绘有仙鹤为主体，云纹、花草、龙凤为陪衬的图案。在主楼周围还建有胜象宝塔、碑廊、山门等建筑。虽较黄鹤楼故址离江远了些，但因山高楼耸，气势雄伟，视野开阔，黄鹤楼大观空前，无与伦比。

图8-1　黄鹤楼

（二）岳阳楼

岳阳楼位于历史悠久的文化古城岳阳，岳阳古称“巴陵”，位于湖南省北部，烟波浩渺的洞庭湖与绵延万里的长江在这里交汇，岳阳楼就坐落在傍水而建的古城西门城头，矗立于洞庭湖东岸，西临烟波浩渺的洞庭湖、北望滚滚东去的万里长江，水光楼影，相映成趣。以岳阳楼、君山为中心而构成的巴陵胜景，闻名遐迩，素以“洞庭天下水，岳阳天下楼”而享誉中外，是我国著名的旅游胜地之一。

岳阳楼始建于公元220年前后，距今已有1700多年的历史，其前身相传为三国时期东吴大将鲁肃的“阅军楼”；西晋南北朝时称“巴陵城楼”；初唐时，称为“南楼”；中唐李白赋诗之后，始称“岳阳楼”。唐朝以前，其功能主要作用于军事上。自唐朝始，岳阳楼便逐步成为历代游客和文人雅士游览观光、吟诗作赋的胜地。此时的巴陵城已改为岳阳城，巴陵城楼也随之而称为岳阳楼。岳阳楼高21.5米，三层、飞檐、纯木结构。楼顶覆盖黄色琉璃瓦，造型奇伟，“岳阳楼”匾额为郭沫若手书。历史上的诗人如杜甫、韩愈、刘禹锡、白居易、李商隐等均前来登临览胜，留下了不少名篇佳作，使岳阳楼名扬天下。北宋庆历四年（1045）春，滕子京重修岳阳楼，并请好友、文学家范仲淹作了《岳阳楼记》，从此，岳阳楼更是名满天下。

岳阳楼久经沧桑，屡毁屡修。现在看到的岳阳楼，是清同治六年（1867）重修的。整个楼的建筑，可用八个字来概括：四柱、三层、飞檐、纯木。岳阳楼主楼高3层，高达15米，中间以4根大楠木撑起，再以12根柱作内围，周围绕以30根木柱，结为整体。整个建筑没有用一颗铁钉，没有用一道巨梁。12个飞檐，檐牙高啄（似鸟嘴在高空啄食）。屋顶为黄色琉璃瓦，金碧辉煌，曲线流畅，陡而复翘，宛如古代武士的头盔，名叫盔顶。盔顶下的如意斗拱，状如蜂窝玲珑剔透。岳阳楼“纯木结构，盔式楼顶”的古老建筑风格，充分显示了我国古代建筑艺术的独特之处和辉煌成就。

（三）滕王阁

滕王阁巍然耸立于赣江之滨，是一座声贯古今，誉播海内外的千古名阁，素有“江西第一楼”之称。

滕王阁因滕王李元婴始建而得名。李元婴是唐高祖李渊的第22子，唐太宗李世民之弟，贞观十三年（639）六月受封为滕王，后迁到洪州（南昌）任都督。在南昌任职期间，他别无建树，唯在唐永徽四年（653）于城西赣江之滨建起一座楼台为别居，此楼便是“滕王阁”。

图8－2　滕王阁

滕王阁为历代封建士大夫们迎送和宴请宾客之处。明代开国皇帝朱元璋也曾设宴阁上，命诸臣、文人赋诗填词，观看灯火。滕王阁建立1300多年来，历经兴废28次。明代景泰年间（1450—1456），巡抚都御使韩雍重修后，其规模为三层，高27米，宽约14米。1926年军阀混战时，被北洋军阀邓如琢部纵火烧毁。新中国成立后,江西省政府重建滕王阁。如今的滕王阁,连地下室共九层,高 57.5 米,占地达 47 000平方米,明三层暗七层,加上两层底座一共九层,琉璃绿瓦,镏金重檐,雕花屏阁,朱漆廊柱,古朴高雅,蔚为壮观。主阁南北两侧配以"压江"、"挹翠"二亭,与主阁相接。主阁之外,还有庭园、假山、亭台、荷池等建筑,无论其高度,还是面积,均远胜于历代四阁,同时也超过了现在的黄鹤楼和岳阳楼。如今,作为"江南三大名楼"之一的滕王阁,较 1300 多年前的建筑更巍峨壮观,充分体现"飞阁流丹,下临无地"的气势;内有多间仿古建筑的厅堂,用作古乐、歌舞、戏曲的表演厅或展览馆等。登楼眺望,南昌景致尽收眼底。

滕王阁之所以享有极大的声誉,很大程度上归功于一篇脍炙人口的散文《滕王阁序》。传说当时诗人王勃探亲路过南昌,正赶上阎伯屿重修滕王阁后,在阁上大宴宾客,王勃当场一气写下这篇令在座宾客赞服的《秋日登洪府滕王阁饯别序》(即《滕王阁序》),由王仲舒作记,王绪作赋,历史上称为"三王文章"。从此,序以阁而闻名,阁以序而著称。

(四)蓬莱阁

蓬莱阁,与黄鹤楼、岳阳楼、滕王阁并称全国四大名楼。它位于烟台市西,坐落在蓬莱城北面的丹崖山上。传说汉武帝多次驾临山东半岛,登上凸入渤海的丹崖山,寻求"蓬莱仙境",后人就把这座丹崖山唤作蓬莱。因而,蓬莱自古就有"仙境"之称。据文献记载,唐代曾在这里建过龙王宫和弥陀寺;宋朝时的 1061 年,由郡守朱处约建蓬莱阁供人游览;明万历十七年,也就是 1589 年,巡抚李戴在蓬莱阁附近操办增建了一批建筑物;1819 年,知府杨丰昌和总兵刘清和又主持扩建,使蓬莱阁具有了现在的规模。

蓬莱阁建在丹崖山顶上。远远望去,楼亭殿阁掩映在绿树丛中,高踞山崖之上,恍如神话中的仙宫。蓬莱阁下方有结构精美、造型奇特的仙人桥,那是神话中八仙过海的地方;东侧有上清宫、吕祖殿、普照楼和观澜亭等;西厢为避风亭、天后宫(俗称娘娘殿)、戏楼和龙王宫。这些楼阁高低错落有致,与蓬莱阁浑然一体,统称"蓬莱阁"。蓬莱阁每个建筑单体由多种风格的楼亭殿阁所簇拥,犹如众星拱月。阁内布局奇巧,浑然成体;层层叠叠,错落有致。各亭殿内楹联碑文琳琅满目。蓬莱阁主阁是一座双层木结构建筑,丹窗朱户,飞檐列瓦,雕梁画栋,古朴壮观。登上主阁,凭栏四顾,轻纱般的云雾缠绕阁下,亭楼殿阁在掩映中时隐时现,使人超凡出世之感油然而生。蓬莱阁作为一座占地 32 800 平方米、建筑面积达 18 960 平方米的庞大古建筑群(共有 100 多间),楼亭殿阁分布得宜,建筑园林交相辉映,各因地势,协调壮观,山丹海碧,清风宜人而成为名扬四海的游览名区。1982 年国务院公布水城及蓬莱阁为国家重点文物保护单位。

(五)鹳雀楼

鹳雀楼位于山西省永济市蒲州古城西面的黄河东岸,共六层,前对中条山,下临黄河,是唐代河中府著名的风景胜地。

相传当年时常有鹳雀(鹳,鹤一类水鸟)栖于其上,所以得名。该楼始建于北周(557—580),到宋以后被水淹没,废毁于元初。

图 8-3　鹳雀楼

鹳雀楼由于楼体壮观,结构奇巧,加之区位优势,风景秀丽,唐宋之际文人学士登楼赏景留下许多不朽诗篇,其中以王之涣的《登鹳雀楼》诗:"白日依山尽,黄河入海流。欲穷千里目,更上一层楼"堪称千古绝唱,流传海内外。21 世纪初,国人拟重建鹳雀楼。1997 年 12 月,鹳雀楼复建工程破土动工,重新修建的鹳雀楼为钢筋混凝土减力墙框架结构,设计高度为 73.9 米,总投资为 5500 万元,截至 2001 年,主体工程完成封顶。现在,这座黄河岸边九层高的鹳雀楼与相隔不远的普救寺,成为当地两大著名人文景观。

(六)佛香阁

佛香阁是北京颐和园的主体建筑之一,南对昆明湖,背靠智慧海,建筑在万寿山前山高 21 米的方形台基上。这座台基,包山而筑,把佛香阁高高托举出山脊之上,仰视有高出云表之概,很远就能见到它的姿影。以它为中心的各建筑群严整而对称地向两翼展开,形成众星捧月之势,气派宏伟。登上佛香阁,周围数十里的景色尽收眼底。

"佛香"二字来源于佛教对佛的歌颂,佛香阁实际上是一座宏伟的塔式宗教建筑,是颐和园建筑布局的中心。它是仿杭州的六和塔建造,阁上层榜曰"式延风教",中层榜曰"气象昭回",下层榜曰"云外天香",阁名"佛香阁"。内供接引佛,当年每月望朔,慈禧在此焚香礼佛。清乾隆时(1736—1795)在此筑九层延寿塔,至第八层"奉旨停修",改建佛香阁。建成后的佛香阁高 40 米,8 面 3 层 4 重檐,阁内

图8－4 佛香阁

有8根巨大铁梨木擎天柱,结构复杂。1860年(咸丰十年)佛香阁毁于英法联军,1891年,光绪皇帝花费78万两银子重建佛香阁,曾是颐和园最大的工程项目。

佛香阁的建造独具匠心,高台矗立,气势磅礴,将东边的圆明园、畅春园,西边的静明园、静宜园以及万寿山周边十几里以内的优美风景提携于周围,把当时的"三山五园"巧妙地结成一体,使之成为一个大型皇家园林风景区,不愧为古典建筑的精品之作。

第二节 中国古代桥梁

数千年来,中国劳动人民因地制宜,就地取材,建造了数以百万计、类型众多、构造别致的桥梁,成为华夏建筑文化的重要组成部分。

一、中国古代桥梁建筑综述

我国幅员辽阔,河道纵横交错,著名的长江、黄河和珠江等流域,有数量众多的桥梁。桥梁不仅是连接空间、沟通山水的工具,也是一种建筑艺术,一种人文景观,一种文化思维。建筑在河道上的桥梁往往与周围环境相融合,与周围环境刚柔相济、曲直相通、虚实相邻、动静相辅。中国古代桥梁建筑的辉煌成就,成为中国地缘文化艺术的一种载体,在东西方桥梁发展史上占有重要的地位。

我国的桥梁建筑诞生于氏族公社时代,距今4000—5000年。它的雏形是"垒石培土,绝水为梁",即用石土垒起,以断绝水流的方式修筑。后来古人开始在浅水中设置步墩,又称蹬步。这类桥虽然达到了跨河越谷的目的,但它并不具备桥梁的本质,因为桥梁是以架空飞越为标志的。但这种早期的桥梁,却是道路向桥梁转化的一种过渡,即桥梁的雏形。经过很长时间的发展,到了东汉时期,基本形成了梁桥、拱桥、吊桥、浮桥四种桥梁基本体系。尤其是拱桥,其形式之美,造型之多,为世界少有。进入隋、唐、宋时期,古代桥梁建筑技术达到了巅峰,随后的元、明、清三代,将前代的造桥技术进行了全面总结,初步形成了各种桥型的设计、施工规范。19 世纪后期,随着工业革命成果的传播,以砖、木为主要材料的古代桥梁逐渐淡出历史舞台。

二、中国古代桥梁建筑的典范

中国桥梁的建筑形式多种多样:大桥小桥,长桥短桥,直桥曲桥,硬桥软桥,平桥拱桥等不一而足。中国古代的桥梁建筑艺术,有不少是世界桥梁史上的创举,充分显示了中国人的非凡智慧。

(一)灞桥

中国的古代桥梁建筑最古老、最负盛名的当属西安市东北十公里处灞水上的灞桥。

春秋时期,秦穆公称霸西戎,将滋水改为灞水,并修了桥,故称“灞桥”。秦汉时期,人们就在灞河两岸筑堤植柳。阳春时节,柳絮随风飘舞,好像冬日雪花飞扬。王莽地皇三年(22),灞桥水灾,王莽认为不是吉兆,曾将桥名改为长存桥。自古以来,灞水、灞桥、灞柳就与送别相关联。唐朝时,在灞桥上设立驿站,凡送别亲人与好友东去,多在这里分手,有的还折柳相赠,因此,曾将此桥叫“销魂桥”,流传着“年年伤别,灞桥风雪”的词句。“灞桥风雪”从此成了西安的胜景之一。以后在宋、明、清期间曾先后几次废毁,到清乾隆四十六年(1781),陕西巡抚毕沅重建灞桥,但桥已远非过去的规模了。直到清道光十四年(1834)巡抚杨公恢才按旧制又加建造。

灞桥是中国石柱桥墩的首创,桥长 380 米,宽 7 米,旁设石栏,桥下有 72 孔,每孔跨度为 4 米至 7 米不等,桥柱 408 个。1949 年后为加固灞桥,对桥进行了扩建,将原石板桥改为钢筋混凝土桥,现桥宽 10 米,两旁还各留宽 1.5 米的人行道,大大地改善了灞桥桥面的公路交通运输。

(二)赵州桥

赵州桥位于河北省赵县,建于隋代大业年间(605—618),由著名匠师李春设计和建造,距今已有约 1400 年的历史,是当今世界上现存最早、保存最完善的古代敞肩石拱桥,被誉为“华北四宝之一”。

赵州桥长 50.82 米,跨径 37.02 米,券高 7.23 米,两端宽 9.6 米,中间略窄,宽 9 米。因桥两端肩部各有两个小孔,不是实的,故称敞肩型,这是世界造桥史的一个创造(没有小拱的称为满肩或实肩型)。这种建造方法既节省了修桥的材料,又减轻了桥身的重量和桥基的压力;水涨时,还可以增大排水面积,减少水流推力,延长桥的寿命,是具有高度科学水平的技术与智慧的创造。

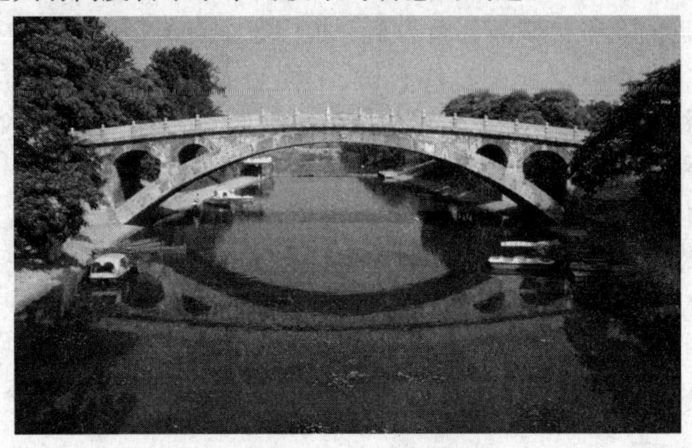

图8-5 赵州桥

赵州桥造型美观大方,雄伟中显出秀逸、轻盈、匀称。桥面两侧石栏杆上那些“若飞若动”、“龙兽之状”的雕刻,令人赞叹,体现了隋代建筑艺术的独特风格,在世界桥梁史上占有十分重要的地位。同时,赵州桥还是一座无比坚固的桥,自建立起,经历了10次水灾、8次战乱和多次地震,特别是1966年邢台发生的7.6级地震,赵州桥都没有被破坏。著名桥梁专家茅以升说,先不管桥的内部结构,仅就它能够存在1300多年就说明了一切。1961年被国务院列为第一批全国重点文物保护单位。1991年,美国土木工程师学会将赵州桥选定为第12个“国际历史土木工程的里程碑”,并在桥北端东侧建造了“国际历史土木工程古迹”铜牌纪念碑。

(三)卢沟桥

卢沟桥在北京市西南约15公里处丰台区永定河上。因横跨卢沟河(即永定河)而得名,是北京市现存最古老的石造联拱桥。

早在战国时代,卢沟河渡口一带已是燕蓟的交通要冲,兵家必争之地。原来只有浮桥相连接。1153年金朝定都燕京(今北京市宣武区西)之后,这座浮桥更成了南方各省进京的必由之路和燕京的重要门户。卢沟桥始建于1189年6月,1192年3月完工,名“广利桥”。后因桥身跨越卢沟,人们都称它卢沟桥。明正统九年(1444)重修。清康熙时毁于洪水,康熙三十七年(1698)重修,建两侧石雕护栏。康熙命在桥西头立碑,记述重修卢沟桥事。桥东头则立有乾隆题写的“卢沟晓月”碑(“卢沟晓月”为燕京八景之一)。1908年,清光绪帝死后,葬于河北省易县清西陵,须通过卢沟桥。由于桥面窄,只得将桥边石栏拆除,添搭木桥。事后,又将石栏照原样恢复。1937年7月7日,日本帝国主义在此发动全面侵华战争。宛平城的中国驻军奋起抵抗,史称“卢沟桥事变”(亦称“七七事变”)。中国抗日军队在卢沟桥打响了全面抗战的第一枪,成为中国展开全国对日八年抗战的起点。中华人民共和国成立后,在桥面加铺柏油,并加宽了步道,同时对石狮碑亭作了修缮。1961年卢沟桥和附近的宛平县城被公布为第一批国家重点文物保护单位。

卢沟桥是华北地区最长的古代石桥,工程浩大,建筑宏伟,结构精良,工艺高超,为我国古桥中的佼佼者。整座桥全长266.5米,宽7.5米,最宽处可达9.3米,桥面宽绰,有桥墩十座,下分11个券孔,中间的券孔高大,两边的券孔较小,整个桥身都是石体结构。卢沟桥的10座桥墩建在9米多厚的鹅卵石与黄沙的堆积层上,坚实无比。桥墩平面呈船形,迎水的一面砌成分水尖。每个尖端安装着一根边长约26厘米的锐角朝外的三角铁柱,这是为了保护桥墩抵御洪水和冰块对桥身的撞击,因此人们把三角铁柱称为"斩龙剑"。在桥墩、拱券等关键部位,以及石及石之间,都用银锭锁连接,以互相拉连固牢。这些建筑结构是科学的杰出创造,堪称绝技。

卢沟桥还以其精美的石刻艺术享誉于世。桥的两侧有281根望柱,柱头刻着莲花座,座下为荷叶墩。望柱中间嵌有279块栏板,栏板内侧与桥面外侧均雕有宝瓶、云纹等图案。每根望柱上有金、元、明、清历代雕刻的数目不同的石狮,其中大部分石狮是明、清两代原物,金元时期的不多。这些石狮蹲伏起卧,千姿百态,生动逼真,极富变化,是卢沟桥石刻艺术的精品。由于石狮非常之多,因而,北京地区流传着一句歇后语:"卢沟桥上的石狮——数不清。"

(四)潮州广济桥

潮州广济桥以其"十八梭船二十四洲"的独特风格与赵州桥、洛阳桥、卢沟桥并称"中国四大古桥",是中国第一座启闭式浮桥,曾被著名桥梁专家茅以升誉为"世界上最早的启闭式桥梁"。该桥建在广东省潮州城东门外,横卧滚滚韩江之上,东临笔架山,西接东门闹市,南眺凤凰洲,北仰金城山,景色壮丽迷人。

广济桥,俗称湘子桥,宋乾道七年(1171)太守曾江所创,初为浮桥,由八十六只巨船联结而成,始名"康济桥"。经过数代历毁历修,形成了自己鲜明的特色。

拓展知识

淳熙元年间(1174),浮桥被洪水冲垮,太守常炜重修,并开始了西岸桥墩的建筑。至绍定元年(1194)历五十四年间,朱江、王正功、丁允元、孙叔谨等太守相继增筑,完成了十个桥墩的建造。其中又以淳熙十六年(1189)太守丁允元建造的规模最大、功绩最著而改称西桥为"丁公桥"。绍熙五年(1194),太守沈宗禹"皤石东岸",筑"盖秀亭",并称东桥为"济川桥"。接着,太守陈宏规、林骠、林会相继增筑,至开禧二年(1206),历时十二年,建成桥墩十三座。东西桥建起来后,中间仍以浮舟联结,形成了梁桥与浮桥相结合的基本格局。宋末至元代,广济桥又有诸多兴废,明宣德十年(1435),知府王源主持了规模空前的"叠石重修",竣工后"西岸为十墩九洞,计长四十九丈五尺;东岸为十三墩十二洞,计长八十六丈;中空二十七丈三尺,造舟二十有四为浮桥”,并于桥上“立亭屋百二十六间”,更名为“广济桥”。正德八年(1513),知府谭纶又增一墩,减浮船六只,遂成“十八梭船二十四洲”的独特风格。清雍正二年(1724),知府张自谦修广济桥,并铸造牲牛二只,分置西桥第八墩和东桥第十二墩,意在“镇桥御水”。道光二十二年(1842)洪水暴发,东墩铁牛坠入江中。故有民谣说:“潮州湘桥好风流,十八梭船二十四洲,二十四楼台二十四样,二只牲牛一只溜”。

(资料来源:唐寰澄.中国古代桥梁.北京:中国建筑工业出版社,2011:190.)

1.“十八梭船廿四洲”

梁舟结合,刚柔相济,有动有静,起伏变化,是广济桥的一大特色。其东、西段是重瓴联阁、联芳济美的梁桥,中间是“舳舻编连、龙卧虹跨”的浮桥。这简直是一道妙不可言的风景线。从结构上说,梁舟结合,开创了世界上启闭式桥梁的先河,是现存最早的开关活动式大石桥。

2.“廿四楼台廿四样”

广济桥草创阶段,便有筑亭、“覆华屋”于桥墩上的举措,并冠以“冰壶”、“玉鉴”等美称。明宣德年间,知府王源除了在500多米长的桥上建造百二十六间亭屋之外,还在各个桥墩上修筑楼台,并分别以奇观、广济、凌霄、登瀛、得月、朝仙、乘驷、飞跃、涉川、右通、左达、济川、云衢、冰壶、小蓬莱、凤麟洲、摘星、凌波、飞虹、观滟、浥翠、澄鉴、升仙、仰韩为名。至此,桥楼的建造达到了登峰造极的地步,其规模之大,形式之多,装饰之美,世罕其匹。

3.“一里长桥一里市”

广济桥是“全粤东境,闽、粤、豫章,经深接壤”的枢纽所在,桥上又有众多的楼台,因此,很快便成为交通、贸易的中心,成为热闹非凡的桥市。在古代,天刚破晓,江雾尚未散尽,桥上已是“人语乱鱼床”了。待到晨曦初露,店铺竞先开启,茶亭酒肆,各色旗幡迎风招展,登桥者抱布贸丝,问卦占卜,摩肩接踵,车水马龙。

(五)泉州洛阳桥

泉州洛阳桥在福建省的泉州市附近的泉州湾和洛阳江的汇合处。宋皇祐五年(1053)兴建,因建桥处海潮汹涌,江宽流急,建桥工程非常艰巨。为此,采用了一种新型建桥方法,即在江底随桥的中线铺满大石头,筑起一条二十多米宽、500米长的水下长堤。然后在石堤上用条石横直垒砌桥墩,成为现代桥梁工程中“筏形基础”的先驱。这种技术,直到19世纪,欧洲人才开始采用。为了使桥墩更为牢固,巧妙地利用繁殖“砺房”的方法,来联结胶固石块。这种用生物加固桥梁的方法,古今中外,绝无仅有。洛阳桥的建造历时六年,嘉祐四年(1059)大桥建成后,桥上还装饰有许多精美的石狮子、石塔、石亭，桥两端立有石刻人像守护。洛阳桥的修建成功，轰动了泉州远近，引起当地造桥热潮，先后造了十大石桥，其中建在晋江上的安平桥，规模也很宏伟。

泉州洛阳桥1200米长，5米宽，有44座桥墩。桥上两边有扶栏。如今石桥只剩下31座桥墩，1188米长了。因为它是中国第一座海湾大石桥，洛阳桥（原名万安桥）素有“海内第一桥”之誉，是古代著名跨海梁式石构桥，在中国桥梁史上与赵州桥齐名，有“南洛阳，北赵州”之说。著名桥梁专家茅以升称之为“中国古代桥梁的状元”，世界著名科技史专家李约瑟也对它作了很高的评价。

第三节　中国古代水利工程

“兴水利，而后有农功；有农功，而后裕国。”在这种治国理念的支配下，先人们世世代代与水抗争，既努力避风涛之险，又使水安澜而适量。他们或择水而居，或疏川导滞，或修堰筑塘，或架桥开渠。治水历来是关乎国计民生的一件大事。

一、中国古代水利工程综述

水利建筑是与河流关系最密切的人类活动，一个建造完善的水利工程不仅可以满足灌溉、供水防洪等需求，还有利于本区域的自然环境。

原始社会末期，中国已经开始修建水利设施，自大禹治水“以导代堵”以后，人类水利建筑又揭开了新的一页。至夏朝时，我国先民就掌握了原始的水利灌溉技术。西周时期已有了蓄、引、灌、排的初级农田水利体系。春秋战国时期，都江堰、郑国渠等一批大型水利工程的完成，促进了中原、川西农业的发展。其后，农田水利事业由中原逐渐向全国发展，两汉时期主要在北方有大量发展，如六辅渠、白渠的建造。同时，大的灌溉工程已跨过长江。魏晋之后，我国古代的水利事业继续向江南推进，到了唐代基本上遍及全国。宋代更掀起了大办水利的热潮。元、明、清时期的大型水利工程虽不及宋朝以前多，但仍不少，并且地方小型农田水利工程兴建的数量越来越多。各种形式的水利工程在全国几乎随处可见，发挥着显著的作用。在这些水利建筑中，绝大多数是公共水利工程，对古代中国经济的发展具有重要意义。

拓展知识

中国的古代水利建筑工程最主要的特点是充分利用河流水文以及地形特点布置工程设施，使之既满足引水、防洪和通航的需要，又没有改变河流原有的自然特性。经过不断地探索和实践，古代的中国匠师们创造了以无坝引水工程为代表的古代水利工程，为今人和后人提供了人与河流和谐发展的范例。

古代无坝引水工程可以不用一处闸门而将水分配到各级渠道直到田间。同时，与天然河道类似的渠系，集合了供水、防洪、水运等多方面的效益。源于自然、因地制宜、就地取材的建筑方式，使得工程与河流环境融为一体，体现出人类对自然利用与改造的完美结合。

二、中国古代水利工程的典范

中国古代的水利建筑类型多样，主要形式有“井渠”式建筑（如新疆地区的坎儿井）、防海建筑（如沿海地区的海塘建筑）、蓄水导流的水利建筑（如漳水十二渠、都江堰、郑国渠）、漕运建筑（如京杭大运河、广西灵渠以及许多区域性小运河）等。

（一）坎儿井

坎儿井，新疆维吾尔语称为“坎儿孜”。伊朗波斯语称为“坎纳孜”（Kanatz）。俄语称为“坎亚力孜”。从语音上来看，彼此虽有区分，但差别不大。中国新疆汉语称为“坎儿井”或简称“坎”。中国内地各省叫法不一，如陕西叫作“井渠”，山西叫作“水巷”，甘肃叫作“百眼串井”，也有的地方称为“地下渠道”。它是荒漠地区的一种特殊灌溉系统，早在《史记》中便有记载，时称“井渠”。吐鲁番现存的坎儿井，多为清代以来陆续修建，普遍存在于中国新疆吐鲁番地区，总数近千条，全长约5000公里，如今，仍浇灌着大片绿洲良田。吐鲁番市郊五道林坎儿井、五星乡坎儿井，可供参观游览。坎儿井与万里长城、京杭大运河并称为中国古代三大工程。

图8-6　坎儿井

坎儿井是开发利用地下水的一种古老式的水平集水建筑物，适用于山麓、冲积扇缘地带，主要是用于截取地下潜水来进行农田灌溉和居民用水。根据1962年统计资料显示，中国新疆共有坎儿井约1700多条，灌溉面积约50多万亩。其中大多数坎儿井分布在吐鲁番和哈密盆地，如吐鲁番盆地共有坎儿井约1100多条，灌溉面积47万亩，占该盆地总耕地面积70万亩的67%，对发展当地农业生产和满足居民生活用水具有很重要的意义。

坎儿井的结构，大体上是由竖井、地下渠道、地面渠道和“涝坝”（小型蓄水池）四部分组成,吐鲁番盆地北部的博格达山和西部的喀拉乌成山,春夏时节有大量积雪和雨水流下山谷,潜入戈壁滩下。人们利用山的坡度,巧妙地创造了坎儿井,引地下潜流灌溉农田。坎儿井的独特结构,使它并不因炎热、狂风而损失大量水分,因而流量稳定,保证了自流灌溉。

(二)海塘建筑

海塘是人工修建的挡潮堤坝,也是中国东南沿海地带的重要屏障。海塘的历史至今已有2000多年,主要分布在江苏、浙江两省。从长江口以南,至甬江口以北,约600公里的一段是历史上的修治重点,其中尤以钱塘江口北岸一带的海塘工程最为险要。高大的石砌海塘蜿蜒于几百公里长的海岸上,蔚为壮观。

海塘最早起源于钱塘江口,有关海塘最早的文字记载见于汉代的《水经》。南北朝地理学家郦道元介绍了《钱塘记》中这样一个故事:汉代有一个名叫华信的地方官,想在今天杭州的东面修筑一条堤防,以防潮水内灌。于是他到处宣扬,谁要是能挑一石土到海边,就给钱一千。这可是个大价钱!于是,附近的地方百姓闻讯后,纷纷挑土而至。谁知华信的悬赏只是个计策,等到挑土的人大量涌来的时候,他却忽然停止收购。结果,人们一气之下纷纷把泥土就地倒下就走了。华信就是利用这些土料,组织百姓,建成了防海大塘。从五代、两宋到元朝,苏、沪、浙的海塘,有了初步发展。

天宝三年(910),吴越王钱镠在杭州候潮门外和通江门外,用"石囤木桩法"构筑海塘。这种方法,编竹为笼,将石块装在竹笼内,码于海滨,堆成海塘,再在塘前塘后打上粗大的木桩加固,还在上面铺上大石。这种新塘,不像土塘那样经不起潮水冲刷,比较坚固,防潮汐的性能较好。但是,石囤塘的竹木容易腐朽,必须经常维修;同时,散装石块缺乏整体性能,无力抵御大潮。经过人们多年的探索、改进,至南宋和元朝,在海塘的建设方面,取得了许多成就。南宋嘉定十五年(1222),浙西提举刘垕又在当地创立土备塘和备塘河。它是在石塘内侧不远,再挖一条河道,叫备塘河;将挖出的土,在河的内侧又筑一条土塘叫土备塘。备塘河和土备塘的作用,平时可使农田与咸潮隔开,防止土地盐碱化;一旦外面的石塘被潮冲坏,备塘河可以消纳潮水,并使之排回海中,而土备塘便成为防潮的第二道防线,可以拦截成为强弩之末的海潮。元朝时在杭州湾两岸,都进行了规模较大的石塘修建,在技术上还有许多创新。

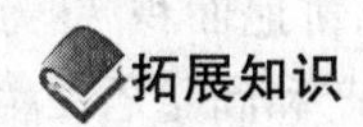

元代石塘建设的创新之处

一是对塘基作了处理,用直径一尺、长八尺的木桩打入土中,使塘基更为坚固,不易被潮汐淘空。二是在用条石砌筑塘身时，采用纵横交错的方法，层层垒砌，使石塘的整体结构更好。三是在石塘的背海面，附筑碎石和泥土各一层，加强了石塘的抗潮性能。这种石塘结构已经比较完备，为后来明清石塘提供了借鉴。

（资料来源：郑连第. 中国水利百科全书·水利史分册. 北京：水利水电出版社，2004：127.）

明代针对涌潮的严重威胁，政府频繁地组织人力、物力，修建当地的海塘。其中几次都比较重要。一是洪武三年（1370）的工程，这次筑成石塘2370丈。二是永乐年间的两次大修。一次在永乐九年（1411），筑土石塘共11 185丈；另一次在永乐十一年到十三年，这次调集军民十余万人，担任劳务，“修筑三年，费财十万”。三是成化十三年（1477）和万历五年（1577）的两次工程，这两次工程都分别修建石塘2370多丈。

在频繁修建浙西海塘的进程中，人们不断总结经验，改进结构，以提高抗潮性能。其中最重要的是浙江水利佥事黄光升创造的五纵五横鱼鳞石塘，就是用条石纵横叠砌的重型石塘。除浙西海塘外，为防止长江口的涌潮危及南岸产粮区，明朝对嘉定、松江等地海塘的修建，也比较重视。其中平湖、宝山等地受海潮威胁较大的地段，在土塘后面，又加筑一条土塘，称里护塘。后来，由于在土塘外面，又淤出大片新地，因此，万历十二年（1584），上海知县颜洪范，又在新地上再建成9200丈新土塘，出现了三重海塘。清代大部分时间，钱塘江涌潮的主流，仍然对着海宁、海盐、平湖等浙西沿海，所以这一带仍是海塘工程的重点。康熙、雍正、乾隆三代，朱轼曾先后担任浙江巡抚、吏部尚书等重要职务。在任职期间，他多次主持修建苏、沪、浙等地的海塘。起初，朱轼的新鱼鳞石塘，由于造价高昂，每丈需银300两，没有推广，只造了500丈。经这次大潮考验后，被公认为海塘工程的“样塘”。为了浙西的安全，清政府遂不惜花费重金，决定将钱塘江北岸、受涌潮威胁最大的地区，一律改建成新式鱼鳞石塘。

特别提示

新式鱼鳞石塘的特点

新式鱼鳞石塘，具有以下一些特点：第一，基础打得更为扎实。明朝黄光升的鱼鳞大石塘，清淤后只在塘基的前半部下桩加固，后半部未加处理。而新鱼鳞石塘的塘基工程，除清淤和在前半部下桩外，在后半部也下了桩，使前后两部分具有同样的承压性能，并在其上还用三合土夯实。第二，塘身的结构也更为严密。条石规格一致，规定长五尺、宽二尺、厚一尺，用丁顺相间砌筑，以桐油、江米汁拌石灰浆砌,上半部条石之间,用铁锔、铁锭连接。塘底宽12尺,一般砌18层、高18尺,每层向内收缩,顶宽四尺半。它与黄光升石塘相比,虽然小许多,但整体性能优。第三,护塘工程也更讲究,一方面,在石塘的背海面,培砌碎石和泥土,以加强塘身的御潮性能和防止潮水渗入;另一方面,在石塘的向海面修建坦水,用石块从塘脚向外斜砌。坦水宽度从12尺到48尺不等,以保护塘脚,消减潮波能量。

此外,在崇明岛,清朝也着手兴建海塘工程。千百年来,苏、沪、浙海塘工程的发展,反映了当地人民与潮灾斗争的坚强毅力和聪明才智。海塘的修建,对广大人民的人身安全,对当地的工农业生产,都有巨大的保障作用。

(三)京杭大运河

京杭大运河,是世界上里程最长、工程最大、最古老的运河之一,和万里长城并称为中国古代的两项伟大工程,闻名于全世界。它北起北京(涿郡),南到杭州(余杭),经北京、天津两市及河北、山东、江苏、浙江四省,贯通海河、黄河、淮河、长江、钱塘江五大水系,全长约1794公里,至今已有2500多年的历史。

大运河肇始于春秋时期,形成于隋代,发展于唐宋,最终在元代成为沟通海河、黄河、淮河、长江、钱塘江五大水系、纵贯南北的水上交通要道。在2000多年的历史进程中,大运河为中国经济发展、国家统一、社会进步和文化繁荣作出了重要贡献。京杭大运河是中国古代劳动人民创造的一项伟大工程,是祖先留给我们的珍贵物质和精神财富,是活着的、流动的重要人类遗产,对中国南北地区之间的经济、文化发展与交流,特别是对沿线地区工农业经济的发展和城镇的兴起均起了巨大作用。

(四)安丰塘

安丰塘位于安徽省寿县城南30公里处,古名芍陂,建于春秋楚庄王时,为楚国令尹(丞相)孙叔敖所建,至今已有2500多年的历史。隋唐后,在芍陂所在地置安丰县,故改名安丰塘至今。安丰塘曾被誉为"水利之冠"、"神州第一塘"。千百年来,安丰塘在灌溉、航运、屯田济军等方面起过重大作用,至今仍发挥着巨大效用,为全国重点文物保护单位。

安丰塘堤周长25公里,面积34平方公里,蓄水量1亿立方。放水涵闸19座,灌溉面积93万亩,是我国水利史上最早的大型陂塘灌溉工程。它选址科学,工程布局合理,水源充沛。安丰塘的建造,对后世大型陂塘水利工程提供了宝贵的经验。

安丰塘历史悠久,环境清新而幽雅;良田万顷、水渠如网;环塘一周,绿柳如带;烟波浩渺,水天一色。造型秀雅的庆丰亭点缀在平波之上,与花开四季的塘中岛相映成趣,构成了一幅蓬莱仙阁图。现存有许多古迹名胜。著名的十大景点是:邓艾庙塔、利泽门赏月、罩口观夕阳、孙公纪念祠、古城墙遗址、石马观古塘、五里迷雾、凤凰观日出、洪井晚霞、沙涧荷露。

（五）引漳十二渠

引漳十二渠是中国战国初期以漳水为源的大型引水灌溉渠系，由战国初期的西门豹主持兴建，又称西门豹渠。建渠的目的是引漳水灌溉邺田（今河北临漳县一带），以改良盐碱地，发展生产。

引漳十二渠是我国多首制引水工程的创始。多首，就是从多处引水，所以渠首也有多个。“十二渠”即修筑的十二个渠首引水。漳水是多沙河流，多首引水正是适应这种特点而创造的。多沙河流因泥沙的淤积变化，常使主流摆动迁徙，不能与渠口相对应，无法引水，多设引水口门，就可以避免这样的弊端。另外，如果一条或一组引水渠淤浅了，还可以用另一条或另一组引水渠来引水清淤。漳水渠的这种合理科学的设计，不但有引灌、洗碱、泄洪的作用，而且易于清淤修护，反映出当时农田灌溉事业的进步。直到汉初，漳水渠仍然有很好的灌溉功效。

思考与练习

一、填空题

1. 中国古代楼阁建筑的类型，依据其功能意义，可以划分为民居楼阁、文化楼阁、宗教楼阁、________和游赏性楼阁。

2. ________以其“十八梭船，二十四洲”的独特风格与赵州桥、洛阳桥、卢沟桥并称“中国四大古桥”，是中国第一座启闭式浮桥，曾被著名桥梁专家茅以升誉为“世界上最早的启闭式桥梁”。

3. 大运河肇始于春秋时期，形成于隋代，发展于唐宋，最终在元代成为沟通________五大水系、纵贯南北的水上交通要道。

4. ________是我国多首制引水工程的创始。

二、简答题

1. 简要阐述中国古代水利工程的发展历程及其典范之作。

2. 简要阐述中国古代楼阁的发展历程及其典范之作。

3. 简要阐述中国古代桥梁的发展历程及其典范之作。

4. 查阅历史上有名的文化楼阁三个，试着讲解其历史渊源及功能作用。

5. 查阅历史上有名的游赏性楼阁三个，试着讲解其历史渊源、重大历史事件，搜集与之相关的文学作品。

案例分享

古代水利建筑工程为现有河道创造了新的流域，随之而来的是质量较高的景观环境、人居环境和生态环境。水利由此成为区域文化历史的重要组成部分，运河沿岸的城市便是例证。苏州、无锡、扬州、淮安和北京就是由古代水利工程构成了城市街区的骨架和河湖体系。

案例思考题：结合案例，查阅相关资料，详细阐述水利工程在城市景观规划与开发中的功能与作用。

下篇
中国古典园林

第九章 中国古典园林概述

引　言

中国古典园林，也称中国传统园林或古代园林，它具有悠久的历史和独特的民族风格，为世界三大园林体系之最，享有"世界园林之母"的美称，在国际上享有崇高的地位。中国古典园林，通过筑山、叠石、理水、种植树木花草、营造建筑和布置园路等途径创作美的自然环境和游憩境域，是建筑、山池、园艺、绘画、雕刻以至诗文等多种艺术的综合体。中国古典园林以追求自然精神境界为最终和最高目的，从而达到"虽由人作，宛自天开"的审美旨趣。在中国古代各建筑类型中称得上是艺术的极品。

学习目标

1. 了解中国古典园林的发展历程，掌握每个时期的特色。
2. 掌握中国古典园林的基本类型及其特征。
3. 了解中国古典园林的审美元素和艺术境界，提高对中国古典园林的审美能力。

第一节　中国古典园林的发展历程

中国古典园林建筑艺术是我国灿烂的古代文化的组成部分。它是我国古代劳动人民智慧和创造力的结晶，也是我国古代哲学思想、宗教信仰、文化艺术等的一种综合反映。中国古典园林的发展历史，根据历史文献和现存古代园林遗址的考察，大致可以分成以下几个发展阶段。

一、先秦及秦汉时期的园林

这一时期为中国古典园林的"自然时期"，是从"囿"到"苑"的发展时期，约于距今三四千年的殷商西周时代。在原始社会末期和奴隶制社会早期，先民主要的生产活动由狩猎、渔猎，慢慢进化到种植定居，驯养了一些野生动物，比如猪、犬、羊等，种植了一些植物，比如禾、麦、稻等。这样就出现了圈养、圈种的有一定范围的地方，在甲骨文、金文中出现了“因、眺（囿）”、“鉴、翻（圃）”等字；随着生产力的进一步提高，有了从事农事、畜牧、手工业制作以及各种杂务劳动的专业奴隶阶层，在解决了生活的劳务后，奴隶主和帝王们就有了足够的时间进行各种游乐戏嬉，其中包括“狩猎”活动。而被选择为狩猎地区的地方，一定是那些禽兽比较集中的，山丘或林茂之地，水草丛生之处，这就成为种植植物、圈养动物的“囿”。

这种早期的“囿”到汉代有了新的发展，它不仅仅是一种自然山林的原始状态的存在，而是日趋专门化了。帝王们在这里建“宫”设“馆”，除了为游猎所需要，增添了寝宫殿宇生活设施，还配制了观赏植物、人工山水等景色，初步具有了“园林”性质，从汉代起它的名称也从古代的“囿”改称“苑”或“苑囿”了。著名的汉武帝的“上林苑”中，有“建章宫”，有“太液池”，周围数百里，盖起宫殿数十座，设置了“射熊馆”、“鹿观”、“虎圈观”等各种动物的圈观，并种植了各地送来的异树奇花，如“核桃”、“紫纹桃”等。不过此时尚处于中国园林发展初期，对于苑囿的布局布置，并无一定规划，仍较多地带有古“囿”的狩猎趣味。建筑和山水的安排，也并不融洽有序，奇树异花的种植，只是猎奇罗列，虽然它有了某些园林的性质，开启了日后造园的新生面，但仍处于自然发展的时期。

二、魏晋南北朝时期的园林

魏晋南北朝前后 300 多年，其间动乱分裂，战争频繁，朝廷上下聚敛财富，荒淫奢靡成风，三国、两晋、十六国、南北朝大小政权相继在各自的首都进行宫苑的建造，其中最为著名的，北方为曹魏的邺城、洛阳，南方为东晋、南朝的建康。

魏晋南北朝，文人儒士崇尚清淡，礼佛养性，高逸遁世，居城市而迷恋自然山林野趣；一些官僚贵族扬弃了秦汉时代以宫室建筑为中心的构园法，转向以山水为主体的新园林，因此，私家造园之风兴盛。同时，也出现了我国早期的寺庙园林。这一时期，由于佛教和文人的影响，造园时注重“凿渠引水，穿池筑山”，人工山水已成为造园的主体。正统儒家思想被动摇，老庄思想横流，人的审美与自然审美合为一体，山水审美体系初步形成框架，山水诗、山水画、山水园并行而出，三者交互作用。这样，以山水为主的园林，逐步代替了以宫室阁楼为主、百兽充塞其间的宫苑，“校猎”的内容开始淡化消失，“娱游”观赏的功能开始加强。

这一时期的园林，突破了以前中国园林主要是帝王宫苑的樊篱，私家园林以及牧歌式的田园、山庄、别业应运而生，并渗入了山水文化的内涵，使自然和文化在园林这个范畴内更多、更紧密地结合起来，可以用“植林开涧，有若自然”八个字进行概括。魏晋南北朝成为中国园林发展史上一大转折时期。

三、隋唐及两宋时期的园林

北周贵族杨坚废北周静帝，缔建隋朝，结束了魏晋南北朝300余年的分裂，中国复归统一。开国建都长安，于残破不堪的汉故城南面另建一座新城——大兴城。宫城以北为御苑——大兴苑，规模不大。唐代继续扩建，并恢复长安之名。隋唐时期的皇家园林，集中建置在长安、洛阳的城内、城郭、近郊和远郊，数量之多、规模之大，远远超过魏晋南北朝时期。此时皇家园林表现出园林与宫殿、宫城结合紧密，层次严整，统一中求变化的格局。苑园本身虽然仍袭仙海神山传统，但在以山水为骨架的格局中，水体景观显得更为突出。隋唐宫苑堪称中国封建文化的纪念碑，展示出恢宏气魄和灿烂光辉。

隋唐时期的私家园林，较之魏晋南北朝更为兴盛，普及面更为广泛，艺术水平也大为提高。隋唐时期的私家园林，在诗人、画家们的直接参与建筑下，特别讲究美学的意境创造，尽力达到“诗情画意”的艺术境界，从其美学宗旨到艺术手法，都已进入了成熟阶段。

佛教和道教经过魏晋南北朝的广泛传布，到隋唐达到兴盛的局面。特别是唐代统治者出于维护封建统治的目的，采取儒、道、佛三教并尊的政策，并不同程度地加以扶持和利用，从而使寺庙园林获得发展，既产生了“山河扶绣户，日月近雕梁”的道观庭院，也出现了有亭亭玉立的佛塔相陪衬的佛寺风景，它们大多散置于繁华的市井和幽静的名山。

宋代的皇家园林集中在东京和临安两地，其规模和气魄虽远不如隋唐，但规划设计的精度则过之。园林的内容与隋唐相比，减少了皇家气派，更多地接近私家园林。宋代由于城市经济有了相当发展，故私家园林也相当兴盛。

四、元、明、清时期的园林

这是中国古典园林的全盛时期。北宋为辽金取代后，辽、金、元三代相继在燕京一带兴修皇家园林。金代从开封拆运至中都大量的艮岳花石，元代在建筑艺术中促进了国内各民族和东西方文化的交流，使我国各民族丰富奇特的建筑形式更添异彩。明代及清代初期，是中国古典园林发展史上的辉煌时期，并达到了全盛时期。这个时期的园林，与过去时代所不同的特点有如下三个方面。

第一,功能全。在各个历史时期的园林发展中,都有新增加的内容,至明清后趋于完备,诸如听政、受贺、宴会、观戏、居住、园游、读书、礼佛、观赏、狩猎、种花等,应有尽有,甚至为满足统治者的“雅兴”,还建有商业市街之景,如近年恢复的颐和园苏州街,以及圆明园原来的买卖街。包罗了帝王生活的全部内容。功能的多样化,自然扩大了园林的建筑营造规模。

第二,形式多。作为园林重要组成部分的建筑,无论是建筑群落组合,还是单体建筑,形式都多种多样。吸收了各地区的地方特点和各民族的民族风格,既有殿堂楼阁,又有幽谷佛寺,既有粉墙石垣,又有竹篱泥笆,灵活多变,不一而足。在园林布局及布置方面则吸收了南北园林艺术的精华,因地制宜地加以汇聚,比如圆明三园的诸多景色中就再现了国内苏杭、扬州等地著名园林的特点。

第三,艺术化。明清园林中占主导地位的是园林建筑的高度艺术化,其意境、风格、布局,造景借景,动静相兼等艺术美学理论的运用,已臻于成熟;各种建筑形式与风景景观结合融为一体,自然山水木石精心安排凸显主体建筑物;甚至在附属设施的样式、内部装修和环境色彩等方面也都得到统一、和谐的设计,体现了中国造园思想的高超境界。

中国古典园林犹如我国的文化传统一样,千百年来在与外部世界交流较少的环境里,通过世世代代的摸索、探求、总结而逐步成长、完善、流传下来。这种历史上相对孤立、闭塞的状态,一方面,使中国园林长期处于一种逐步积累、相对稳定、相当保守的渐进式发展过程中;另一方面,也使它创造出与其他民族迥然不同的、具有浓郁的本民族特征的园林风格。

第二节　中国古典园林的基本类型及特征

中国古典园林类型的形成,有一个功能从简单到复杂、规模从小型到大型的发展过程。

园林的雏形是“庭”。今天一般以天井为庭,位于厅堂之前,四周为建筑所包围,十分封闭。我国南方的民居建筑多依靠这种极小而又十分封闭的天井解决通风、采光问题。这种堂前小院除供通风、采光外,还可种植花草供家人玩赏,并借以点缀环境,实际上也起到了园林的游赏功能。某些大型民居建筑,往往沿着一条中央轴线,设置多进厅堂,而每个厅堂之前都有相应的天井,这样就可以形成一系列大小不等的天井。

由“庭”又发展到“院”。“院”指用墙围成的内部空间,即今天所称的“院落”。北方民居所采用的四合院,即是最典型的院落,它主要以建筑、廊或墙垣所围合而成,与南方民居的天井相比,其功能是一样的,只是面积要比后者大得多,种植的花木也要多得多,更具备了园林的游赏功能。

“院”的再扩大,便成为“园”,亦即今天所称的“园林”。园林与院落的本质区别,除了规模大小不同外,园林必须通过人工的方法,叠山、理水、构造观赏建筑,进行造景、组景,形成一个相对独立的整体,在功能上,则以游赏为主要功能。园林的规模有大有小,小园林多为单一空间形成,功能比较简单。中、大型园林不仅规模大、独立性强,而且功能多样,除提供游赏以外,还能满足读书、会客、宴请等各种活动的要求。为此,多把园林划分成为若干个各具特色的景区,以分别适应各种不同活动的要求。个别大园林本身还可以划分为若干个子园林,使其各具相对独立的主题内涵。

一、中国古典园林的基本类型

中国园林的基本类型,大致可以划分为自然园林、寺庙园林、皇家园林和私家园林四种。虽然园林界对它们有种种不同的称谓,如自然园林、风景园林、寺庙园林、宗教园林、私家园林、文人园林、宅邸园林、江南园林,等等,但是其内涵是基本相同的。

(一)自然园林

自然园林,是在大自然山水景观的基础上,进行适度的人工园林开发而成,基本上保留了自然的山貌水景。自然园林与风景名胜有所区别,自然园林是进行过适度的人工园林开发,风景名胜则没有按园林艺术进行适度人工开发,而风景名胜一旦经过人工适度开发,就可转化为自然园林。

(二)寺庙园林

寺庙园林,狭者仅指方丈之地,广者则泛指整个宗教圣地,其实际范围包括寺观周围的自然环境,是寺庙建筑、宗教景物、人工山水与天然山水的综合体。寺庙园林作为中国园林的一个分支,论其数量,它比皇家园林、私家园林的总和要多几百倍;论其特色,它具有一系列不同于皇家园林和私家园林的特长;论其选址,它突破了皇家园林和私家园林在分布上的局限,可以广布在自然环境优越的名山胜地;论其优势,自然景色的优美,环境景观的独特,天然景观与人工景观的高度融合,内部园林气氛与外部园林环境的有机结合,都是皇家园林和私家园林所望尘莫及的。

(三)皇家园林

皇家园林在古籍里面称之为“苑”、“囿”、“宫苑”、“园圃”、“御苑”,如果从公元前 11 世纪周文王修建的“灵囿”算起,到 19 世纪末慈禧太后重建清漪园为颐和园,已经有 3000 多年的历史,可谓源远流长。在这漫长的历史时期中,几乎每个朝代都有宫苑的建置。一些建在京城里面,与皇宫相毗连,相当于私家的宅园,称为大内御苑;大多数则建在郊外风景优美、环境幽静的地方,一般与离宫或行宫相结合,分别称为离宫御苑、行宫御苑。行宫御苑供皇帝偶一游憩或短期驻跸之用;离宫御苑则作为皇帝长期居住并处理朝政的地方,相当于一处与大内紧密联系的政治中心。

在连续几千年的漫长历史时期,帝王君临天下,至高无上,皇权是绝对的权威。与此相适应的,一整套突出帝王至上、皇权至尊的礼法制度也必然渗透到与皇家有关的一切政治仪典、起居规则、生活环境之中,表现为所谓皇家气派。而园林作为皇家生活环境的一个重要组成部分,也形成了有别于其他园林类型的皇家园林。

(四)私家园林

除皇家动用国库造园以外,封建贵族、地主、富商、士大夫则动用私帑造园,所建之园称为私家园林。

中国私家园林起源很早,汉代有梁孝王的梁园,大富豪袁广汉的私园。这类私家园林均是仿皇家园林而建,只是规模较小,内容朴实。魏晋南北朝时期,中国社会陷入大动荡,社会生产力严重下降,人口锐减,人民对前途感到失望与不安,于是就寻求精神方面的解脱,道家与佛家的思想深入人心。此时士大夫知识分子转而逃避现实,隐逸山林,这种时尚也体现在当时的私家园林之中,其中的代表作有位于中国北方洛阳的西晋大官僚石崇的金谷园和中国南方会稽的东晋山水诗人谢灵运的山居。两者均是在自然山水形势基础上稍加经营而成的山水园。

唐宋时期,社会富庶安定,文化得到了很大的发展,尤其是诗、书、画艺术达到了巅峰时期。文人造园更多地将诗情画意融入他们自己的小小天地之中。这时期的代表作有诗人王维的辋川别业和作家司马光的独乐园。明清时期,私家造园之风兴盛,尽管此时私家园林多为城市宅园,面积不大,但是就是在这小小的天地里,也营造出了无限的境界。此时出现了许多优秀的私家园林,其共同特点在于选址得当,以假山水池为构架,辅以亭台楼阁、树木花草,朴实自然,托物言志,小中见大,充满诗情画意。这时期著名的南方私家园林有无锡的寄畅园,扬州的个园,苏州的拙政园、留园、网师园和环秀山庄、狮子林等。北方私家园林则有北京的翠锦园、勺园、半亩园等。

从现今留下来的明清时期的宅园布局来看,北方的私家园林受四合院形制的影响较大,显得较为拘谨;南方的私家园林则在空间布局上更加自然大方。从水池大小来看,北方私家园林中通常水面较小,而南方私家园林因其地水源丰富而水面较大。从假山材料来看,北方私家园林选用的北方产的石头为多;南方私家园林选用的是太湖石。从园林建筑外观造型来讲,北方园林建筑显得稳重大度,屋角起翘较平;而南方园林建筑则空灵、飘逸,屋角起翘很大。从色彩构图上讲北方园林是以灰瓦、灰墙、红柱、红门窗、绿树、黄石、青石为特点,色彩艳丽、跳动;南方园林则是以灰瓦、粉墙、掠柱、棕门窗、灰白石、绿树为特点,色彩清雅、柔和。

二、中国古典园林的特征

中国古典园林，既体现了南北方风土人文差异，又融合了文化共性，极富历史价值和美学价值。中国古典园林的布局形式以自由、变化、曲折为特点，要求景物源于自然，高于自然，使人工美和自然美融为一体，做到“虽由人作，宛自天开”。

（一）自然园林的特征

自然园林以自然景观为主，需要人们按照园林艺术的要求，去发现、去开掘、去建设，即需要保留并发扬自然美，不允许破坏或压抑自然美，又以人工美烘托自然美。

特别提示

杭州西湖中北筑一条白堤，西筑一条苏堤，虽然这两堤是人工建筑，将西湖广袤的水面进行了分割，但它并没有破坏西湖的自然美，反而大大发扬了西湖的自然美，使西湖更显婀娜多姿。西湖南端湖面的三潭印月，亦系人工建筑，但这一人工建筑使西湖出现了“湖中有岛，岛中有湖”的新景观，打破了湖面的空旷单调，使西湖景中有景，更值得深深品赏玩味。

概括地说，自然园林的特征大致有以下四点。

1. 天然色彩，少人工雕琢

自然园林都是以自然风景为基础，按照园林艺术要求，经过历代人工适度加工开发而成。而“人工适度加工开发”，旨在扬其自然风景所长，而不是破坏或代替自然风景；否则，就与私家园林无所区别了。

特别提示

无锡鼋头渚，利用太湖自然风景，进行适度人工开发，形成了“以天然风景为主，人工修饰为辅，依山傍水进行园林布局，别具一格”的特点，成为著名的中外游览胜地。济南大明湖，由珍珠泉、芙蓉泉、王府池等多处泉水汇合而成，湖面46.5公顷，沿湖辟建亭台楼阁、水榭长廊，参差有致。一湖烟水，绿树蔽空，每逢夏日，荷花映天，景色佳丽，素有“四面荷花三面柳，一城山色半城湖”之誉，充分保留了自然风景美。

2. 突显自然景观，辅以人工建筑

自然园林规模均较大，因而人工建筑很多，但不能喧宾夺主；在人工建筑构建

时，必须扬自然风景之长，不能破坏自然风景之美。自然园林一般构建在城镇近郊或远郊的山湖风景地带。规模较小的，充分利用天然山水的局部或片段作为建园基址，如无锡鼋头渚和蠡园等；规模大的，则把完整的天然山水作为建园基址，如杭州西湖、惠州西湖、肇庆七星岩、武汉东湖等。然后再配以花木栽植、筑堤建岛和适量的建筑营构，对基址的原始地貌只作因势利导的调整、改造、加工。

3. 范围宽广，规模宏大

自然园林以自然风景为基础，自然风光，绵延方圆几公里至几十公里，范围宽广，规模宏大，远非私家园林所能相比。因而，自然园林的所在地，往往也是当地旅游胜地之所在，中外游客的集中游览之处，具有巨大的社会效益和经济效益。

4. 公开开放，任人游览

自然园林，依据自然山水，添加少量人工雕琢，规模较大，一般公开开放，任人游览。隋唐时代长安的曲江池便是民众任意游览之地，如今杭州的西湖更是市民游客免费休闲观景的好去处。

（二）寺庙园林的特征

我国的寺庙园林，位置多在名山大川。在构筑时充分考虑了确保主殿的显赫地位和中轴对称的程式布局，在此前提下，结合不同地形和景观条件，吸取世俗园林的布局特色，在保持宗教庄严肃穆气氛的同时，增加了开朗活泼、生趣盎然的观赏空间，由此形成了我国寺庙园林鲜明的特点。

1. 寺庙建筑与自然景观密切结合

为了满足香客和游客的游览需要，在寺庙周围的自然环境中，以园林构景手段，改变自然环境空间的散乱无章状态，加工剪辑自然景观，使环境空间上升为园林空间。例如，镇江有名的三山——金山、焦山、北固山，每山都有寺，每处寺庙园林都因地制宜，充分利用当地的自然景观，各具特色。

2. 宗教功能与游赏功能密切结合

寺庙园林总体布局大致可划分为三大部分，第一部分为宗教空间，即供奉神像和进行宗教活动的空间。寺庙中的山门、钟鼓楼、殿宇、藏经楼等宗教建筑，大都放在总体布局的核心位置。以程式化的刻板布局方式，表现出宗教庄严、肃穆、神秘的气氛。第二部分为寺内园林空间，采用自由、灵活的园林布局方式，把宗教空间变成开朗活泼、生趣盎然的园林观赏空间。第三部分为寺外园林环境空间，包括园林化了的寺庙前登山香道和寺庙周围的自然山水景观环境空间。宗教空间相对孤立、静止，适应以静为主的宗教活动，以体现其宗教功能；寺内园林空间和寺外园林空间，让香客、游客进行游赏，以动为主，以体现其游赏功能。寺庙园林双重功能的密切结合，使它不但具有雍容华丽的风格，而且也具有朴拙素雅的风格。

3. 范围可小可大，伸缩的弹性极大

寺庙园林小者，往往处于深山老林一隅的咫尺小园，取其自然环境的幽静深邃，以利于实现“远离尘世，念经静修”的宗教功能。大者构成环绕寺院内外的大片园林，甚至可以结合周围山水风景，形成大面积的园林环境，形成闻名遐迩的旅游胜地。在众多的寺庙园林中，后者所占的比重不算小。如泰山、武当山、普陀山、五台山、九华山等宗教圣地，空间容量大、视野广阔，具备了深远、丰富的景观和空间层次，以至近能观咫尺于目下，远借百里于眼前，形成了远近、大小、高低、动静、明暗等强烈对比的主体化的环境空间，能容纳大量的香客和游客。

4. 公开开放，任人游览

不同于只供少数人独享其乐的皇家园林和私家园林，寺庙园林则是面向广大的香客、游人，除了宗教活动以外，带有公共游览性质。这是由宗教性质所决定的。宗教目的旨在“普度众生”，对来庙敬香者、瞻仰者、游览者，不管其贵贱贫富、男女老少、雅逸粗俗，一概欢迎。因此，庶民百姓到寺庙园林中去进香的同时，可以尽情游赏名山胜水和灿烂的历史文化。

（三）皇家园林的特征

皇家园林作为园林的重要类别，其特征主要表现为以下几点。

1. 选址自由，规模宏大

在漫长的历史长河里，皇权作为至高无上的权威，在园林建造上皇家自然有绝对的特权。皇家园林既可包罗原始山水，如清代避暑山庄，其西北部的山，是自然的山，东南部的湖景，是天然塞湖改造而成；也可叠砌开凿，宛若天然的山峦湖海，如宋代的艮岳、清代的清漪园。总之，凡是皇家看中的地域，都可以构造成皇家园林。

我国最早的皇家园林是周代文王的灵囿，方圆 35 公里。秦汉的上林苑，广 150 余公里。隋朝的洛阳西苑，周长 100 公里；其内为海，周长 5 公里。唐朝长安宫城北面的禁苑，南北 16.5 公里，东西 13.5 公里。北宋徽宗时的东京艮岳，是在人造山系——万岁山基础上改建而成的。清代所建避暑山庄，其围墙周长 10 公里，内有 564 公顷的湖光山色；圆明园占地 200 多公顷，长春万春二园 133 多公顷；最晚建成的颐和园，占地约 287 公顷。显而易见，皇家园林的规模是寺庙园林和私家园林所望尘莫及的。而且其规模大小，基本上与历史的向后延续成反比。皇家园林数量的多寡、规模的大小，也在一定程度上反映了一个朝代国力的盛衰。

2. 建筑富丽，皇权至尊

皇家凭借手中所掌握的雄厚财力，在建造园林时可以肆意增加园内建筑的数量和类型，加重园内的建筑分量，突出建筑的形式美，作为体现园林皇家气派的一个最主要的手段，从而将园林建筑的审美价值推到了无与伦比的高度。论其体态，雍容华贵；论其色彩，金碧辉煌，充分体现华丽高贵的宫廷色彩。

皇家园林作为皇家生活的一项重要营建，在布局构建上直接体现了皇权至尊的观念。到了清代雍正、乾隆时期，皇权的扩大达到了中国封建社会前所未有的程度，这在当时所修建的皇家园林中也得以充分体现，其皇权的象征寓意，比以往范围更广泛，内容更驳杂。

特别提示

例如，圆明园后湖的九岛环列，象征"禹贡九州"；东面的福海，象征东海；西北角上的全园最高土山"紫碧山房"，象征昆仑山；整个园林布局，象征全国版图，从而表达了"普天之下，莫非王土"的皇权寓意。避暑山庄的外围建筑——外八庙，用各兄弟民族建筑样式建造，如众星拱月的布局，象征多民族拱卫中央王朝。园林里面的许多景点，如蓬莱三岛、仙山琼阁、梵天乐土、文武辅弼、龙凤配列、男耕女织、银河天汉等，从建筑、景域到命名，其寓意均取于历史典故、宗教典故或神话传说。

3. 全面吸取江南园林的诗情画意

皇家园林在建造中，广泛引进江南园林的造园技艺。在保持北方建筑传统风格的基础上，大量采用游廊、水廊、爬山廊、拱桥、亭桥、平桥、舫、榭、粉墙、漏窗、洞门等江南常见的园林建筑形式；在讲究工整格律、精致典丽、庄严肃穆的宫廷色彩中，融入了江南文化园林的自然质朴、清新素雅的诗情画意。在皇家园林内再现江南园林主题，也成为某些江南名园在皇家园林中的变体。例如，圆明园内的坐石临流，是直接摹写绍兴兰亭的崇山峻岭、茂林修竹、曲水流觞的构思；坦坦荡荡一景，援用杭州西湖的玉泉观鱼；避暑山庄的金山亭，再现镇江金山亭。仿建复制江南名园，也是皇家园林的构造方式之一。例如，圆明园内的安澜园，系仿海宁陈氏偶园；长春园内的茹园，系仿江宁瞻园；清漪园内的惠山园，系仿无锡寄畅园。

（四）私家园林的特征

私家园林的主人，属于有较高文化修养的封建官僚、豪富士绅阶层，他们常慨叹于仕途商海沉浮而标榜崇尚田园、山林归隐，以示高雅。构筑城市宅园，恰恰可以满足其既可获得城市文明物质生活的需求，又能坐享湖山曲径通幽的乐趣，物质生活和精神乐趣两者兼得。因而私家园林的建造，也凸显出鲜明的士大夫特色。

1. 规模较小

造园需要一笔巨大的资金，富商巨贾再富有，总比不过帝王家富有，从物质条件上注定它不能与皇家园林比规模，也不能与征集天下善男信女之捐助而建成的寺庙园林比规模。论其规模大小，一般来说，自然园林最大，其次是皇家园林，再次是寺庙园林，私家园林最小。

2. 位于市内，功能合一

寺庙园林大多建造在深山幽静之地，皇家园林大多选在城市郊区，而私家园林多建造在城市内幽静处，而且往往与起居的住宅紧密相连，居住与赏游合一，因而私家园林又常常称为第宅园林、城市园林。私家园林让人既坐享城市物质文明，又寻得湖山自然乐趣，两者兼而有之。

3. 以人工雕琢，求自然之趣

与其他三类园林相比，私家园林由于大多选址在城市，一般无自然山水景观可借，山，须人工堆筑；水，须人工挖掘。总之，园林的建造，全须凭人力，但在艺术效果上，则尽力追求"自然"之趣，尽量不留人工雕凿痕迹，亦即要达到"虽由人作，宛自天开"的艺术境界，因而有"第二自然"之称。

4. 咫尺山林，多方胜景

私家园林由于规模最小，便要在小处做文章，突破空间的局限性，创作出"咫尺山林，多方胜景"的园林效果。"妙在小，精在景，贵在变，长在情"。山不高而有峰峦起伏，水不深而有汪洋之感，竹丛树荫而幽深莫测，园路逶迤而长桥多折，在一小方空间中组合成千变万化的园林景色。这就要求造园家具有高超的艺术造诣，在咫尺空间内造就出意境特殊的园林。因而，私家园林比起另外三种园林来，最集中地体现了我国园林艺术的精华。

5. 书卷气息最浓

私家园林多是具有高度文化素质的文人所构筑，园林中处处透着文化氛围，故私家园林又有文人园林之别称。园林往往能以它鲜明、生动的物质形态，具体形象地传达出一个民族的精神气质或一个时代的文化心理特征。从选园的立意、构思、布局、建造、题名、匾额、楹联，直至游赏的全过程，都与历代文人和传统文化密不可分，与中国文学、哲学、诗词、绘画、雕刻、书法、音乐、戏曲等有着密切的联系。其中尤与传统的山水画、山水诗相互渗透，互为影响，因而中国园林素有"立体的山水画，无声的山水诗"之美称，处处给人以诗情画意的享受，身临其境而感到美不胜收。

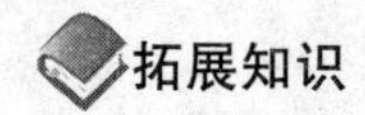

中国南北方园林的地域特色

中国园林善于因地制宜，即根据南北方自然条件的不同，而有南方园林与北方园林之别。因此，中国园林的地域特色，可以划分为北方园林特色和南方园林特色两大类;细而分之,还可分为南北兼具特色、岭南园林特色等。

北方园林,狭义上是指河北、山东、北京、天津的园林,它集中了齐鲁、燕赵两地文化,中华民族的先民在这里创造了光辉灿烂的文明。以黄河流域为主体的北方园林系统发源很早,规模很大,以皇家园林为代表。北方园林平面布局严谨,厚重沉稳,占地较广,雄伟高大、壮阔粗犷,色彩比较富丽,金碧辉煌。同时,北方园林还以北方普遍民居四合院为基调,从而主体突出,强调中心。

南方园林,主要指以苏州、杭州、无锡、扬州、南京、上海、常熟等城市为主的私家园林,以江南园林为代表。江南有温和的气候、充沛的水量、丰盛的物产、优美的景色、宽松的人文环境,其园林营建自成特色。江南园林以人工造景为主,叠石理水、水石相映。在有限的空间再现真实的自然山水,花木众多,建筑风格淡雅朴素。布局自由,规划巧妙,设计精致,清新洒脱,人文气氛浓厚。

北方园林华丽,江南园林雅秀。北方高亢,南方婉约。在中国园林发展过程中,南北园林风格也互相交流和渗透。清朝康熙、乾隆两代皇帝数度南巡,使这种交流发展到一个高潮,在当时修建的圆明园、避暑山庄、清漪园等北方园林中出现了很多模仿江南园林名胜的景点和“园中园”。尽管建筑仍是北方形制,但在平面布局和建筑与自然山水的关系上吸取了南方园林的许多特点。江南的许多地方为接待帝王驻跸临幸,也兴建了许多行宫和别馆。如扬州富商为了争宠于皇帝而在瘦西湖兴建的许多园林建筑,多带有北方风格。至今扬州园林建筑仍有融合南北风格的特点。

(资料来源:根据彭一刚的《中国古典园林分析》等相关资料整理)

第三节　中国古典园林的审美元素与艺术境界

中国古典园林的总体布局合乎自然。山与水的关系以及假山中峰、涧、坡、洞各景象因素的组合,符合自然界山水生成的客观规律。中国古典园林力求从视觉上突破园林实体的有限空间的局限性,使之融于自然,表现自然,体现淡泊、恬静、含蓄的艺术特色,收到移步换景、渐入佳境、小中见大等观赏效果。

一、中国古典园林的审美元素

中国古典园林是中国风景美的一种人工物质载体。组成中国园林的审美元素大致有形象美、色彩美、音响美与节奏韵律美四种。

(一)形象美

形象美是风景资源中的重要审美元素。风景之美,以一定的形象表现出来,审美主体才能感受到它的美。在自然景观中,风景形象美的特征主要表现为:雄、秀、奇、险、幽。华山的险峻、泰山的雄伟、黄山的奇特,无不给人以一种崇高、宏大、横空出世的壮美感;杭州西湖的清秀、桂林阳朔的奇秀、武夷山水的幽深,则给人一种秀丽、幽深的秀美感。自然界林林总总景观,千姿百态,各有自己的独特的形象美。

中国古典园林是一种空间艺术,在有限的空间里,以现实自然界里的石、土、水、植物、动物等为材料,创造出自然风景的艺术景象。中国园林的一道"云墙",可使人产生山庄的联想;一湾池水、几座湖石,可予人以深山濠濮的印象。中国园林或模拟山水画,或取意田园诗文,或借鉴自然风景,但从本质上来说,皆以大自然的风景名胜为蓝本,无论是林泉幽壑还是淡泊湖山,无论是山村曲径还是水殿风荷,它的艺术形象无不是以某类大自然山水形象为蓝本,结合园主一定的思想主题而创作的。因而,中国园林是经过主观艺术加工的大自然风景形象的翻版。大自然风景形象虽然广阔宏远、原始丰富、真切生动,而中国古典园林形象则是对林林总总的大自然风景形象更集中、更概括、更理想和更富有情趣的艺术体现。

(二)色彩美

自然风景的色彩主要由树木花草、江河湖海、烟岚云霞及阳光、月光构成。山岳景观最常见的是绿色,最艳丽的色彩来自花朵,风景中绚丽的色彩美会给人们带来强烈的视觉震撼。当各种色彩和谐地组合在一起时,必然给人带来欢乐、幸福、振奋、赏心悦目之感。

决定中国古典园林艺术感染力的因素,无非是形、色、声、香四方面。在园林空间中,无论山景、水景、花木、动物、建筑,主要都以形、色两项最动人。因而,园林离不开色彩,造园者使用其所喜欢的颜色去装饰、美化周围的生活环境,形成自己独特的审美愿望,运用丰富的色彩语言来表达自己特有的理想憧憬、情操内涵和生活情趣。

园林色彩的构成,由山景色彩、水景色彩、花木色彩、动物色彩和建筑色彩五大项构成。然而,山景色彩比较单调,除扬州个园的四季假山予秋山以赭色、予冬山以白色来表现季节特点外,一般都采用灰青色或土黄色居多,色彩变化不多。水景色彩同样如此,一般以水质清澈为上,除水生植物的颜色外,大多以蓝色的天空、白云和周围景观的倒影显现其颜色,水景本身的颜色则比较单纯。因而,在园林色彩的五大构成中,主要表现为建筑色彩、花木色彩和动物色彩三大类。

(三)音响美

自然界的万籁之声,可通过不同方式,借来为我所用,以构成园林风景中的"音乐"。瑟瑟松涛、嘎嘎竹韵、轰鸣瀑布、叮咚山泉、幽林鸟语、古刹梵音、雨打芭蕉、夜深虫唱,构成风景区一曲曲和谐美妙的轻音乐,可平添勃勃生机。自然界中的千万种音响,或清新,或悠远,或激越,或苍凉,是音乐家难以尽仿、诗人墨客难以尽描的。在园林风景中,为满足游人听觉美的需要,聪明的造园家通过种种构造设施,或外借我用,或自造再现。为了"风起松涛",要多种松柏;为了"竹戛玉音",要多栽竹;为了"雨打芭蕉",要广植芭蕉;为了"残荷听雨",要多栽荷花;为了"柳浪闻莺",要多种柳树;为了"莺啭乔木",要多种高大树;为了"夹镜明琴",要让溪流成有源之活水,等等。

(四)节奏韵律美

中国古典园林艺术素称"凝固的音乐",音乐中的节奏与韵律,是作曲者通过变换音乐元素强弱、高低、缓急、静动、距离、间歇、停顿等所组成,而每首成功的乐曲中,又总是有一些重复的乐句、乐段,作曲者正是通过这些必要的重复而取得整首乐曲的和谐统一,其中某些重复的乐句和乐段,则构成主调,成为主题,反映出特定的思想感情。园林建筑艺术则通过立体和平面的构图,运用点、线、面、体各部分的平衡、对比、比例、对称和空间序列的变化等,取得节奏与韵律的艺术效果。

中国古典园林不仅是一种空间艺术,而且也是一种具有音乐特点的时间艺术。就观赏而言,它的审美享受主要通过人的动态游览来完成。游园观赏的连续过程,则是一个时间组织艺术的过程。诸风景展示的景物及其方位,都是作为观赏客体的人在时停时续的时间过程中完成的,如同音乐在时间过程中组织音阶、音量、音色等一样,从而产生节奏韵律感。承德避暑山庄湖洲区的重要一景金山,三面临湖,一面为溪流,以山石堆叠,峭壁峻崖,层层斜上,形成雄奇秀丽的山势。山上楼阁,山下亭台,临湖背山,环如半月,波光岩影,佳丽异常。景区的整个布局,紧凑而有韵律,前有波平如静的湖面与清幽浓重的金山倒影,后有溪水,远处真山淡雅清晰,成为前景金山的余韵,而金山则又为远景的序曲,形成了一种有节奏、有高潮、有尾声的强烈节奏感,给人以极雅的艺术享受。

二、中国园林的艺术境界

中国园林的艺术境界大致有三种,即生境、画境和意境。后一种境界相继为前一种境界逐次深化和提高,故"生境"为第一层次境界,为最低层次;"画境"为第二层次境界,比"生境"层次高,比"意境"层次低;"意境"为第三层次境界,为最高层次。

(一)生境

中国古典园林的构造者在构园过程中,首要目标就是要创造出一个生机盎然的自然美意境;同时园主人又能在这富于自然美的小天地中,构造若干个能挡风雨、避寒暑、防蛇虫的建筑物,形成一个具有浓厚生活气息的优美环境。这种自然美和生活美相结合的境界,是中国古典园林创作中的第一个境界——生境。

造园者把创造一个洋溢着自然美的园林作为构筑园林的首要前提,在创作自然美的同时,还要创作生活美,使构建的园林"可望、可行、可游、可居"。为了达到"可望"的目的,必须建亭、台等以赏景;为了达到"可行"的目的,必须建园路、蹬道、环廊、桥梁等,以走游、登山、涉水;为了达到"可游"的目的,必须有一系列景观可欣赏;为了达到"可居"的目的,必须建筑必要的厅、堂、斋、馆,供会友、宴饮和就寝。因此,构建必要的建筑设施,是人们在园林中保证生活美,感受浓厚的生活气息和享受生活乐趣所不可缺少的。为了实现生活美而设置的建筑物,其风格、体量、形式、色彩、布局只能为自然美增色,而绝不应压倒和破坏自然美;只能使两者相辅相成,而不能使两者相互对抗。

生境的创造,便是中国园林来自自然、来自生活的现实主义创作方法的反映,是中国古典园林的第一层次艺术境界。

(二)画境

中国古典园林创作的第二个阶段,就是把从自然和生活中发现和体验到的美,通过取舍、概括、熔炼和提高,使之成为一个有主次、有烘托、有呼应的多样统一的完整布局,把生境美的素材通过艺术加工,融入中国山水画的笔意,上升到艺术美的境界——画境。

中国古典园林都是根据中国山水画的布局理论来造景布局的。这种按画境来造园的艺术手法,与中国园林现实主义创作方法、自然主义创作方法完全不同。中国园林的造景,虽然取材于自然山水,但并不是自然主义地加以机械模仿,而是集中天下名山胜水,加以高度的概括和提炼。来于自然而高于自然,力求达到"一峰而太华千寻,一勺则江湖万里"的神似境界。这种把大自然的景色经过取舍、概括和艺术加工以后而得到像中国山水画那样的艺术境界,就是"画境"。

画境是中国古典园林的第二层次艺术境界,是生境的提高和升华。它已摆脱了历史上直接模仿大自然的真山真水的生境艺术境界的幼稚,使园林创作臻于更完美、更成熟的艺术境界。

(三)意境

中国园林不但要创造富于生机的生境和上升到富于画意的画境,而且更要创造"触景生情",产生浪漫主义的激情和理想主义的追求,进入情景交融的境界,这就是中国园林的第三层次艺术境界——意境。

在中国文化土壤上孕育出来的园林艺术,同中国的文学、绘画有密切的关系。园林意境这个概念的思想渊源可以追溯到东晋至唐宋年间。当时的文艺思潮崇尚自然,出现了山水诗、山水画和山水游记。园林创作也发生了转折,从以建筑为主体转向以自然山水为主体,以夸富尚奇转向以文化素养的自然流露为设计园林的指导思想，通过园林的命名、匾额、楹联、题咏和铭记来抒发人生理想，因而产生了园林意境。园林意境寄情于自然物及其综合关系之中，情生于境而又超出情之所激发的境域事物之外，给人以遐想余地。

中国园林艺术是自然环境、建筑、诗、画、楹联、雕塑等多种艺术的综合。通过艺术加工过的高山流水、清风明月、鸟语花香、亭台楼阁给予游赏者以情意方面的信息，唤起以往经历的记忆联想，产生物外情、景外意。这种境界，是园林艺术的最高境界，亦即理想美的境界，它是中国千余年来园林设计的名师巨匠所追求的核心，也是使中国园林具有世界影响的内在魅力。

特别提示

园林意境创始时代的代表人物，如两晋南北朝时期的陶渊明、王羲之、谢灵运、孔稚圭和唐宋时期的王维、柳宗元、白居易、欧阳修等人，既是文学家、艺术家，又是园林创作者或风景开发者。陶渊明用“采菊东篱下，悠然见南山”去体现恬淡的意境。被誉为“诗中有画，画中有诗”的王维所经营的辋川别业，充满了诗情画意。以后元、明、清的园林创作大师如倪云林、计成、石涛、张涟、李渔等人都集诗、画、园林诸方面高度文艺修养于一身，发展了园林意境创作的传统，力创新意，作出了很大贡献。

思考与练习

一、填空题

1. 明清时期的园林有________、________、________三个方面的特点。

2. 中国园林大致可以划分为________、________、________、________四个基本类型。

3. 园林色彩的构成，由________、________、________、________、________五大项构成。

4. 中国园林的艺术境界大致有三种，即________、________和________。

5. 在中国文化土壤上孕育出来的园林艺术，同中国的________和________有密切的关系。

6. 中国古典园林是________的一种人工物质载体。

二、名词解释

1. 自然园林

2. 寺庙园林

3. 皇家园林

4. 私家园林

三、简答题

1. 自然园林有哪些特点?

2. 寺庙园林有什么特点?

3. 北方园林与南方园林有什么区别?

4. 简述中国园林的艺术境界。

案例分享

中南海位于北京故宫西侧,鳌玉桥以南。中南海是中海和南海的统称,明朝以前曾称为太液池、西海子和西苑。始建于辽金,后经元、明、清各代不断地扩建,面积达1500亩左右(其中水面约700亩)。古代中南海一直是各朝封建帝王的行宫和宴游的地方。

中海主要景物有紫光阁、蕉园和孤立水中的水云榭。此榭原为元代太液池中的墀天台旧址,现在还存有清乾隆帝所题"燕京八景"之一的"太液秋风"碑石。南海主要景物有瀛台,台上为一组殿阁亭台、假山廊榭所组成的水岛景区。重要的建筑物有翔鸾阁、涵元殿、香依殿、藻韵楼、待月轩、迎薰亭等。瀛台东现有石桥通达岸边。此外,在中南海中还有丰泽园和静谷,是园中之园,尤以静谷的湖石假山的堆叠手法高超。中海"水云榭",南海"瀛台",连同北海琼华岛,构成"三海"中的"三神山"。

瀛台岛在顺治、康熙时都曾大规模地修建,为帝后们避暑之地,也是康熙皇帝垂钓、看烟火、赐宴王公宗室等活动之所。瀛台之名取自传说中的东海仙岛瀛洲,寓意人间仙境。岛上的建筑物按轴线对称布局,主要建筑都在轴线上,自北至南有翔鸾阁、涵元门、涵元殿、蓬莱阁、香依殿、迎薰亭等。与东西朝向的殿宇祥辉楼、景星殿、庆云殿等共同组成三重封闭的庭院。沿瀛台岛又点缀了许多赏游的建筑:东面有补桐书屋、随安室、镜光亭、倚丹轩,以及建于水中的物鱼亭;西面有长春书屋、八音克谐亭、怀抱爽亭等。另有宝月楼与瀛台隔水相望,宝月楼在袁世凯窃政时改为新华门。南海的东北隅有韵古堂,即瀛洲在望。堂东有立于池中的流杯亭,昔日有飞泉瀑布下注池中,乾隆帝题有"流水音"匾;亭内地面上凿有流水九曲,乃沿袭古代"曲水流觞"的习俗。

中海一区的主要殿宇包括勤政殿,与瀛台岛隔水相望,是慈禧处理政务之所。慈禧曾在这里铺设一条轻便铁路通往作为别墅的静心斋。勤政殿西有结秀亭,亭西为丰泽园,园外有稻田数亩,是皇帝演耕的地方;园内有颐年堂、澄怀堂、菊香书屋,颐年堂西有春藕斋、居仁堂、植秀轩等。丰泽园西为静谷,是一座非常幽静的园中之园,园内屏山镜水,云岩毓秀,曲径通幽。

(资料来源:根据中国古典园林网等相关资料整理)

案例思考题:北京的中南海作为古代各朝封建帝王的行宫和宴游的地方反映了怎样的造园意境?

第十章 中国古典园林的构景要素和构景手法

引 言

中国古典园林是在山水创作的基础上,根据园景立意的构思和生活内容的要求,因山就水来布置亭榭堂屋、树木花草,使之互相协调地构成切合自然的生活境域,并达到“妙极自然”的艺术境界。因此,园林的构景要素有山石、水体、植物、建筑和园林小品。园林建筑是园林的重要组成部分,不论是皇家园林、私家园林还是寺庙园林,都是以园林建筑作为主体的。园林建筑与中国古典园林的关系是水乳交融的。中国古典园林因为有了精巧、典雅、多姿的园林建筑的点染而更加优美,更加适合人们游赏的需要。一个园林的创作,是要幽静的田园风格,还是要豪华的气势,也主要决定于建筑是淡妆还是浓抹。园林建筑因园林的存在而存在,没有园林风景,就根本谈不上园林建筑这一建筑类型;反过来,若没有相应的园林建筑,园林就缺少了重要的观赏内容。

学习目标

1. 了解中国古典园林的构成要素。
2. 了解古典园林中的建筑类型。
3. 掌握中国古典园林叠山造景的艺术手法。
4. 掌握古典园林建筑类型中轩、榭、舫、亭、廊的特点。

第一节 中国古典园林的组成要素

中国古典园林所蕴含的精湛的造园技法为世人称赞,历代相传。中国古典园林的构成要素,可以概括为筑山、理池、建筑、树木花草和书画墨迹五个方面。

一、叠山造景

地形是构成园林的骨架，主要包括平地、土丘、丘陵、山峦、山峰、凹地、谷地、坞、坪等类型。其中，筑山而形成的山景是园林风景形成的骨架和支托，为表现自然，叠山是造园的最主要的因素之一。园林中的山可以分为三大类，即土山、石山和土石山。土山，是自然形成或人工堆成，山道平缓，宜于绿化，形成自然山林外貌；石山，江南多用灰岩、砂岩，有的还用石英岩人工叠置；土石山，是由土、石混叠而成，一般是大型园林中人造山陵。例如，秦汉的上林苑，用太液池所挖土堆成岛，象征东海神山，开创了人为造山的先例，初步开创了一池三山的造园形制。中国古典园林叠山造景的艺术手法有以下几种。

特别提示

明代计成在《园冶》的"掇山"一节中，列举了园山、厅山、楼山、阁山、书房山、池山、内室山、峭壁山、山石池、金鱼缸、峰、峦、岩、洞、涧、曲水、瀑布十七种形式，总结了明代的造山技术。

（一）嵌理壁岩艺术

在江南较小庭院内掇石叠山，有一种最常见、最简便的方法，就是在粉墙中嵌理壁岩。正如计成在《园冶》卷三的《掇山·峭壁山》中说道："峭壁山者，靠壁理也，借以粉壁为纸，以石为绘也。理者相石皴纹，仿古人笔意，植黄山松柏、古梅、美竹、收之圆窗，宛然镜游也。"这类处理在江南园林中很多见，有的嵌于墙内，犹如浮雕，占地很小；有的虽于墙面脱离，但十分逼近，因而占地也不多，其艺术效果与前者相同，均以粉壁为背景，恰似一幅中国山水画，通过洞窗、洞门观赏，其画意更浓。苏州拙政园海棠春坞庭院，于南面院墙嵌以山石，并种植海棠、慈孝竹，题名海棠春坞。

（二）点石成景艺术

点石于园林，或附势而置，或在小径尽头，或在空旷之处，或在交叉路口，或在狭湖岸边，或在竹树之下；其分布要高低错落、自由多变，切忌线条整齐划一或简单地平衡对称；多采用散点或聚点，做到有疏有密、前后呼应、左右错落，方能产生极好的艺术效果。如在粉墙前，宜聚点湖石或黄石数块，缀以花草竹木。这样，粉墙似纸，点石和花木似笔，在不同的光照下，形成一幅幅活动的画面。

不同的石置于园林又可产生不同的艺术效果。比如,为了表达春天的意境,常用竹子,配制竖瘦的石笋,青竹虽直,但低弯的尖梢使石笋藏其身而露其头,产生虚实的变化,盎然春意脱颖而出;再比如,为表达夏天的意境,则多用玲珑四通的湖石,构成深涧绝谷、峭壁危峰、山脚清流环绕、山顶乔木繁荫、盘根垂蔓等清意幽深的意境。

选择石峰形体,要注意凹与凸、透与实、皱与平、高与低的变化。玲珑剔透的山石,混合自然,容易构成苍凉寥落、古朴清旷、妙极自然的特点,再配以得体的竹木,使得“片石多致、寸石生情”,既有绿意,又有情趣。

(三)独石构峰艺术

独石构峰之石,大多采用玲珑剔透、完整一块的太湖石,并需具备透、漏、瘦、皱、清、丑、顽、拙等特点。由于其体积硕大,因而不易觅得,常需要用巨金购得。园主往往把它冠以美名、筑以华屋,并视作压园珍宝。

拓展知识

上海豫园有块仅次于苏州留园冠云峰的巨石——玉玲珑,相传为宋代花石纲遗物,玉玲珑高5.1米,宽2米,重5000多公斤,上下都有空洞,胜似人工雕刻。亭亭玉立,石显青黝色,犹如一支生长千年的灵芝草,堪称天工奇石。

(四)旱地堆筑假山艺术

旱地筑山一般用于地势平坦,既无自然山岭可借,又缺乏活泼生动水面的地方,用大量的叠山作为园林的艺术点缀。主要的方法有六种:第一种,园中高山的堆叠。园中高山多采用峭壁的叠法。如位于北京故宫宁寿宫花园的萃赏楼前后的假山,均有陡直的峭壁,高耸挺拔。所用石材大小相同,叠砌得凸凹交错,形象自然,且有绝壁之感。第二种,峭壁的堆叠。峭壁上端做成悬崖式。这是采用悬崖与陡壁相结合的叠山手法,北京故宫宁寿花园的耸秀亭檐下的悬崖,挑出数尺的惊险之景,与崖边石栏杆,凭栏俯视,如临深渊,颇为险峻。第三种,山峦的叠筑。叠筑多采用山峦连绵起伏的手法。峦与峰又往往结合使用,以增加起伏之感。第四种,山峦起伏的表现。用突起的石峰进行散置堆筑,以加强整个山势的起伏变化,园中除了山顶多用石峰以外,山腰、山脚、厅前、道旁等处,也多散置石峰。有的采用整块耸立的巨石,有的用几块湖石连缀而成。第五种,虚实配合,相反相成,互为益彰。如同在北京故宫宁寿宫花园的古华轩东侧的假山,中间做出卷洞,包以湖石,设以米红卷门,开门如洞窟,具神秘感。这种上台下洞的处理,也属虚实结合的形式。第六种,山体幽静深邃的表现。在峭壁夹峙的中间堆出峡谷,给假山以幽静深邃。如北京故宫宁寿宫花园的延趣楼前与延棋门里各有一条极狭的山谷,仅60厘米宽,只能侧身通行。虽非主要山道,但在叠山艺术中却增添了宽狭、主次、虚实等情趣的变化,丰富了山林的造型。

(五)依水堆筑假山艺术

计成特别推崇依水堆筑的假山,因为“水令人远,石令人古”,两者在性格上是一刚一柔、一静一动,起到相映成趣的效果。《园冶》一书里,多次谈到这一点:“假山依水为妙。倘高阜处不能注水,理涧壑无水,似少深意。”理山,园中第一胜也。若大若小,更有妙境。就水点其步石,从巅架以飞梁;洞穴潜藏,穿岩径水;峰峦飘渺,漏月招云。还提道:“石须知占天,围土必然占地,最忌居中,更宜散漫。”苏州狮子林,以湖石假山众多著称,以洞壑盘旋出入的奇巧取胜,素有假山王国之誉。园中的假山,大多依水而筑。堆叠假山之所以“依水为妙”,被视为“园中第一胜”,正如郭熙所言,“水者,天地之血也”;“山以水为血脉”,“故山得水而活”,山“无水则不媚”。

二、理水造景

中国古典园林中有一个重要的理池手法,就是曲水流觞。一般最简单的理水方式是造池,然而简单的池中也有相当多细节,如池中植物的种植,是否要养水族的考量;池水要如何循环流动;它周围的布景,如亭子的方位,进园的走向等,古籍中往往都有所记载。较大规模的理水方式,是将池的规模扩大到水路的安排,如恰好园外有溪,则想办法将它引进园中来,或是起假山,造小型瀑布如帘。更大型的理水方式则扩充至人工湖泊和水路的营造,湖中甚至有小岛,小溪则有造桥等。经典的中国园林中,理水方式皆具有巧妙的对比,如池如镜,瀑如帘,一动一静,以符合园林最终追求的天人合一境界。

特别提示

“曲水流觞”指文人雅士坐在蜿蜒曲折的溪水两旁,将斟满酒的觞(酒杯)放入溪水中,任其漂流而下,酒杯停在谁的面前,谁就得饮酒赋诗。当年王羲之的传世之作《兰亭集序》就是在与好友饮酒赋诗的“曲水流觞”中写下的。

在中国古典园林中,理池形成的水景是园林景观的脉络。水体分为静水和动水两种类型,静水包括湖、池、塘、潭、沼等形态;动水常见的形态有河、溪、渠、涧、瀑布、喷泉、涌泉、壁泉等,水声、倒影也是园林水景的重要组成部分。中国古典园林理水之法,一般有三种。

（一）掩

以建筑和绿化，将曲折的池岸加以掩映。临水建筑，除主要厅堂前的平台外，为突出建筑的地位，所有亭、廊、阁、榭，皆前部架空挑出水上，水犹似自其下流出，用以打破岸边的视线局限；或临水布蒲苇岸、杂木迷离，造成池水无边的视觉印象。

（二）隔

或筑堤横断于水面，或隔水净廊可渡，或架曲折的石板小桥，或涉水点以步石，正如计成在《园冶》中所说，"疏水若为无尽，断处通桥"。如此则可增加景深和空间层次，使水面有幽深之感。

（三）破

水面很小时，如曲溪绝涧、清泉小池，可用乱石为岸，怪石纵横、犬牙交错，并植配以细竹野藤、朱鱼翠藻，那么虽是一洼水池，也令人似有深邃山野风致的审美感觉。

在中国古典园林中，水体通过建筑、山石、树木的点缀和组合，像一件件艺术品，极富诗情画意，达到虽由人作，宛自天开的境界。在水体的设计上模拟自然，突出意境，以曲径通幽为胜，有不尽深远之意。特别是"小中见大"造园手法的运用，更让人有一种景点丰富，愈达愈深的感觉。

三、建筑造景

园林建筑不同于一般建筑，它是园林的重要组成部分，建筑的有无是区别园林与天然风景区的主要标志。园林建筑除了满足游人遮阳避雨、驻足休息、林泉起居等多方面的实用要求，与山水、花木、动物等密切结合，有时还起着园林中心景观的作用。经过造园家们的长期探索与积累，中国古典园林建筑无论在单体设计、群体组合、总体布局、类型及与园林环境结合等方面，都有着一套相当完整而成熟的经验。

建筑在园林中起着十分重要的作用，可以满足人们生活享受和观赏风景的需要。中国古典园林建筑一方面要可行、可观、可居、可游，一方面起着点景、隔景的作用，使园林移步换景、渐入佳境，以小见大，又使园林显得自然、淡泊、恬静、含蓄。根据园林的立意、功能要求、造景等需要，必须考虑适当的建筑和建筑的组合，同时还要考虑建筑的体量、造型、色彩以及与其配合的假山艺术、雕塑艺术、园林植物、水景等诸多要素的安排，并要求精心构思，强化建筑的艺术感染力，使园林中的建筑起到最佳的效果。古典园林中的建筑形式多样，有厅、堂、楼、阁、馆、轩、斋、榭、舫、亭、廊、桥、墙等多种类型。

(一)馆

馆,原为官人的游宴处或客舍。江南的私家园林中的"馆",并不是客舍性质的建筑,一般是一种休憩会客的场所,建筑尺度不大,布置方式多种多样,常与居住部分和主要厅堂有一定的联系,如苏州拙政园内的玲珑馆、网师园内的蹈和馆,都建于一个与居住部分相毗连而又相对独立的小庭园中,自成一局,形成一个清静、幽雅的环境。苏州沧浪亭的翠玲珑小馆别具一格,它把建筑分为三段,一横、一竖、一横地曲尺形布置,使整座建筑处于竹丛之中。在北方的皇家园林中,"馆"常作为一组建筑群的统称。例如颐和园中的听鹂馆,原是清代帝后欣赏戏曲的地方,庭园中还设有一座表演用的小戏台;宜芸馆,原是帝后游园时的休息处所,重建后改为光绪皇后的住所。

(二)榭

榭,古代台上有屋叫榭,榭是一种开敞建筑。最初的榭原本是讲武、阅兵和供帝王狩猎的地方,后来才逐渐成为园林等建筑中的小品,是园林中游憩建筑之一,建于水边。榭的基本特点是临水,尤其着重于借取水面景色,一般都是在水边筑平台,平台周围有矮栏杆,显得十分简洁大方。例如,苏州拙政园的芙蓉榭(图 10-1),被毁的圆明园中也有许多水榭。

在我国古典园林建筑中,榭依山逐势,畔水亭立,一面在岸,一面临水,给人以凌空感受,水中游鱼与水面花影相映,诗情画意油然而生。幽静淡雅、别有情趣的榭,自然成了人们游园时读书、抚琴、作画、对弈、小酌、品茗、清谈的最佳所在。作为一种临水的建筑物,建筑与水面池岸一定要很好地结合,使其自然、妥帖。

图 10-1　苏州拙政园芙蓉榭(仿冯钟平,《中国园林建筑》)

（三）舫

舫，中国古典园林中，常见一种仿船形建筑称为石舫。在空间造型上，石舫前部三面临水，“船头”有平桥与岸连接，多为敞棚，以供赏景；底部以石建造，“船舱”多为木构，中舱最矮，类似水榭，舱的两侧开长窗以供休息、宴客；尾舱最高，多分为两层，四面开窗，以便登临远眺。头、尾舱顶为歇山式样，中部舱顶为船篷式样。舫体构造的下实上虚、舱顶各部分的式样变化，欲动实静的感官对比，构成了石舫舒展轻盈的造型美。当游客置身于石舫中，凭栏远眺，又与周围环境气氛相融合，具有意境美。这类建筑初看像是轩、榭、楼的组合体，细加玩味，其体形空间，则寄托着游船画舫的情调。由于徒具船形而不能行动，故又名“不系舟”。

石舫在江南文人的写意山水园多有出现，以“妙在小、精在景、贵在变、长在情”为特色的江南园林，欲在“咫尺山林，多方胜景”中，展现出水乡地域的特点，使得在划不了船的小水面上，仍能获得“置身舟楫”的感受。

建于明代的苏州拙政园，是江南园林的代表作，该园以水景为特点，作为全园精华的中园西部，面水筑有石舫建筑的香洲（图 10－2），上楼下轩，造型轻巧，东面隔水与倚玉轩相对，互相映衬。内舱横梁上悬有文徵明所书“香洲”两字匾额。舱中有大镜一面，映着对岸倚玉轩一带景色，扩景深远，是虚实对比和借景手段的极好表现。头舱轩廊之前有一个小月台，取船头甲板之意，尽量与水体接近。此外，扬州何园的东园筑有船厅，系旱地建筑；冶春园的西园池中，筑有石舫；大明寺西园池中，筑有船厅。上海明代所建的豫园，在萃秀堂东墙外，筑有亦舫，俗称船厅，有舟楫画舫之状，也是旱地建筑。

图 10－2　苏州拙政园香洲（仿冯钟平，《中国园林建筑》）

拓展知识

建于清末同治、光绪年间的苏州怡园，在以水景为主的西园尽端，筑有石舫——画舫斋(图 10－3)。内有匾额曰："舫斋赖有小溪山"，系引黄山谷诗句。斋内原悬有俞曲园篆书："碧涧之曲，古松之阴。"此处有水门，池水经北曲折向西汇成小池，石舫恰在其尽端。"碧涧之曲"，很确切地描绘出周遭的景色。

图 10－3　苏州怡园画舫斋(仿张家骥，《中国制造史》)

从园林构景因素这个特定的建筑意义分析，石舫在舍弃了舟船"济险安渡"的实用功能后，却获得了有别于亭台楼阁的更为独特的审美价值。

(四)廊

廊虽是一种比较简单的建筑物，但造型很丰富，艺术性很强。从廊的横剖面分析，大致可分单面空廊、双面空廊、复廊、双层廊四种；从廊的总体造型及其与地形、环境结合的角度来考虑，又可分成直廊、曲廊、回廊、抄手廊、爬山廊、叠落廊、暖廊、水廊、桥廊与花廊等(图 10－4)。

1. 单面空廊

廊的一边为空廊，面向主要景色；另一边沿墙，或附属于其他建筑物，形成半封闭的效果。其相邻空间有时需要完全隔离，则做实墙处理；有时宜添次要景色，则须隔中有透、似隔非隔，做成空窗、漏窗、灯窗、花窗及各式门洞。有时窗外虽几竿修篁，数叶芭蕉，二三石笋，得为衬景，却饶有风趣。北京颐和园昆明湖东北角的乐寿堂，临湖一侧筑有单面空廊，靠湖一侧为墙体，墙体上依次排列一长串什锦灯窗，

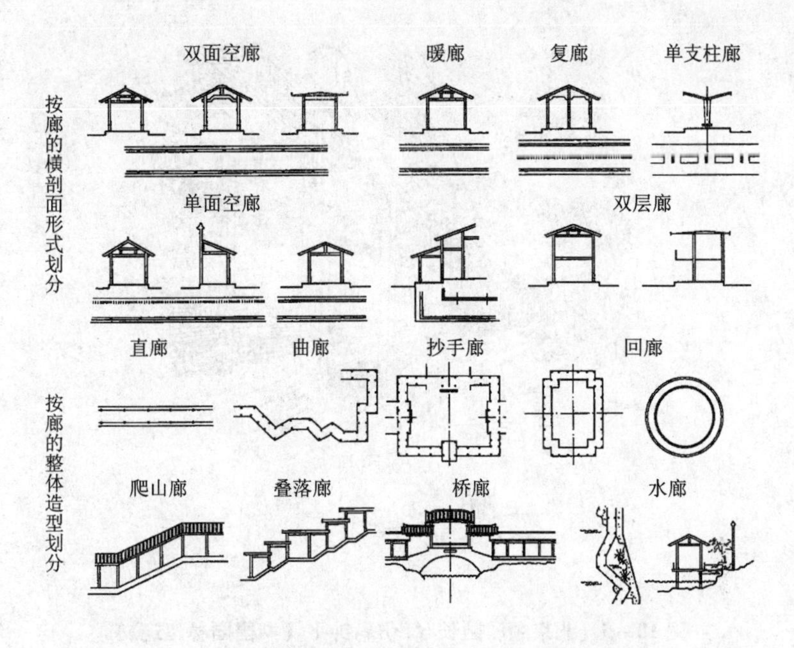

图 10－4　廊的基本类型(仿冯钟平,《中国园林建筑》)

人们透过连续灯窗,可得到一组组时断时续的景物形象,产生引人入胜的效果。北京恭王府花园西园沿湖而建的单面廊,旨在引导游客观看湖面景色,同时起到分隔中园与西园的作用。

2. *双面空廊*

在建筑之间按一定的设计意图联系起来的直廊、折廊、回廊、抄手廊等,多采用双面空廊的形式。双面空廊,即两边均无墙体,两边均可自由观景。既可运用于风景层次深远的大空间中,也可在曲折、灵巧的小空间中运用。廊两边景色的主题可不同,但顺着廊子这条路线行进时,必须有景可观。北京颐和园的长廊(图 10－5)是这类廊中的一个著名实例,它循万寿山南麓,沿昆明湖北岸构筑,东起邀月门,西迄石丈亭,中穿排云门,两侧对称点缀留佳、寄澜、秋水、逍遥四座重檐八角攒尖的亭子。廊长 728 米,共 273 间。内部枋梁上绘有精美的西湖风景及人物、山水和花鸟等苏式彩画 14 000 余幅,享有“画廊”之称。它的建筑构思十分巧妙,整个画廊随坡就弯建成,长廊中间的四座八角亭起到了高低过渡和变向连接点的作用,同时利用前后枋梁上的彩画和左右的自然景观,转移了游人的视觉观感,打破了长廊的单调,使整个长廊富有音乐韵律感。

3. *复廊*

复廊是在双面空廊的中间隔一道墙,形成两侧单面空廊的形式。中间墙上多开有各式各样的漏窗,从廊子的每一边可以透过漏窗看到另一边的景色。这种复

图 10-5　北京颐和园长廊(仿冯钟平,《中国园林建筑》)

廊一般安排在廊的两边都有景物可赏,而景物的特征又在各不相同的园林空间中,用复廊来划分和联系景区。此外,通过墙的划分和廊的曲折变化,来延长观景线的长度,增加游廊观赏中的兴趣,达到小中见大的目的。例如,苏州沧浪亭东北面的复廊,该园原系一高阜,缺水,而园外有河,造园家因地制宜,石驳河岸,以复廊将园内园外进行了巧妙地分隔,形成了既分又连的山水借景,山因水而活,水随山而转,使园内的山丘和园外的绿水融为一体。游人在复廊临水一侧行走,有“近水远山”之情;游人在复廊近山一侧行走,有“近山远水”之感。通过复廊,将园外的水景和园内的山景相互资借,联成一气,手法甚妙。

4. *双层廊*

把廊做成两层,上下都是廊道,即变成了双层廊,或称楼廊,古称复道。双层廊可提供人们在上、下两层不同高度的廊中观赏景色,使同一景色由于视觉高度的不同,得到两种不同的观赏效果。

拓展知识

扬州的何园,用双层折廊划分了前宅与后园的空间,楼廊高低曲折,回绕于各厅堂与住宅之间,成为交通上的纽带,经复廊可通全园。双层廊的主要一段,取游廊与复道相结合的形式,中间夹墙上点缀着什锦漏窗,颇具特色。园中有水池,池边安置戏亭、假山、花台等,通过楼廊的上、下,可多层次地欣赏园林景色(图 10-6)。

图 10－6　扬州何园楼廊图(仿冯钟平,《中国园林建筑》)

(五)轩

轩,最初是指有窗的长廊,后一般指建于高旷地以敞朗为特点的房子叫轩。

在园林中,轩一般指地处高旷、环境幽静的建筑物。苏州留园的闻木樨香轩,是个三跨的敞轩,位于园内西部山冈的最高处,背墙面水,西侧有曲廊相通,地处高敞,视野开阔,是园内主要观景点之一。拙政园的倚玉轩、留园的绿荫轩、网师园的竹外一枝轩、上海豫园的两宜轩等,都是一种临水的敞轩,临水一侧完全开敞,仅在柱间设美人靠,供游人凭倚坐憩。

此外,还有许多轩式建筑,采取小庭园形式,形成清幽、恬静的环境气氛,如苏州留园的揖峰轩,拙政园的海棠春坞、听雨轩,网师园的小山丛桂轩、看松读画轩与殿春簃等,都以一个轩馆式的建筑作为主体,周围环绕游廊与花墙,构成一个空间不大的小庭园,以静观近赏为主。园内的主要花木品种和山石特征,常构成庭园的主要特色。例如,听雨轩,院内满植芭蕉,取"雨打芭蕉"之意而得名;海棠春坞,以院内的海棠为主要观赏内容;看松读画轩,因轩前有古松,苍劲耸秀,故筑轩而起名。北方皇家园林中的轩,一般都布置于高旷、幽静的地方,形成一处独立的有特色的小园林,如颐和园谐趣园北部山冈上的霁清轩,后山西部的倚望轩、嘉荫轩、构虚轩、清可轩,避暑山庄山区的山近轩、有真意轩等,都是因山就势,取不对称布局形式的小型园林建筑。它们与亭、廊等结合,组成错落变化的庭园空间。由于地势高敞,既可近观,又可远眺,有轩昂高举的气势。

(六)亭

中国古典园林中亭的运用,最早的记载始于东晋、南朝和隋代,距今已有 1600 多年的历史。而且在漫长的发展过程中,它逐步形成了自己独特的建筑风格和极为丰富多彩的建筑形式,令人目不暇接,叹为观止。

亭子的体量虽然不大,但造型上的变化却是非常多样灵活的。其造型主要取决于其平面形状、平面上的组合、亭顶形式与装修式样、色彩等。我国古代的亭子,起初的形式是一种体积不大的四方亭,木构草顶或瓦顶,结构简易,施工方便。以后,随着技术的发展和人们审美情趣的提高,逐渐发展为多角形、圆形、“十”字形等较复杂的形体。在单体建筑平面上寻求多变的同时,又在亭与亭的组合,亭与廊、墙、房屋、石壁的结合,以及在建筑的主体造型上进行创造,出现了重檐、三重檐、两层等亭式,产生了极为绚丽多彩的建筑形象。

亭子的顶最讲究,最具美学姿态。一般以攒尖顶为多,也有用歇山顶、硬山顶、盝顶、卷棚顶的,新中国成立后则有用钢筋混凝土做成平顶式亭的。从造型艺术角度看,中国古典园林中的亭大致有以下几种类型。

1. 三角攒尖顶亭

这种亭不多见,因为只有三根支柱,因而显得最为轻巧。著名实例有杭州西湖三潭印月中的三角亭,绍兴兰亭“鹅池”三角碑亭。新中国成立后建造的有兰州白塔山上的三角亭,广州烈士陵园中的三角休息亭等。

2. 正方形亭

正方形亭形态端庄,结构简易,可独立设置,也可与廊结合为一个整体。例如,苏州拙政园的绿漪亭(图 10－7)、梧竹幽居亭,苏州沧浪亭的沧浪亭(图 10－8),扬州瘦西湖的钓鱼台亭,北京团城的玉瓮亭,杭州西湖文澜阁假山西部方亭,北京颐和园的知春亭等。

图 10－7　正方形亭(苏州拙政园绿漪亭示意图)

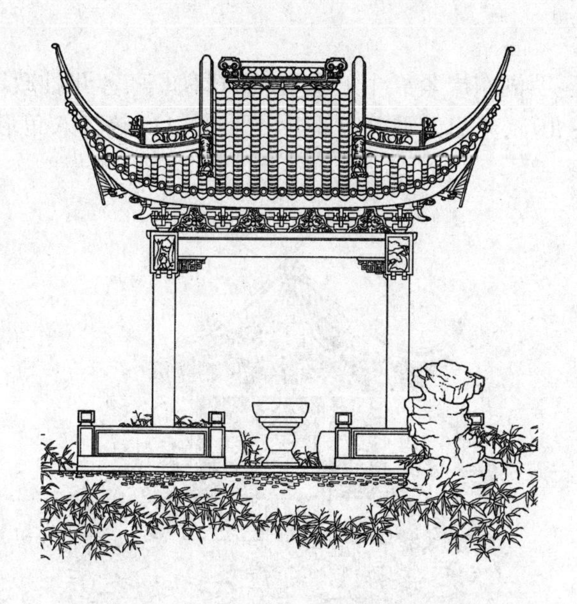

图 10－8　正方形亭（苏州沧浪亭示意图）

3. 六角形亭

六角形亭有单檐攒尖顶、重檐攒尖顶和盝顶单檐等。单檐攒尖顶的有苏州怡园小沧浪亭（图 10－9），无锡梅园天心台六角亭，扬州瘦西湖六角亭，成都杜甫草堂六角亭，南宁南湖公园仿竹六角亭，上海天山公园荷花亭等；重檐攒尖顶的有苏州西园湖心亭，南宁邕江大桥桥头纪念亭；盝顶单檐的有北京太庙井亭等。

图 10－9　六角形亭（苏州怡园小沧浪亭）
（仿刘敦桢，《苏州古典园林》）

4. 八角形亭

北京颐和园昆明湖东岸紧靠十七孔桥端的廓如亭、苏州拙政园西园南端尽处的塔影亭(图10－10)、苏州天平山四仙亭(图10－11)等为八角形亭,前者重檐攒尖顶,后者单檐攒尖顶。

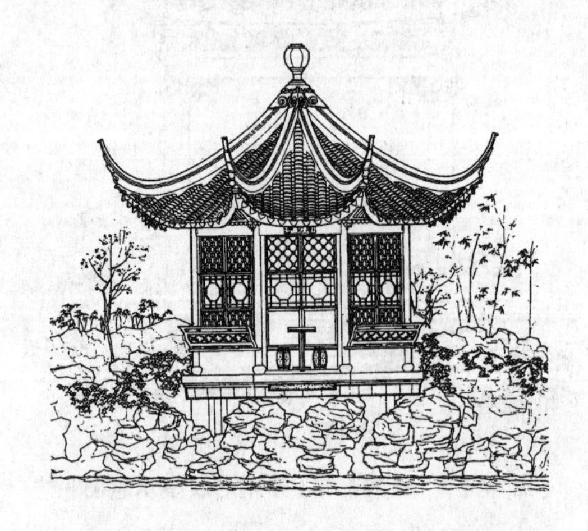

图10－10　八角形亭(苏州拙政园塔影亭)
(仿刘敦桢,《苏州古典园林》)

图10－11　八角形亭(苏州天平山四仙亭)

5. 圆形亭

单檐圆亭有北京北海公园园亭、苏州留园舒啸亭、苏州拙政园笠亭(图10－12)等;重檐圆亭有北京故宫乾隆花园的碧螺亭、北京景山观妙亭等。

图 10－12　圆尖亭（苏州拙政园笠亭）
（仿刘敦桢，《苏州古典园林》）

6. 扇形亭

扇形亭的平面如折扇展开，大弧部向外，小弧部在内，别具一格。如拙政园西园与谁同坐轩，意取古人词句："与谁同坐？明月、清风、我！"其轩依势而筑，平台作扇形，连轩内的桌、凳、窗洞都为扇形，故亦称扇亭（图 10－13）。此外，北京颐和园有扇面殿，其殿成扇形展开；苏州狮子林西南园墙角有扇子亭，建于曲尺形的两廊之间，与廊贯通，亭后空间辟为小院，布置竹石，犹如一幅小图画，显得十分雅致。

图 10－13　扇形亭（苏州拙政园扇面亭示意图）

7. 半亭

半亭，即紧靠墙廊只筑半个亭，其余半个亭消融在墙廊之中。如苏州拙政园共有三座半亭，一是由东园到中园入口处的倚虹半亭（图 10－14），取杜甫诗句"绮绣相展转,琳琅愈青荧”之意,不仅成为门洞的突出标志,也打破了墙垣的沉重和闭塞之感,有化实为虚之妙。二是中园南部有松风亭,依廊面水而筑,建于小院的一角,翼角飞舞,点染得闲亭小院意趣盎然,有置之死地而后生的妙用。三是在中园与西园相隔的水波廊中部筑有别有洞天半亭,通过圆洞门,举目望去,另有一番生动景象。

图 10－14　半亭(苏州拙政园倚虹半亭)(仿张家骥,《中国造园史》)

8. 重檐亭

重檐较单檐在轮廓线上更为丰富,结构上也较为复杂。在亭与廊结合时往往采用重檐形式。北方的皇家园林规模大,对建筑要求体形丰富而持重,因而多采用重檐。例如,北京颐和园十七孔桥东端岸边上的廓如亭,是一座八角重檐特大型的亭子,是我国现存的同类建筑中最大的一个,面积达 130 多平方米,由内外三圈二十四根圆柱和十六根方柱支撑,体形稳重,气势雄浑。又如北京中山公园松柏交翠亭,是一座六角重檐亭,庄重、大方、华丽(图 10－15)。再如,北京景山顶上正中的方形万春亭,是三重檐攒尖顶亭(这是庞大亭族中最庄重的形式之一)的一个著名实例,它位于贯穿全城南北中轴线的中心制高点上,起着联系与加强南起正阳门、天安门、端门、午门、故宫,北至钟楼、鼓楼的枢纽作用。此外,承德避暑山庄的金山亭,为六角三层攒尖顶;安徽歙

图 10－15　六角重檐亭(北京中山公园松柏交翠亭示意图)

县唐模村水口亭，为歇山顶，三层。重檐中，还有两檐形制不一样的，如北京北海公园五龙亭中的龙泽亭，为攒尖顶、上圆下方；北京故宫御花园万春亭，为"十"字形、圆攒尖，它使造型更加丰富多彩。

9. 组合亭

组合亭有两种基本方式，一种是两个或两个以上相同形体的组合；另一种是一个主体与若干个附体的组合。其目的是为了追求体形组合的丰富与变化，寻求更优美的造型。例如，北京颐和园万寿山东部山脊上的荟亭，平面上是两个六角形亭的并列组合，单檐攒尖顶。从昆明湖上望过去，仿佛是两把并排打开着的大伞，亭亭玉立在山脊之上，显得轻盈飘逸。北京天坛公园中的双环亭，是两个重檐圆亭的组合，与低矮的长廊组成一个整体，显得圆浑、雄健。

（七）桥

我国古典园林中，在组织水面风景中，桥是必不可少的组景要素，具有联系水面风景点，引导游览路线，点缀水面景色，增加风景层次等作用，小桥流水已经成为园林中的典型景色。桥的主要类型有步石（又叫汀步、跳墩子）、梁桥、拱桥、浮桥、吊桥、亭桥与廊桥，等等。庭园中的拱桥多以小巧取胜，如网师园的石拱桥以其较小的尺度、低矮的栏杆及朴素的造型与周围的山石树木配合得体。

（八）墙

园林的围墙，用于围合及分隔空间，有外墙、内墙之分。墙的造型丰富多彩，常见的有粉墙、云墙和游墙。在中国园林中，墙的运用很多，也很有自己的特色。这显然与中国园林的使用性质与艺术风格有关。

在皇家园林中，园林的边界上都有宫墙以别内外，而园内每组庭园建筑群又多以园墙相围绕，组成内向的庭园。江南私家园林，多以高墙作为界墙，与闹市隔离。由于私家园林面积小、建筑物比较密集，为了在有限范围内增加景物的层次，常以墙敕分景区，纵横穿插、分隔，组织园林景观，控制、引导游览路线，"园中有园，景中有景"，墙成为空间构图中的一个重要手段。

拓展知识

上海豫园，地处闹市，面积有限，造园者便别出心裁地筑了五条龙墙，而且每条龙墙都赋予各自的特点，点春堂和万花楼之间的分区隔墙上的龙，叫作"穿云龙"，龙头下部飘浮着朵朵云彩，龙头上翘，似腾云驾雾，跃向九霄；大假山后面围墙上的那条龙，叫作"卧龙"，好似悄悄潜伏着，伺机而起；还有两条龙，在和煦堂西侧的围墙上，称作"双龙戏珠"，甚有民俗文化情趣；最后一条龙是在内园，龙体采用青瓦，横卧空架，由于背景是蔚蓝天空，一眼望去，好似一片片白云，故叫作"白龙"。

（资料来源：根据冯钟平的《中国园林建筑》等相关资料整理）

（九）厅堂

厅堂是园林中的主体建筑，是园主人进行会客、治事、礼仪等活动时的主要场所，一般在园林中居于最重要的地位，既与生活起居部分之间有便捷的联系，又有良好的观景环境；建筑的体型也较高大，常常成为园林建筑的主体与园林布局的中心。

1. 南方传统的厅堂

南方传统的厅堂较高而深，正中明间较大，两侧次间较小，前部有敞轩或回廊；在主要观景方向的柱间，安装连续的槅扇（落地长窗）；明间的中部有一个宽敞的室内空间，以利于人的活动与家具的布置，有时周围以灵活的隔断和落地门罩等进行空间分隔。

特别提示

江南园林中的厅堂，常用的有三种形式：一为“荷花厅”，是一种较为简单的厅堂，一般多为面阔三间。建筑空间处理为单一空间，南北两面开敞，东西两面采取山墙封闭（或于山墙上开窗取景），面对荷池。二为“鸳鸯厅”，一般多为面阔三间或五间，采用硬山或歇山屋盖。建筑空间处理为南北两间开敞，中间隔一福扇、屏风而为前后两个空间，东西两端隔以花罩。一般北厅面向园中主景，常是通过月台临水看山，夏天乘荫纳凉；南厅阳光充足，常供冬、春使用。三为“四面厅”，面阔多做三间或五间，建筑空间处理为四面开敞，采用槅扇，周围外廊。这是最讲究的厅堂建筑，可供四面赏景。

厅堂是园林中最主要的建筑，因而一般都布局于居住与园林之间的交界部位，与两者均有紧密的联系。厅堂的正面一般对着园林中的主要景物，经常采取“厅堂——水池——山亭”的格局，景象开阔，设宽敞的平台作为室外空间的过渡。苏州拙政园的远香堂是四面厅形式，位于中园的正中心，其正面向北是隔水相望的假山及雪香云蔚亭、待霜亭；东北为梧竹幽居，视线深远；西北为隔水相望的荷风四面亭和见山楼；西南是以曲廊联系的小飞虹水庭空间；东面是绣绮亭、枇杷亭等一组建筑空间；南面是起着障壁障景作用的水池假山小园。总之，厅堂四面，面面有景，旋转观看，好似一幅中国山水画的长卷（图 10 – 16）。

扬州个园中的桂花厅，又名宜雨轩，亦是四面厅形式，正对园的入口，厅前遍植桂花树，厅北临池，六角小亭隔水相望；西北方向是夏山，东北方向是秋山，四面环眺，处处皆景。

上海豫园三穗堂之北的仰山堂，外形较多变化，明间朝北突出一跨，外廊东部

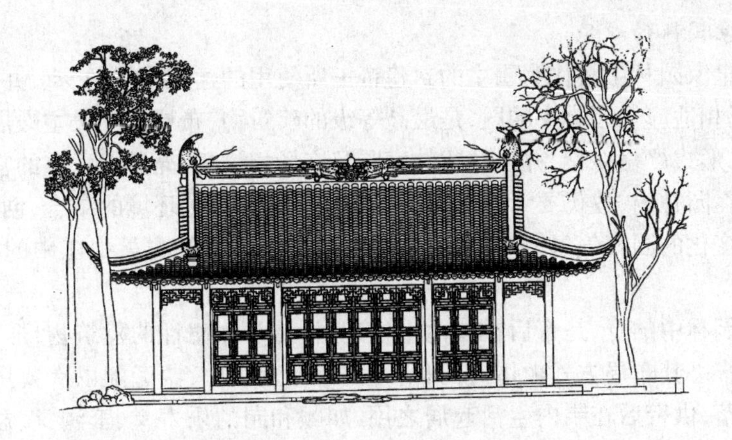

图 10－16　苏州拙政园远香堂（仿刘敦桢，《苏州古典园林》）

向外挑出两跨，上面为卷雨楼，堂与楼结合一体，造型丰富华丽；堂前面临水池，隔水有黄石大假山。由仰山堂观大假山，峰峦起伏，气势雄伟。

鸳鸯厅是江南园林厅堂的常见形式，如苏州拙政园的三十六鸳鸯馆（图 10－17）和十八曼陀罗花馆，在建筑形式上与一般厅堂有所不同：其脊柱落地，脊柱间的福扇、门罩等把空间分成前后两个部分，梁架一面用方做，一面用圆做，好似两进厅堂合并而成，因此进深较大，平面形状比较方整；馆北临荷池，池中有鸳鸯戏水；厅的四角建有四个耳室，供奴仆待命和演戏时化装之用；南部则为十八曼陀罗花馆，原园中种有山茶十八株，构造、体形均很别致。又如，南京瞻园的静妙堂，是一座面阔三间的鸳鸯厅，布置于园的中心偏南部，将其园划分为南、北两个景区，堂北设宽敞平台，过草坪、水池与假山相对应；堂南接水榭，隔水与南部假山相对峙；东与曲廊相通，联系花厅、亭榭、入口；西部跨过小溪上的平板，有山道可攀西部山冈，它既是园内的中心，又是主要的观景点。

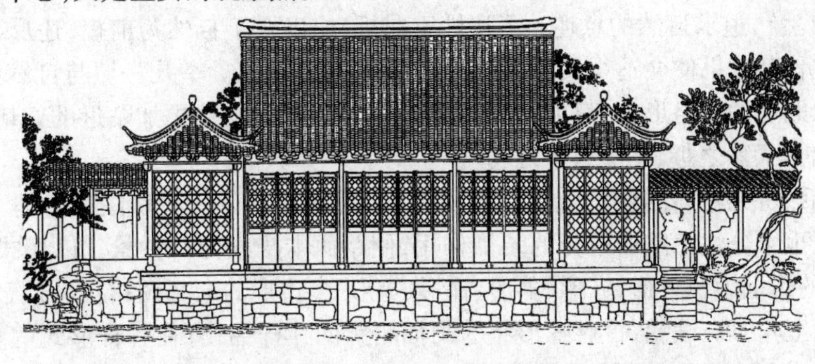

图 10－17　苏州拙政园三十六鸳鸯馆（仿刘敦桢，《苏州古典园林》）

2. 皇家园林的殿堂

北方皇家园林中将作为园主的封建帝王所使用的建筑称作殿、堂,并与一定的礼制、排场相适应。园林中的殿,是最高等级的建筑物,布局上一般主殿居中,配殿分列两旁,形式严格对称,并以宽阔的庭园及广场相衬托,充溢着浓重的宫廷气氛。由于布置在园林内,故仍要考虑与地形、山石、绿化等自然环境的结合,创造出一种既堂皇又变化的园林气氛,如颐和园中的仁寿殿、排云殿,避暑山庄中的淡泊敬诚殿等。

皇家园林中的堂,是帝后在园内生活起居、游赏休憩性的建筑物,形式上要比殿灵活得多。其布局方式大体有两种:一是以厅堂居中,两旁配以次要用房,组成封闭的院落,供帝后在园内生活起居之用,如颐和园的乐寿堂、玉澜堂、益寿堂,避暑山庄的莹心堂、乾隆御花园中的遂初堂等。二是以开敞方式进行布局,堂居于中心地位,周围配置亭廊、山石、花木,组成不对称的构图。堂内有良好的观景条件,供帝后游园时在内休憩观赏,如颐和园中的知春堂、畅观堂、涵虚堂等。

(十)园路

"因景设路,因路得景",是中国园路设计的总原则。园路是园林中各景点之间相互联系的纽带,使整个园林形成一个在时间和空间上的艺术整体。它不仅解决了园林的交通问题,而且还是观赏园林景观的导游脉络。这些无形的艺术纽带,很自然地引导游人从一个景区到另一个景区,从一个风景点到另一个风景点,从一个风景环境到另一个风景环境,使园林景观像一幅幅连续的图画,不断地呈现在游人的面前。导游的连贯性与园路形态的变幻性,构成了中国园路的两大本质。

首先,讲究迂回曲折。一般道路的要求总是"莫便于捷",因而总是尽量筑得笔直,而园林中的道路则讲究"莫妙于迂",尽量曲折迂回。我国古代园路的设计,都毫无例外地避免笔直和硬性尖角交叉,强调自然曲折变化和富于节奏感。

其次,追求自然意趣。中国园林艺术追求自然为上,园林中的道路当然也应"贵乎自然",追求自然的意趣。上述妙于曲折,应以合于自然为前提,违反自然原则的曲折,其效果便会适得其反,令人产生矫揉造作之感。举凡一切与自然环境十分融洽、贴切的道路形式,都可相机选用,使人产生与大自然更加贴近的亲切感,以求得"自成天然之趣,不烦人事之功"。

最后,讲究路面的装饰效果。我国古典园林中的道路,不仅注意总体上的布局,而且也十分注意路面本身的装饰作用,使路面本身成为一种景。以形式分,有以画面的边框为长方形、方形、菱形、梯形、矩形、多边形的七巧图;有以石榴、苹果、佛手、扁豆角、瓜、蝙蝠、古磬等形状为画面轮廓的什样锦;有在各种形式的多宝格上,陈设古玩、字画、山石盆景等图案的博古图;有在回纹或"卍"字锦底纹上,嵌出各种连续画面的带形画等(图 10-18)。

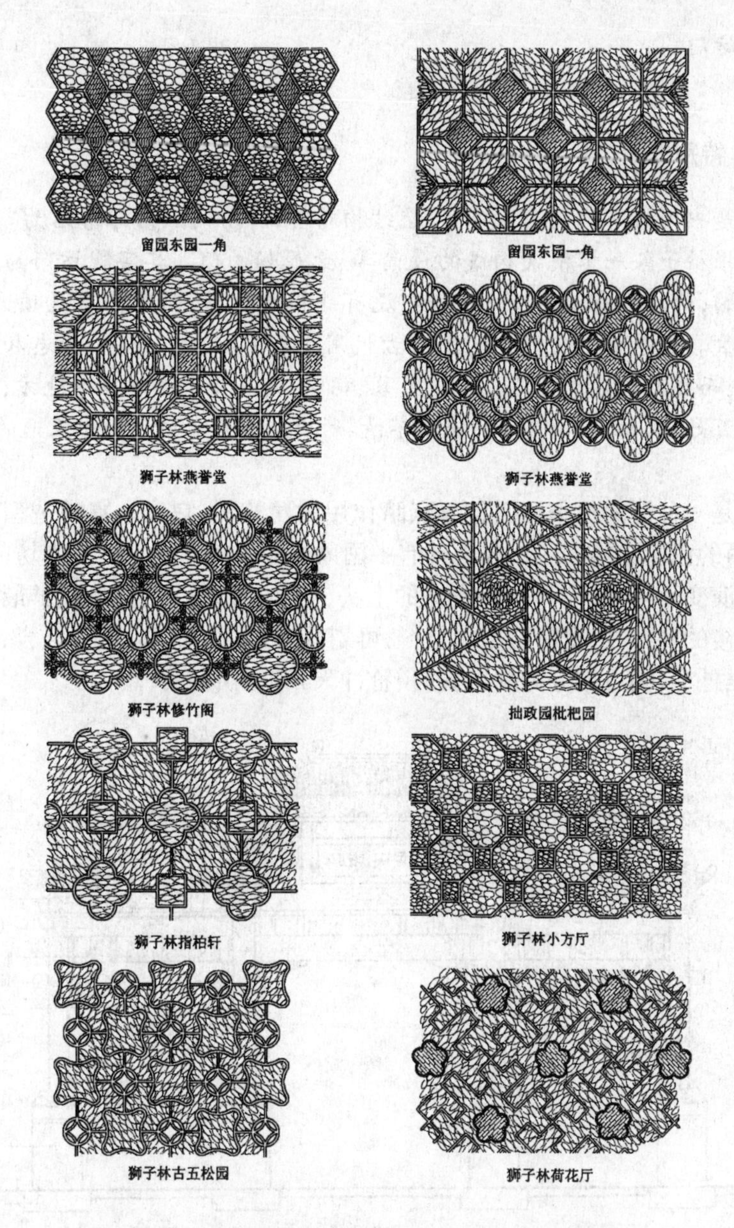

图 10－18　园路样式类举（仿刘敦桢，《苏州古典园林》）

（十一）园门

园林总是以围墙来圈定其边界范围，并设置园门，作为人们进出园林的一种控制。有的园林除设置大园门以外，还在园林内的小园林中设置小园门。

1. 牌坊门

特别提示

牌坊是中国特有的门洞式建筑，就结构而言，牌坊的原始雏形名为“衡门”，是一种由两根柱子架一根横梁构成的最简单、最原始的门。其实牌坊门与牌楼是有显著区别的，牌坊没有“楼”的构造，即没有斗拱和屋顶，而牌楼有屋顶，它有更大的烘托气氛。但是由于它们都是我国古代用于表彰、纪念、装饰、标志和导向的一种建筑物，而且又多建于宫苑、寺观、陵墓、祠堂、衙署和街道路口等地方，再加上长期以来老百姓对“坊门”、“楼”的概念不清，所以后来两者成了一个互通的称谓。

牌楼是一种形象很华丽而且起点睛作用的建筑物，它以丰富的造型和精美的装修、绚丽的色彩，令人注目，成为具有中国风格的民族建筑之一。牌坊的形式，是从华表柱演变而来的，在两根华表柱的上头，安上横形的梁枋，即成了最初的牌坊形式。牌楼的种类，依据所使用的材料，可划分为木、石、琉璃、木石混合、木砖混合五种；依据外形，则可划分为柱出头（俗称冲天）和不出头两种。

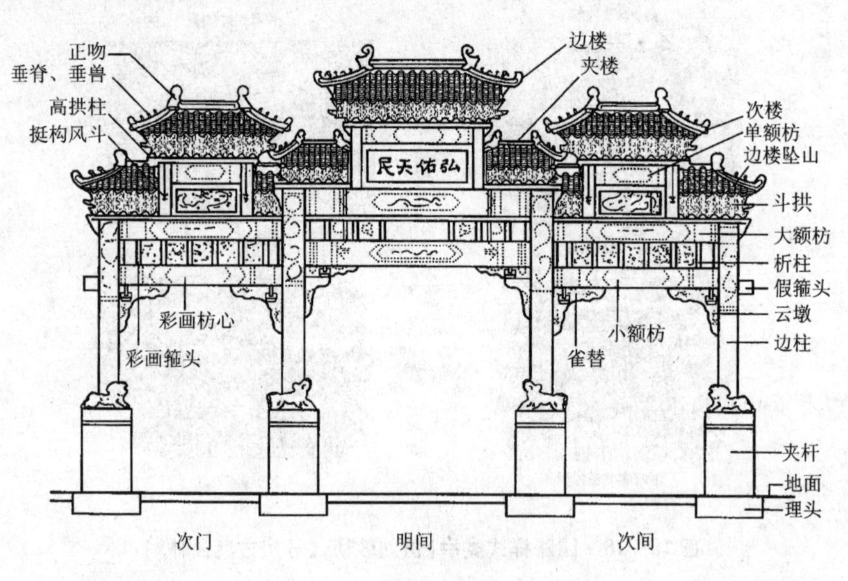

图 10－19　木牌楼（三间四柱七楼）

牌楼大体有一间二柱、三间四柱、五间六柱等几种，其中以三间四柱式最为常见（图 10－19）。例如，颐和园东宫门外的木牌楼，就是三间四柱七楼式，四根立柱分为三个开间，中间比左右两侧间稍宽，柱上架着大小额枋，额枋上端以细巧的端拱支承着七段屋顶，中间明楼最高，两旁侧楼稍低，明楼与侧楼之间的夹楼再逐层降低，形成了丰富而跳动的造型。柱的下部以较高的石基座固定，柱的前后用戗柱支承，以防倾倒。牌楼正面额上写着“涵虚”，影射着前面水景；背面额上写着“罨秀”，暗指着背面的山景。我国传统的牌楼，庄重、华丽，硕大而又轻巧，高耸而不感到沉重，达到了结构与建筑外形的高度统一与完美，堪称为我国古建筑设计的绝妙之笔。

2. 垂花门

垂花门的形式特点是在檐檩下不置立柱，而改做倒挂的莲花垂柱，其屋顶由清水脊后带元宝脊，前后勾搭而成。它作为一种具有独特功能的建筑，在中国古建筑中占有一定的位置，我国传统的住宅、府邸、寺观、园林，都有它独特的地位。

垂花门在园林建筑中，一般作为园中之园的入口。此外，常常用于垣墙之间，作为随墙门；用于游廊通道时，则以廊罩形式出现，既具有划分园林空间的作用，又具有隔景、障景与借景等艺术作用。由于垂花门本身就是风景优美的点景建筑，可以独立成为一个景观，因此在中国古典园林建筑中，有着非常重要的地位。

垂花门的类型很多，最常见的是做成前、后两个屋顶，以勾连搭的方式组成为一个整体。屋顶可以是两个卷棚悬山顶，或一个卷棚顶与一个清水脊顶的组合。门的前面两旁柱上挑出横木，支承出檐，并带有垂柱，柱头常雕刻成旋转状的莲花形。所有木构架都做油漆彩画，以冷色为基调，间以五彩缤纷的小画面。颐和园中的宜芸馆、益寿堂、清华轩、介寿堂等处的入口，都是这种形式（图 10－20）。

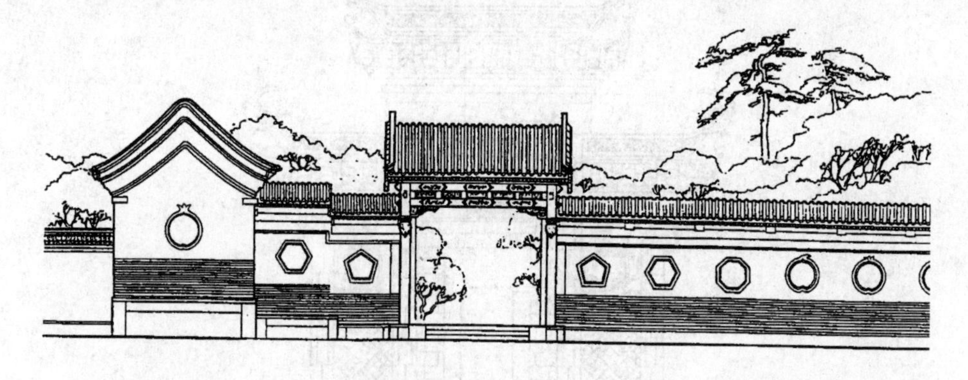

图 10－20　垂花门（北京颐和园宜芸馆垂花门）（仿冯钟平，《中国园林建筑》）

3. 砖雕门楼

砖雕门楼多运用于江南园林中，尤以徽式园林中更为多见。它作为建筑物的入口标志，采用考究的雕刻装饰手法，构成各种不同的造型，打破了在平整的白粉墙面上的单调之感，达到古建筑艺术美的效果。其造型主要有垂花式门楼（图10－21）、字匾式门楼、牌坊式门楼（图10－22）三种。

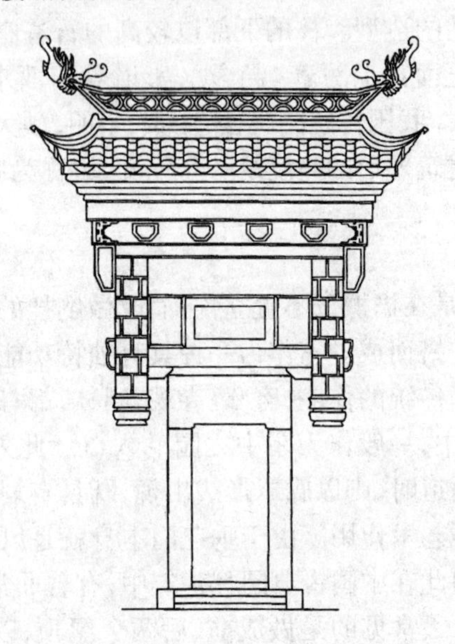

图10－21　徽式砖雕垂花门楼（仿姚光钰，《徽式砖雕门楼》）

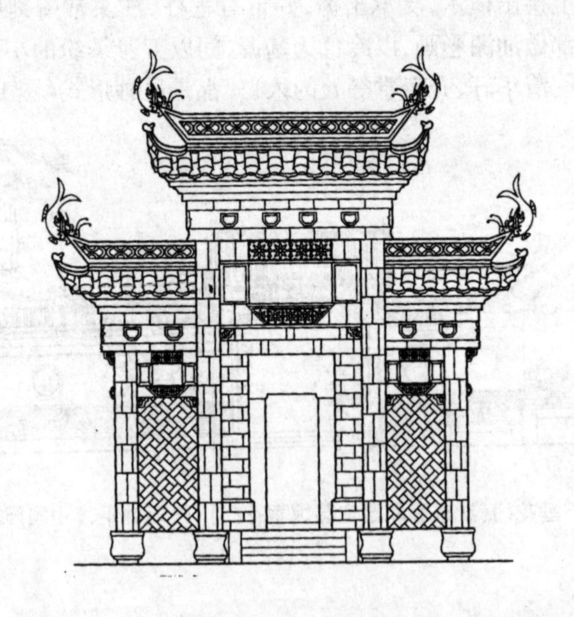

图10－22　徽式砖雕牌楼（仿姚光钰，《徽式砖雕门楼》）

江南园林中的垂花式门楼与北方垂花门楼大致相同，只是北方的为木质，颜色艳丽；南方的为砖质，简朴淡雅，但其立体感不如北方木质垂花门。

字匾式门楼，即挑沿线下，由上枋、下枋、挂落及两边各一花版，中间镶以字匾组成，式样古朴大方。

牌坊式门楼，四柱立地，明间两柱高，次间两柱低。柱枋多采用水磨青细砖，有时也采用石柱与砖雕混合结构。柱顶飞檐戗角，下有砖雕斗拱、额梁、花板，梁枋下端有雀替，柱脚有抱鼓石等，显得雄伟壮观，庄严巍峨。常见的有四柱三楼和四柱五楼。砖雕在构思方面，大都采用吉祥如意、福寿平安、忠孝节义、八仙八宝等象征图案和历史人物、飞禽走兽、楼阁轩榭等题材，构思精巧，技艺精湛，千姿百态，栩栩如生，给人以美的享受。

特别提示

砖雕的形式多种多样，大致有平面雕、浅浮雕、深浮雕、透雕、镂空雕等。砖雕具有突出的优点：一是寿命长，其寿命至少可以与建筑物相等，甚至超过主体建筑物的保存期，抗御自然损害的能力远胜于木雕、竹雕；二是砖雕的艺术效果远胜平面绘画，它比平面绘画具有更为实在的立体感，特别是立体透雕，可以在每个角度较为全面地反映艺术形象。

4. 屋宇式门

在园林中运用得十分广泛。牌楼式门在平面上只有一片，缺乏深度，不便于遮阳避雨，必须与其他建筑结合在一起运用；垂花式门虽然形象丰富，但它的尺度有限，仅用于小的入口，一般不用于园林的正门。屋宇式门可避免上述两种形式的不足，它的形式多样，且随着时代的发展而不断有所变化。我国私家园林的大门，大多采用屋宇式门，如南京瞻园、苏州拙政园、扬州何园等。

总之，园门建筑具有多种功能，既是不可缺少的管理设施，又是游客集散的交通设施，也是游园观赏者心理过渡的审美设施。但是无论怎样，它必须和园内的景观直接联系起来，起到引景、点景的审美作用。

（十二）漏窗、洞窗、洞门

漏窗，又名花窗，是窗洞内有镂空图案的窗，多用瓦片、薄砖、木材等制成，有几何图形，也有用铁丝做骨架，灰塑人物、禽兽、花木和山水等图案，其花纹图形极为丰富多样，在苏州园林中就有数百种之多。构图可以细分为几何图形与自然形体两大类，也有两者混合使用的。几何形体的图案，多由直线、弧线、圆形等组成，全用直线的有“醒”字、定胜、六角和穿梅花等。还有四边为几何图形，中间加琴棋书画等物图案的式样。自然形体的图案,取材范围较广,属于花卉题材的有松、柏、梅、竹、兰、菊、牡丹、芭蕉、荷花、佛手和石榴等,属于鸟兽的有狮、虎、云龙、蝙蝠、凤凰以及松鹤图和柏鹿图等,属于人物故事的多以小说传奇、佛教、历史传说等为题材。一般说来,以直线组成的图案较为简洁大方,曲线组成的图案较为生动活泼。直线与曲线组合的图案,通常以一种线条为主。直线和曲线都避免过于粗短或细长,以免显得笨拙、纤弱或凌乱。几何形图案的漏窗,通常以砖、瓦、木三者为主要材料。弧线或圆形,常采用板瓦或筒瓦做成。自然形体的图案,用木片、竹筋或铁条为骨架,外部以麻丝、灰浆塑造而成。其中又可细分成全部漏空的与窗中有图案的。漏窗高度一般在1.5米左右,与人眼视线相平,透过漏窗可以隐约看到窗外景物,取得似隔非隔的效果,以增加园林空间的层次,做到"小中见大"(图10-23)。

图10-23 漏窗(苏州留园漏窗)
(仿张家骥,《中国造园论》)

洞窗,不设窗扇,有六角、方胜、扇面、梅花、石榴等形状,常在墙上连续开设,各个形状不同,故又称为什锦花窗。而位于复廊隔墙上的,往往尺寸较大,内外景色通透,与某一景物相对,形成一幅幅框景。北方园林有的在洞窗内外安装玻璃,内装灯具,成为灯窗。这样,白天可以观景,夜间可以照明,一窗两用,高妙至极。

漏窗与洞窗,较洞门更为灵活多变,可竖向、横向构图,大小花式可以有较大变化,主要依据环境特点加以设计,大体可以分为曲线型、直线型和混合型三类。

洞门的高度和宽度,需要考虑人的通行,下部要落地,因此尺寸较大,并多取竖向构图形式。其形式大致有方门合角式、圈门式、上下圈式、入角式、长八方式、执圭式、葫芦式、莲瓣式、如意式、贝叶式、剑环式、汉瓶式、花觚式、蓍草瓶式、月窗式、八方式、六方式等,仅有门框而没有门扇。最常见的是圆洞门,又称月洞门。洞门的作用,不仅引导游览、沟通空间,而且其本身就是园林中的一种装饰,通过洞门透视景物,可以形成焦点突出的框景。采取不同角度交错布置园墙的洞门,在强烈的阳光下,会出现多样的光影变化(图 10－24)。

图 10－24　洞门(苏州狮子林海棠式洞门示意图)

因此,具有特定审美价值的漏窗、洞窗、洞门,概括言之,其主要艺术功能有隔景和借景。一个母体园林总要分割成若干个子园,其分隔物一般采用粉墙、廊庑,而粉墙、廊庑总同时伴随着漏窗、洞窗、洞门,起到隔而不死,实而有虚,亦即漏窗、洞窗、洞门与其载体粉墙、廊庑一起,起到分割母园与隔景的作用。至于借景,乃是更重要的艺术功能。洞门、漏窗与洞窗后面,或衬片石数峰、竹木几枝;或把远山近水、亭台楼阁纳入窗框、洞框,使洞门、漏窗与洞窗外的景色组合成宛如水墨的小品画页。通过门、窗望去,或似山水画卷,或如竹石小景。景中有画,画中有景,是园林景美的集中所在。

四、花木造景

园林植物是中国古典园林景观中最灵活、最生动、最丰富的题材。植物因素包括乔木、灌木、攀援植物、花卉、草坪地被、水生植物等。自然式园林着意表现自然美,对花木的选择标准,一讲姿美,树冠的形态、树枝的疏密曲直、树皮的质感、树叶的形状,都追求自然优美;二讲色美,树叶、树干、花都要求有各种自然的色彩美,如红色的枫叶,青翠的竹叶、白皮松,白色的广玉兰,紫色的紫薇等;三讲味香,要求自然淡雅和清幽。最好四季常有绿,月月有花香,其中尤以腊梅最为淡雅、兰花最为清幽。花木对园林山石景观起衬托作用,又往往和园主追求的精神境界有关。如竹子象征人品清逸和气节高尚,松柏象征坚强和长寿,莲花象征洁净无瑕,兰花象征幽居隐士,玉兰、牡丹、桂花象征荣华富贵,石榴象征多子多孙,紫薇象征高官厚禄等。古树名木对创造园林气氛非常重要,可形成古朴幽深的意境。

中国古典园林中山若起伏平缓,线条圆滑,种植尖塔状树木后,可使地形外貌有高耸之势。巧妙地运用植物的线条、姿态、色彩可以和建筑的线条、形式、色彩相得益彰。

中国古典园林种植花木,常置于人们视线集中的地方,以创造多种环境气氛。例如,故宫御花园的轩前海棠,乾隆花园的丛篁棵松,颐和园乐寿堂前后的玉兰,谐趣园的一池荷花等。在具体种植布局中,则"栽梅绕屋"、"移竹当窗"、"榆柳荫后圃,桃李罗堂前"。玉兰、紫薇常对植,"内斋有嘉树,双株分庭隅"。许多花木讲究"亭台花木,不为行列",如梅林、桃林、竹丛、梨园、橘园、柿园、月季园、牡丹园等群体美。

五、书墨造景

中国古典园林的特点,是在幽静、典雅当中显出物华文茂。书画墨迹在造园中有润饰景色,揭示意境的作用。书画,主要是用在厅馆布置,创造一种清逸高雅的气氛。墨迹在园中的主要表现形式有题景、匾额、楹联、题刻、碑记、字画,不仅能陶冶情操,还可以为园中的景点增添诗画意境。

"无文景不意,有景景不情",书画墨迹在造园中有润饰景色,揭示意境的作用。园中必须有书画墨迹并对书画墨迹作出恰到好处的运用,才能"寸山多致,片石生情",从而把以山水、建筑、树木花草构成的景物形象,升华到更高的艺术境界。匾额是指悬置于门楣之上的题字牌,楹联是指门两侧柱上的竖牌,刻石指山石上的题诗刻字。园林中的匾额、楹联及刻石的内容,多数是直接引用前人已有的现成诗句,或略作变通,如苏州拙政园的浮翠阁引自苏东坡诗中的"三峰已过天浮翠"。还有一些是即兴创作的。另外,还有一些园景题名出自名家之手。匾额、楹联与刻石,不仅能够陶冶情操,抒发胸臆,也能够起到点景的作用,为园中景点增加诗意,拓宽意境。园寓诗文,复再藻饰,有额有联,配以园记题咏,园与诗文合二为一,人入园中,诗情画意。

第二节　中国古典园林的构景方法

一、抑景

抑景，又称障景。中国古典园林最讲究含蓄，给人以曲折多变、繁复多姿的感觉，所以古典园林中的主要风景总是有隐有藏的，或“先藏后露”或“欲扬先抑”。园林采取抑景的办法，可使园林显得有艺术魅力，还通过障景等手法，把园内划分为若干景区，使游者在游览线路上依次观赏到各种迥异的由山水、建筑和花木所组合的景观特色，起到曲折含蓄、步移景异、引人入胜、小中见大的艺术效果。

二、添景

当观景点与远方的对景之间为一大片水面或中间没有中景、近景为过渡时，为了增强景致的感染力，体现景色的层次美，就需要在观景点和对景之间添景，一般以高大、美观的乔木、花卉作为添景的取材（图 10－25）。如当人们站在北京颐和园昆明湖南岸的垂柳下观赏万寿山远景时，万寿山因为有倒挂的柳丝作为装饰而显得非常生动。

图 10－25　添景

三、夹景

将景物置于由建筑或植物形成的狭长空间的尽端所形成的景象为夹景。如园林道路两侧种植植物，形成绿色走廊，走廊尽头再设置景观，就形成了夹景的效果。夹景是为了突出优美的景致，将游览路线的两边或两岸，利用树丛、山石、建筑等作为配景的点缀，突出空间端部的景物，并且增添深处寻幽的意境。如在颐和园后山的苏州河中划船，远方的苏州桥主景，为两岸起伏的土山和美丽的林带所夹峙，构成了明媚动人的景色。

四、对景

对景，一般指园林中观景点和景物之间具有透景线而形成人与景或景与景相对的关系。园林中厅、堂、楼、阁等重要建筑物的方位确定后，在其视线所及具备透景线的情况下，即可形成对景（图 10－26）。中国古典园林的对景是随着曲折的平面，移步换景，依次展开。对景的作用主要用来加强园内景物之间的呼应与联系。

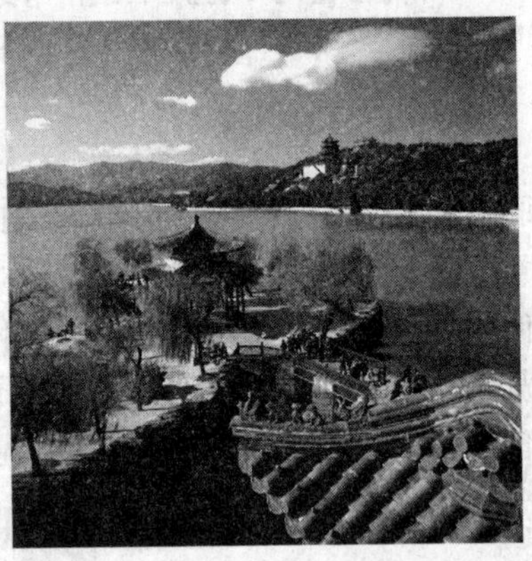

图 10－26　对景

五、框景

利用门框、窗框、树干树枝所形成的框，或者山洞的洞口框等，把远处的山水美景或人文景观包含其中，这便是框景。（图10－27）建筑的门窗最适合用来作框景之用，因为园林建筑的门窗造型各异，或方或圆或长或扁，为框景提供了极大的构图选择空间。框景使种种景物构成一幅幅天然图画，通过框景可以优化审美对象，把自然美升华到艺术美。

图 10－27　框景

六、漏景

由框景发展而来，即在园林的围墙上，或走廊一侧或两侧的墙上，常常设漏窗把墙外的景物透漏进来。漏景可以使景物时隐时现，千变万化，引人入胜。漏窗图案是带有民族特色的几何图形，如民间喜闻乐见的葡萄、石榴、老梅、修竹等植物，或者是鹿、鹤、兔等动物（图10－28）。另外，漏景还可以通过花墙、漏屏风、漏隔扇、树干、疏林等取景。

障景和漏景的不同之处在于藏、露程度的不同。障景是藏多露少，给人以深邃莫测的感受；而漏景是露多藏少，就像漏窗中看风景，景色含蓄雅致。两者是“深藏”和“浅藏”的区别，但都要藏露有度，使景色若隐若现，引人入胜。

图 10－28　漏景

七、借景

借景一般是指发现并借用园林用地外的自然或人文景观，使园林内、外的景观形成一个有机的整体，以达到造景和延伸视觉空间的目的。借景有五种方式：远借、邻借、仰借、俯借、应时而借。借景不受空间的限制，形式多种多样，可借的因素有山有水，有日、月、云雾、雪，还有飞禽、游鱼，甚至风声、雨声、涛声、钟声等；近借、邻借一般通过景门和景窗来实现，远借则可借园外高大的物体（山或塔），或者在高处观赏园外之景物；借空中的飞鸟，叫仰借；借池塘中的鱼，叫俯借（图 10－29）；借四季的花或其他自然景象，叫应时而借，如春观蜂蝶飞舞，夏听雨打芭蕉，秋观霜叶红紫等。

图 10－29　借景

思考与练习

一、填空题

1. 古典园林的构成要素，可以概括为________、________、________、________、________五个方面。

2. 中国古典园林理水之法，一般有三种：________、________、________。

3. 江南园林中的厅堂较常用三种形式是________、________、________。

4. 中国古典园林的构景方式包括________、________、________、________、________、________、________。

5. 砖雕门楼多运用于江南园林中，尤以________园林中更为多见。

二、名词解释

1. 叠山造景

2. 榭

3. 石舫

4. 借景

5. 抑景

三、简答题

1. 旱地筑山的主要方法有什么？

2. 简述南方传统的厅堂的特点。

3. 园林中的园路设计需考虑哪些因素？

4. 古典园林叠山造景的艺术手法有哪几种？

案例分享

赏留园看建筑

留园以其独创一格、收放自然的精湛建筑艺术而享有盛名。层层相属的建筑群组，变化无穷的建筑空间，藏露互引，疏密有致，虚实相间，旷奥自如，令人叹为观止。占地30余亩的留园，建筑占总面积的三分之一。全园分成主题不同、景观各异的东、中、西、北四个景区，景区之间以墙相隔，以廊贯通，又以空窗、漏窗、洞门使两边景色相互渗透，隔而不绝。园内有蜿蜒高下的长廊670余米，漏窗200余孔。一进大门，留园的建筑艺术处理就不同凡响：狭窄的入口内，两道高墙之间是长达50余米的曲折走道，造园家充分运用了空间大小、方向、明暗的变化，将这条单调的通道处理得意趣无穷。过道尽头是迷离掩映的漏窗、洞门，中部景区的湖光山色若隐若现。绕过门窗,眼前景色才一览无余,达到了欲扬先抑的艺术效果。留园内的通道,通过环环相扣的空间造成层层加深的气氛,游人看到的回廊复折、小院深深是接连不断、错落变化的建筑组合。园内精美宏丽的厅堂,则与安静闲适的书斋、丰富多样的庭院、幽僻小巧的天井、高高下下的凉台燠馆、迤逦相属的风亭月榭巧妙地组成有韵律的整体,使园内每个部分、每个角落无不受到建筑美的光辉辐射。

案例思考题:以中国四大古典园林之一的留园为例,运用学习的古典园林建筑的知识赏析留园古典园林建筑的独特魅力。

第十一章 中国古典园林的建筑装饰、室内陈设与现存精品园林

引言

中国古典园林的建筑装饰和园林建筑内的家具陈设,是园林景观不可缺少的组成部分。一座空无一物的亭轩、厅堂、楼阁,非但不能满足园居实用的需要,而且也有碍园林景观的欣赏。因而,园林建筑内的家具陈设,从观赏的角度讲,最能体现中国园林浓重的文化气息和民族风格情趣。

学习目标

1. 了解中国古典园林建筑装饰的种类。
2. 掌握中国古典园林建筑装饰中木装修的种类。
3. 了解室内陈设的常规物件。
4. 了解苏州园林长窗的式样。

第一节　中国古典园林的建筑装饰

中国古典园林作为东方建筑体系的主流代表,在世界建筑体系中独树一帜。而中国古典园林建筑装饰艺术中,各种材质、形式多样、寓意深邃的吉祥图案的运用无疑是中国古典园林的重要特色。

一、门鼓石和滚墩石

门鼓石,俗称门鼓子,是一种装饰性的石雕小品,其后尾做成门枕形式,因此又有实用价值。门鼓有圆鼓子和方鼓子之分(图 11－1),圆鼓子做法较难,因此比方鼓子显得讲究些。

门鼓石的两侧、前面和上面均做有雕刻，采用从浅浮雕到透雕的各种手法。门鼓石的两侧图案，可一致也可不一致，如不一致，靠墙的一侧应较简单。圆鼓子的两侧图案，以转角莲最为常见，稍讲究者，也可做成其他图案，如“麒麟卧松”、“犀牛望月”、“蝶入兰山”、“松竹梅”等；圆鼓子的正面雕刻，一般为如意图案，还可做成宝相花、五世同居（五个狮子）等，上面一般为兽面形象。方鼓子的两侧和前面，多做浮雕图案，上面多雕成卧狮形象，也有雕成蹲狮和站狮的。

圆鼓子

方鼓子

图 11－1　门鼓石（仿刘大可，《古建园林技术》）

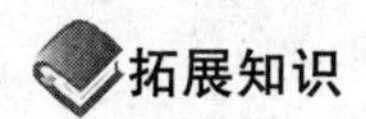**拓展知识**

暗八仙雕饰

民间传说道教有八个仙人，“八仙过海，各显其能”为人们所津津乐道。八个仙人过海时，手中各执一物，成为各个仙人的特殊标志物。久而久之，约定俗成，这八件物器的图案成为八位仙人的标记，被人们称之为暗八仙，常用于中国古代建筑的石雕、砖雕、木雕和彩画之中（图 11－2）。暗八仙各物的名称及其所属，一为“扇”，是汉钟离仙所持专有物，故暗指钟离仙；二为“渔鼓”，是张果老仙所持专有物，故暗指张果老仙；三为“笛子”，是韩湘子仙所携专有物，故暗指韩湘子仙；四为“葫芦”，是铁拐李仙所携专有物，故暗指铁拐李仙；五为“阴阳板”，是曹国舅仙所使专有物，故暗指曹国舅仙；六为“宝剑”，是吕洞宾仙所握专有物，故暗指吕洞宾仙；七为“花篮”，是蓝采和仙所用专有物，故暗指蓝采和仙；八是“荷花”，是何仙姑仙手上所拿之物，故暗指何仙姑仙。

“八仙”原属道教人物，故暗八仙图案常用于道教建筑装饰。但与道教无关的园林建筑上也可见这类图案装饰，用以表示神仙来临之意，象征喜庆吉祥。

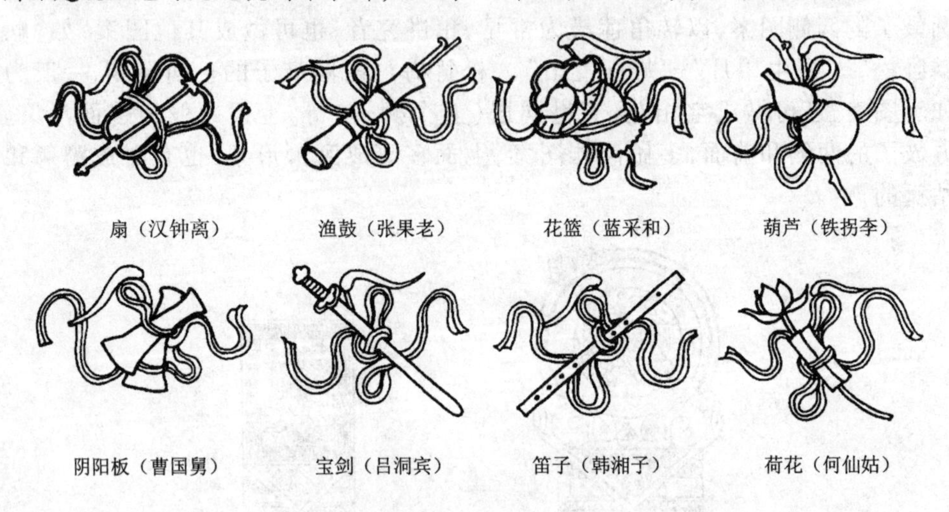

图 11－2 “暗八仙”雕饰

二、木装修

中国古建筑木作分为大木作和小木作两大类。所谓大木作，指梁架、柱、檩、椽、斗拱、椽望等大型木作；所谓小木作，指外檐、内檐装修。

（一）外檐装修

外檐装修主要是指做在檐柱之间的外墙上的门、窗，如大门、门窗、木栏杆等。

1. 大门

它是主人社会地位高低的一种标记，须按严格的制作等级来制作，绝对不能混淆。

2. 格扇门

常使用在一个房屋的明间、次间的开间上，视开间大小而做成四扇、六扇不等。在重要的建筑物上，常将前檐的每一间都装设上格扇，以显庄重、华丽。

3. 门窗

由门窗框和门窗扇两部分组成，大致由槛窗式和支摘窗式两种。槛窗式，多用在较大或较为重要的建筑上（图 11－3）；支摘窗式，多用在较为次要的建筑上，分里、外两层，里层下段多装玻璃，外层上段可以支起，下段固定，多见于北方住宅建筑。

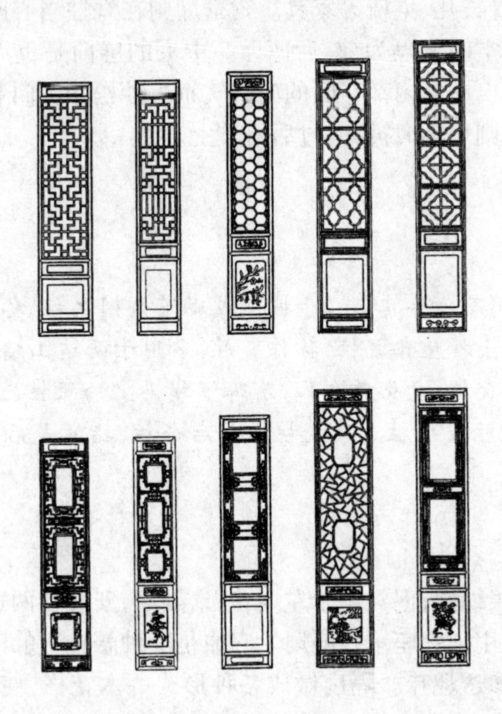

图 11－3　苏州园林长窗样式（仿刘敦桢，《苏州古典园林》）

（二）内檐装修

内檐装修即室内装修，也叫细木装修，有挂落、花牙子、沙槅、屏门和花罩等。

1. 挂落

是一种安装在厅堂馆舍外廊或亭、廊柱间的楣枋之下的装饰，采用细木条组成各式纹样的空格。它是汉唐悬挂帘的引申和发展，起到笼罩边框、略示空间划分的作用。

2. 花牙子

主要用在柱枋的交接处，镂空雕饰，同时起到加固柱、枋交接作用。

3. 纱槅

做在房间进深或面宽的柱子之间，因为多在隔扇的内心夹纱，故又称为碧纱橱。隔扇的数量和宽窄根据柱间的距离而定，一般均为双数，如六扇、八扇、十扇等，中间的两扇为开扇。在开扇的位置上，为便于挂帘子，做成帘架。纱槅主要用来划分室内空间，以隔断视线或具有一定的隔声作用。

4. 屏门

用于园中的厅堂楼阁，一般安于后今柱当心间，用于遮挡后部入口或楼梯，同时便于堂前居中布置长几、桌椅等家具。鸳鸯厅则在脊柱当心间设屏门,在两次间设花罩,共同将全厅空间分隔为前、后两厅。中央的屏门是重点装饰对象,或雕刻或绘画或文字,烘托出厅堂内部空间的典雅气氛。纱槅和屏门装卸方便,若遇喜庆宴会需要大空间时,则可临时拆卸,过后再装上。

特别提示

柱因位置的不同而各异其名。于檐下或廊下前列之柱,称作廊柱。廊柱后一界之柱,称作步柱。上撑屋脊之柱,称作脊柱,多用于两边山墙边贴。介于脊柱与步柱之间的柱,称作金柱(金俗作今)。有跨置横梁上的短柱,上端稍细,像一个端立的儿童,故称作童柱或矮柱。后金柱亦称后今柱,指的是后步柱与脊柱之间的柱子。

5. 花罩

安装的位置同碧纱橱,但只用于左、右两扇隔扇,安装在两边柱子的抱框上,下边没有门槛,而是采用须弥座承托隔扇。它原是一种悬挂帘帏的装置,用于增添似隔非隔的空间相互渗透趣味。隔扇做成各种形式的木花格,使得两边的空间又连通又分隔。式样繁多,有圆光罩、栏杆罩、花罩、落地罩、几腿罩、炕面罩、书架、博古架等。

图 11-4　花罩(苏州耦园山水间水阁)
(仿刘敦桢,《苏州古典园林》)

特别提示

制作这类装修，用材讲究，一般采用红木、楠木、楸木、梨木等，表现极高的艺术性。而且基本上不做油漆，而是采取打蜡、出亮的办法，以显木材本色。这些内部装修一般具有可移动的特点，可以根据一时的实际需要，灵活调整房间的平面布置，或将其全部拆移，这是中国古建筑内檐装修的一大特色。

古建筑木装修作为建筑整体的组成部分，具有实用和装饰两大功能。实用功能是指分隔空间、采光、通风、保湿及安全防卫等；装饰功能是指图案隽美的花格棂条，与雕刻、镶嵌、书画、刺绣等艺术形式相结合，使木装修更富艺术魅力，呈现出灿烂多姿的艺术色彩。

空灵通透的门、窗、户、牖，与硕大敦实的台基、屋面、墙身，形成鲜明的虚实、刚柔对比，表现出建筑整体的节奏感与韵律感。此外，多姿多彩的装修式样，往往又是表现人们理想、志趣、愿望的所在。人们常把对于生活的美好、吉祥、富庶、幸福的追求，抽象为各种图案，用会意、谐音、象形等手法，表现在装修当中。例如，以蝙蝠、寿字组成“福寿双全”图案；在花瓶内插入月季花，寓意“四季平安”；用“+”字、柿子和如意组成图案，寓意“万事如意”，等等。这些图案用雕刻、镶嵌等手段表达出来，大大加强了装修的装饰效果。

第二节　中国古典园林的室内家具与陈设

不同类型的园林风格，在家具设置及其陈设上也会体现出来。皇家园林的家具，追求豪华，讲究等级，其风格是雍容华贵，体现皇家气派。私家园林的家具，追求素雅简洁，其风格是书卷韵味，体现读书人的文化氛围。宗教园林的家具，追求整洁无华，其风格是朴拙自然，体现僧尼“与世无争”、“一心向佛”的宗教氛围。

一、中国古典园林中常见的家具类型

中国古典园林中常见的家具种类与式样很多，现选其最主要的作些简要介绍。

（一）桌类

桌有方桌、圆桌、半桌、琴桌及杂式花桌。方桌，最普遍的是八仙桌，一般安置于案桌前；其次是四仙桌、小方桌等。圆桌，按面积大小，有大型六足、小型四足之分；按形式，有双拼、四拼或方圆两用等，圆桌一般安置于厅堂正中间。半桌，顾名思义，只有正常桌面积的一半，有长短、大小、高矮、宽狭之不同。琴桌，比一般桌子较低矮狭小，多依墙而设，供抚琴而用，有木制琴桌和砖面琴桌两类。杂式花桌，有

梅花形桌、方套桌、七巧板拼桌等。各类桌子的桌面常用不同材料镶嵌，有的还可按季节特点进行更换，如夏季用大理石面，花纹典雅凝重，又有驱暑纳凉功能；冬季则宜以各种优质木料作板面，给人以温暖感。

（二）案、几

案，或称条案，狭而长的桌子，一般安置于厅堂正中间，紧依屏风、纱福，左右两端常摆设大理石画插屏和大型花瓶。

几，有茶几、花几两大类。茶几，分方形、矩形两种，放在邻椅之间，供放茶碗之用，其材质、形式、装饰、色彩、漆料和几面镶嵌，都要与邻椅一致。花几，高近 2 米的小方形桌，供放置盆花之用，一般安放在条案两端旁、纱橱前两侧，或置于墙角。

（三）椅类

椅有太师椅、靠背椅、官帽式椅等。太师椅，在封建社会是最高贵的座，椅背形式中高侧低，如“凸”字形状，庄重大方；中间常嵌置圆形大理石，周体有精致的花式透雕。靠背椅，有靠背而无扶手，形体比较简单，常两椅夹一几，放在两侧山墙处，或其他非主要房间。官帽式椅，除有靠背外，两侧还有扶手，式样和装饰有简单的，也有复杂的，常和茶几配合成套，一般以四椅二几置于厅堂明间的两侧，作对称式陈列。在皇家园林内，还布置有供皇帝专用的宝座，体量庞大，有精致的龙纹雕刻。

（四）凳类

凳的样式极多，尺寸大小不等。方凳，一般用于厅堂内，与方桌成套配制；圆凳，花式很多，有海棠、梅花、桃式、扇面等式，常与圆桌搭配使用，凳面也常镶嵌大理石。圆形凳中另有外形如鼓状的，木制、瓷制、石制三种，瓷制的常绘有彩色图案花纹，多置放在亭、榭、书房和卧室中，凳上常罩以锦绣，故又名绣凳。

（五）橱、柜

中国晋代，橱已作为收藏物品的家具，橱有书橱、镜橱、什锦橱、五斗橱等。明、清时期，柜的品种主要有亮格柜、圆角柜和方角柜三大类。柜类家具用材和工艺、结构的选择，与存放的物品类别有关。如存放服装、被褥之类物品，要求选用能吸湿、透气性好的、无异味的材料，一般以木材制作较佳。衣柜、钱柜、书画柜、玩物柜等设置于厅堂、书房及寝室内。

（六）榻、床

榻，大如卧床，三面有靠屏，置于客厅明间后部，是古代园主接待尊贵客人时用的家具。榻上中央设矮几，分榻为左、右两部分，几上置茶具等。由于榻比较高大，其下设踏凳两个，形状如矮长的小几。床，是寝室内必备的卧具，装饰华丽。皇家园林中常置楠木镶床，是一种炕床形式的坐具，位于窗下或靠墙，长度往往占据一个开间。材质多用珍贵的热带出产的红木、楠木、花梨、紫檀等硬木，质地坚硬，木纹细致，局部饰以精美的雕刻，有的还用玉石、象牙进行镶嵌。

二、中国古典园林建筑的室内陈设

室内陈设多种多样，主要有灯具、陈设品和书画雕刻等。灯具，有宫灯、花篮灯、什锦灯，作为厅堂、亭榭、廊轩的上部点缀品。陈设品，种类繁多，单独放置的有屏风、大立镜、自鸣钟、香炉、水缸等；摆在桌几上的，有精美的古铜器、古瓷器、大理石插屏、古玉器、盆景等。书画雕刻，壁上悬挂书画，屋顶悬挂匾额，楹柱与壁画两侧悬挂对联，常聘请名家撰写，其书法、雕刻、色彩与室内的总体格调应和谐。匾额多为木刻，对联则用竹、木、纸、绢等制成。竹木上刻字，有阴刻、阳刻两种，字体有篆、隶、楷、行等，颜色有白底黑字、褐底绿字、黑底绿字、褐底白字等。

家具、字画、摆设、灯具等所有器物，既是各类园林建筑发挥功能的媒介，又起着装饰美化空间、营造意境的作用，并表达出历史时代特征和园林主人的地位与品位。家具陈设以典雅、古朴、自然为上品。在一些大的园林中，在室外还有很多的陈设叫作“露陈”，下面有高大精美的石雕台座，上面陈设各种宝器珍玩。

中国古典园林建筑内家具陈设应遵循的原则，一是满足实用要求。根据不同性质建筑的要求，选用不同的家具。例如，厅堂，是园主喜庆宴享的重要活动场所，故选配的家具必然典雅厚重，并采取对称布局方式，以显示出庄严、隆重的气氛。书斋内的家具，则较为精致小巧，常采取不对称布局，但主从分明，散而不乱，具有安逸、幽雅的情致。小型轩馆的家具，少而小，常布置瓷凳、石凳之类，精雅清丽，供闲坐下棋、抚琴清谈、休憩赏景之用。二是讲究成套布置。以“对”为主，二椅一几为组合单元，如增至四椅二几称之为“半堂”，八椅四几称之为“整堂”，亦即最高数额。在皇家园林中，更注意规格与造型的统一。

第三节　中国现存精品古典园林

中国古典园林是中国传统文化的重要组成部分。作为一种载体，它不仅客观而又真实地反映了中国历代王朝不同的历史背景、社会经济的兴衰和工程技术的水平，而且特色鲜明地折射出中国人自然观、人生观和世界观的演变，蕴含了儒、释、道等哲学或宗教思想及山水诗、画等传统艺术。它凝聚了中国知识分子和能工巧匠的勤劳与智慧，也突出地抒发了中华民族对于自然和美好生活环境的向往与热爱。

自 1994 年起，皇家园林与私家园林中的一些精品园林：承德的避暑山庄，北京的颐和园，苏州的拙政园、留园和环秀山庄先后被联合国教科文组织列入世界文化遗产名录，从而成为全人类共同的文化财富。现在对这些现存的精品古典园林简要加以介绍,而众多的自然园林与寺庙园林之中也不乏经典之作,篇幅所限,在此不再赘述。

一、皇家园林精品

(一)承德避暑山庄

承德避暑山庄,又称"热河行宫",坐落于河北省承德市中心以北的狭长谷地上,占地面积584公顷。避暑山庄始建于清康熙四十二年(1703),雍正(1723—1736)时代一度暂停营建,清乾隆六年至五十七年(1741—1792)又继续修建,增加了乾隆36景和山庄外的外八庙。整个避暑山庄的营建历时近90年。这期间清王朝国力兴盛,能工巧匠云集于此。康熙五十年(1711)康熙帝还亲自在山庄午门上题写了"避暑山庄"门额。避暑山庄主要分为宫殿区和苑景区两部分。

宫殿区位于山庄南部,宫室建筑林立,布局严整,是紫禁城的缩影。其布局运用了"前宫后苑"的传统手法。宫殿包括正宫、松鹤斋、东宫和万壑松风四组建筑群。正宫在宫殿区西侧,是清代皇帝处理政务和居住之所,按"前朝后寝"的形制,由九进院落组成;布局严整,建筑外形简朴,装修淡雅。主殿全由四川、云南的名贵楠木建成,素身烫蜡,雕刻精美。庭院大小、回廊高低、山石配制、树木种植,都使人感到平易亲切,与京城巍峨豪华的宫殿大不相同。松鹤斋在正宫之东,由七进院落组成,庭中古松耸峙,环境清幽。万壑松风在松鹤斋之北,是乾隆幼时读书之处,六幢大小不同的建筑错落布置,以回廊相连,富于南方园林建筑之特色。东宫在松鹤斋之东,已毁于火灾。

苑景区又分湖泊区、平原区和山岳区。湖泊区是山庄风景的重点。被小州屿分隔成形式各异、意趣不同的湖面,用长堤、小桥、曲径纵横相连。湖岸曲逶,楼阁相间,层次丰富,一派江南水乡风光。建筑采用分散布局之手法,园中有园,每组建筑都形成独立的小天地。山庄72景就有31景在湖区。烟雨楼仿嘉兴南湖中的烟雨楼而建。主楼是上下各宽5间的两层楼,周围回廊相抱,四面为对山斋,斋前假山上又建一六角亭,布局玲珑精巧,环境幽雅宜人,是避暑山庄最著名的胜景之一。山阜平台上建有三间殿和帝王阁,俗称"金山亭",六角形,共三层,内供玉皇大帝。这是湖区最高点,与烟雨楼同为山庄的代表性风景点。

平原区的万树园北依山麓,南临湖区,占地80公顷,遍植名木佳树,西边地面空旷,绿草如茵,为清帝巡幸山庄时放牧之地。园内无任何建筑,只是按蒙古习俗设置了蒙古区与活动房屋,清帝常在此举行马技、杂技、摔跤、放焰火等活动。并接见各民族的上层人物与外国使节。御幄专供皇上使用,直径7丈2尺,幄内张挂壁毯,地上铺白毡,顶上挂各种精美的宫灯。万树园旁有一座舍利塔,形制仿杭州六和塔,是乾隆十九年(1754)改造,高65米,八角九层。文津阁是皇家七大藏书楼之一,为藏《四库全书》依照宁波天一阁而建。

山岳区最著名的风景点是梨树峪,因这里有万树梨花,花香袭人,花色似雪而得名。西北隅高峰上,有一座四面云山亭,亭居于峰巅,歇山顶,四面开门窗,可登此俯览群山,远近景色尽收眼底。棒槌山峰顶有一巨大的石棒槌,下面有石台。棒槌高 38.29 米,顶部直径 15.04 米,根部直径 10.7 米,生成三百万年来,一直挺立不倒,为承德一大奇观。

避暑山庄周围 12 座建筑风格各异的寺庙,是当时清政府为了团结蒙古、新疆、西藏等地区的少数民族,利用宗教作为笼络手段而修建的。其中的 8 座由清政府直接管理,故被称为“外八庙”。庙宇按照建筑风格分为藏式寺庙、汉式寺庙和汉藏结合式寺庙三种。这些寺庙融合了汉、藏等民族建筑艺术的精华,气势宏伟,极具皇家风范。

避暑山庄及周围寺庙,是中国现存最大的古代帝王苑囿和皇家寺庙群。它集中国古代造园艺术和建筑艺术之大成,是具有创造力的杰作。在造园上,它继承和发展了中国古典园林“以人为之美入自然,符合自然而又超越自然”的传统造园思想,总结并创造性地运用了各种造园素材、造园技法,使其成为自然山水园与建筑园林化的杰出代表。在建筑上,它继承、发展,并创造性地运用各种建筑技艺,撷取中国南北名园名寺的精华,仿中有创,表达了“移天缩地在君怀”的建筑主题。在园林与寺庙、单体与组群建筑的具体构建上,避暑山庄及周围寺庙实现了中国古代南北造园和建筑艺术的融合。它囊括了亭台阁寺等中国古代大部分建筑形象,展示了中国古代木架结构建筑的高超技艺,并实现了木架结构与砖石结构、汉式建筑形式与少数民族建筑形式的完美结合。加之建筑装饰及佛教造像等中国古代最高超技艺的运用,构成了中国古代建筑史上的奇观。

(二)颐和园

颐和园位于北京西北郊海淀区,距市中心约 15 公里,主要由万寿山和昆明湖组成。颐和园的营造始于金代。元明时期,这里以优美、自然的田园景色成为“壮观神州第一”的游览胜地。经元、明、清三个朝代的扩建和改建形成现在的规模。

颐和园清乾隆年间称为“清漪园”。1860 年(清朝咸丰十年),清漪园与圆明园等著名皇家园囿一起被英法联军焚毁。园内数以万计的文物珍藏皆被抢掠一空。1886 年(清朝光绪十二年),慈禧太后挪用海军经费等其他银两,在清漪园废墟上重新修建并于 1888 年改园名为颐和园。1900 年,颐和园又遭到英、美、德、法、俄、日、意、奥八国联军的野蛮抢掠和破坏,1903 年重新修复。

颐和园总面积达 294 公顷,其中水面占四分之三,园内有古建筑 3000 余间,面积约 7 万平方米。颐和园内的建筑结构皆以自然山水为基础,其建筑形式多模拟江南名胜古迹,或效其意,或仿其形,因地制宜地创建了众多绚丽恢宏的廊、桥、亭、榭，殿、宇、楼、台。

颐和园的正门为东宫门，它坐西朝东，宫门内外南北对称建有值房及六部九卿的朝房。由宫门进入仁寿门，是以仁寿殿为主的朝政建筑，为清朝帝后驻园期间处理政务的地方。仁寿殿西北方分别建有慈禧太后看戏用的德和园大戏楼，光绪皇帝及皇后居住的玉澜堂与宜芸馆，再往西数十米就是慈禧太后的寝殿乐寿堂。

万寿山南麓，金黄色琉璃瓦顶的排云殿建筑群在郁郁葱葱的松柏簇拥下似众星捧月，溢彩流光。这组金碧辉煌的建筑自湖岸边的云辉玉宇牌楼起，经排云门、二宫门、排云殿、德辉殿、佛香阁，终至山巅的智慧海，重廊复殿，层叠上升，贯穿青琐，气势磅礴。巍峨高耸的佛香阁八面三层，踞山面湖，统领全园。其东面山坡上建有转轮藏和巨大的万寿山昆明湖石碑，西侧建筑是五方阁及闻名中外的宝云阁铜殿。蜿蜒曲折的西堤犹如一条翠绿的飘带，萦带南北，横绝天汉。堤上六桥，形态互异、婀娜多姿。浩渺烟波中，宏大的十七孔桥如长虹偃月倒映水面，涵虚堂、藻鉴堂、治镜阁三座水中岛屿鼎足而立，寓意神话传说中的“海上三仙山”。在湖畔岸边，还建有著名的石舫，惟妙惟肖的镇水铜牛，赏春观景的知春亭等点景建筑。

万寿山北麓，地势起伏，花木扶疏，道路幽邃，松柏参天。重峦叠嶂上，仿西藏寺庙建造的四大部洲建筑群层台耸翠，雄伟庄严。山之脚下，清澈的湖水随山形地貌演变为一条舒缓、宁静的河流，顺地势而开合，依山形而宽窄。两岸树木蓊郁，蔽日遮天，画栋雕梁，时隐时现。后溪河中游，模拟江南水肆建造的万寿买卖街铺面房，鳞次栉比，错落有致。钱庄、当铺招幌临风；茶楼、酒馆画旗斜矗。沿河东游，水尽处，闻溪流淙淙，如琴如瑟，是为谐趣园。小园环池而筑，游廊相连，厅堂楼榭，精致典雅，“一亭一径，足谐奇趣”。

颐和园集中国历代造园艺术之精粹，是中国园林艺术史上的里程碑。古往今来，它以其无与伦比的园林艺术魅力倾倒无数中外游客，被人们赞誉为“人间天堂”。

二、私家园林精品

私家园林的精品众多，其中沧浪亭、狮子林、拙政园、留园分别代表着宋(948—1264)、元(1271—1368)、明(1369—1644)、清(1644—1911)四个朝代的艺术风格，被称为“苏州四大名园”。

(一)沧浪亭

沧浪亭位于苏州城南沧浪亭街，是现存苏州最古的园林。其地初为五代时吴越国广陵王钱元璙近戚中吴军节度使孙承祐的池馆。沧浪亭面积约16.5亩，为苏州大型园林之一，具有宋代造园风格，是写意山水园的范例。北宋庆历五年(1045)，诗人苏舜钦(子美)流寓吴中，以四万钱购得园址，傍水构亭名“沧浪”，取

《孟子·离娄》和《楚辞》所载孺子歌“沧浪之水清兮，可以濯吾缨；沧浪之水浊兮，可以濯吾足”之意，作《沧浪亭记》，自号“沧浪翁”。南宋时为抗金名将韩世忠所居，人称韩园。元延祐年间僧宗敬在其遗址建妙隐庵。明嘉靖三年(1524)，苏州知府胡缵宗于妙隐庵建韩蕲王祠。嘉靖二十五年(1546)僧文瑛复建沧浪亭，归有光作《沧浪亭记》。清康熙二十三年(1684)，江苏巡抚王新命建苏公(舜钦)祠。康熙三十四年(1695)，江苏巡抚宋荦寻访遗迹，复构沧浪亭于山上，并筑观鱼处、自胜轩、步碕廊等，道光年间，增建五百名贤祠，咸丰十年(1860)毁于兵火。同治十二年(1873)重建。

沧浪亭造园艺术与众不同，未进园门便见一泓绿水绕于园外，漫步过桥，始得入内。园内以山石为主景，迎面一座土山，隆然高耸。山上幽竹纤纤、古木森森，山顶上便是翼然凌空的沧浪石亭。山下凿有水池，山水之间以一条曲折的复廊相连，廊中砌有花窗漏阁，穿行廊上，可见山水隐隐迢迢。假山东南部的明道堂是园林的主建筑，与明道堂东西相对的是五百名贤祠。园中最南部的是建在假山洞屋之上的看山楼，看山楼北面是翠玲珑馆，再折而向北到仰止亭，出仰止亭可到御碑亭。

(二)狮子林

狮子林位于苏州市园林路。元至正二年(1342)僧天如禅师为纪念其师中峰禅师建菩提正宗寺，又因中峰禅师曾倡道天目山狮子岩，取佛书“狮子吼”之意，易名为狮子林。明洪武六年(1373)，73 岁的大画家倪瓒(号云林)途经苏州，曾绘《狮子林图》。清乾隆初，寺园变为私产，与寺殿隔绝，名涉园，又称五松园。1917 年为颜料买办商人贝润生购得，经九年修建、扩建，仍名狮子林(园东为贝氏家祠、族学和住宅)。

狮子林以湖石假山奇秀幽趣著称，有“假山王国”之誉。狮子林平面呈长方形，面积约 15 亩，东南多山，西北多水，四周高墙峻宇，气象森严。狮子林的湖石假山既多且精美，洞穴岩壑，奇巧盘旋、迂回反复。园内建筑，以燕誉堂为主，堂后为小方厅，有立雪堂。向西可到指柏轩，为二层阁楼，四周有庑，高爽玲珑。指柏轩之西是五松园。西南角为见山楼。由见山楼往西，可到荷花厅。厅西北傍池建真趣亭，亭内藻饰精美，人物花卉栩栩如生。亭旁有两层石舫。石舫北岸为暗香疏影楼，由此循走廊转弯向南可达飞瀑亭，是为全园最高处。园西景物中心是问梅阁，阁前为双香仙馆。双香仙馆南行折东，西南角有扇子亭，亭后辟有小院，清新雅致。

狮子林的古建筑大都保留了元代风格，为元代园林代表作。园以叠石取胜，洞壑婉转，怪石林立，水池萦绕。依山傍水有指柏轩、真趣亭、问梅阁、石舫、卧云室等。主厅燕誉堂，结构精美，陈设华丽，是典型的鸳鸯厅形式；指柏轩，南对假山，下临小池，古柏苍劲，如置画中；见山楼，可览群峰，山峦如云似海；荷花厅雕镂精工；五松园庭院幽雅；湖心亭、暗香疏影楼、扇亭等均各有特色，耐人观赏。园内四周长廊萦绕，花墙漏窗变化繁复，名家书法碑帖条石珍品70余方，至今饮誉世间。

清代学者俞樾赞誉狮子林“五复五反看不足，九上九下游未全”。当代园林专家童俊评述狮子林假山“盘环曲折、登降不遑，丘壑婉转，迷似回文”。狮子林假山是中国园林大规模假山的仅存者，具有重要的历史价值和艺术价值。

（三）拙政园

拙政园位于苏州市东北隅，始建于明正德四年（1600）间，为明代御史王献臣弃官回乡后，在唐代陆龟蒙宅地和元代大弘寺旧址处拓建而成。取晋代文学家潘岳《闲居赋》中“筑室种树，逍遥自得……灌园鬻蔬，以供朝夕之膳……此亦拙者之为政也”句意，将此园命名为拙政园。王献臣在建园之期，曾请吴门画派的代表人物文征明为其设计蓝图，形成以水为主，疏朗平淡，近乎自然风景的园林。王献臣死后，其子一夜豪赌，将园输给徐氏，其子孙后亦衰落。明崇祯四年（1631）园东部归侍郎王心一，名“归田园居”。园中部和西部，主人更换频繁，乾隆初，中部复园归太守蒋棨所有。咸丰十年（1860）太平军进驻苏州，拙政园为忠王府，相传忠王李秀成以中部见山楼为其治事之所。光绪三年（1877）西部归富商张履谦，名“补园”。现存园貌多为清末时所形成。

拙政园占地62亩，是目前苏州最大的古园林、我国四大名园之一。拙政园布局主题以水为中心，池水面积约占总面积的五分之一，各种亭台轩榭多临水而筑。全园分东、中、西三个部分，中园是其主体和精华所在。远香堂是中园的主体建筑，其他一切景点均围绕远香堂而建。堂南筑有黄石假山，山上配植林木。堂北临水，水池中以土石垒成东西两山，两山之间，连以溪桥。西山上有雪香云蔚亭，东山上有待霜亭，形成对景。由雪香云蔚亭下山，可到园西南部的荷风四面亭，由此亭经柳荫路曲西去，可以北登见山楼，往南可至倚玉轩，向西则入别有洞天。远香堂东有绿漪堂、梧竹幽居、绣绮亭、枇杷园、海棠春坞、玲珑馆等处。堂西则有小飞虹、小沧浪等处。小沧浪北是旱船香洲，香洲西南乃玉兰堂。进入别有洞天门即可到达西园。西园的主体建筑是十八曼陀罗花馆和卅六鸳鸯馆。两馆共一厅，内部一分为二，北厅原是园主宴会、听戏、顾曲之处，在笙箫管弦之中观鸳鸯戏水，是以“鸳鸯馆”名之。南厅植有观宝朱山茶花，即曼陀罗花，故称之以曼陀罗花馆。馆之东有六角形的宜两亭，南有八角形塔影亭。塔影亭往北可到留听阁。西园北半部还有浮翠阁、笠亭、与谁同坐轩、倒影楼等景点。拙政园东部原为归去来堂，后废弃。

拙政园的特点是园林的分割和布局非常巧妙，把有限的空间进行分割，充分采用了借景和对景等造园艺术，因此拙政园的美在不言之中。近年来，拙政园充分挖掘传统文化内涵，推出自己的特色花卉。每年春夏两季举办杜鹃花节和荷花节，花姿烂漫，清香远溢，使素雅、幽静的古典园林充满勃勃生机。拙政园西部的盆景园和中部的雅石斋分别有苏派盆景与中华奇石展示。

（四）留园

留园位于古城苏州阊门外，占地约 50 亩，为苏州四大名园之一。原为明嘉靖时太仆寺少卿徐泰时的东园，清嘉庆时刘恕改建，称寒碧山庄，俗称刘园，当时以造型优美的湖石峰十二座而著称。经清太平天国之役，苏州诸园多毁于兵燹，而此园独存。光绪初年易主，改名留园。俞樾在《留园记》中誉之为“吴中名园之冠”。

现在的留园大致分为中部、东部、北部、西部四个部分。中部以山水为主，为原留园所在，是全园的精华。东、西、北部为清光绪年间增修。入园后经两重小院，即可达中部。中部又分东、西两区，西区以山水见长，东区以建筑为主。西区南北为山，中央为池，东南为建筑。主厅为涵碧山房，由此往东是明瑟楼，向南为绿荫轩。远翠阁位于中部东北角，闻木樨香轩在中部西北隅。另外还有可亭、小蓬莱、濠濮亭、曲溪楼、清风池馆等处。东部的中心是五峰仙馆，因梁柱为楠木，也称楠木厅。五峰仙馆四周环绕着还我读书处、揖峰轩、汲古得绠处。揖峰轩以东的林泉耆硕之馆设计精妙、陈设富丽。北面是冠云沼、冠云亭、冠云楼以及著名的冠云、岫云和端云，三峰为明代旧物，冠云峰高约 9 米，玲珑剔透，有“江南园林峰石之冠”的美誉。周围有贮云庵，佳晴喜雨快雪之亭。

留园以结构精巧取长。花窗设计别出心裁，独具匠心，把花纹图案设计在窗橱上，中间留出较大的空间，使窗外的景物透入室内，看上去就像墙上挂了几幅生动、活泼的图画一样。全园布局紧凑，结构严谨，厅堂宏丽，庭园幽深，重门迭户，移步换景。留园建筑数量较多，其空间处理之精妙，居苏州诸园之冠，充分体现了古代造园家的高超技艺和卓越智慧。

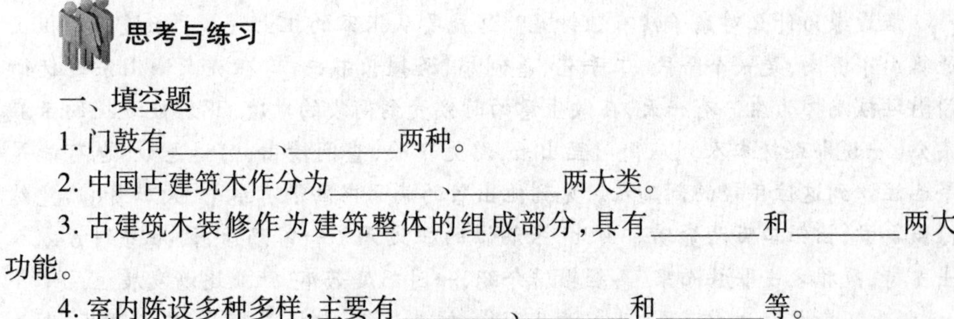

思考与练习

一、填空题

1. 门鼓有________、________两种。

2. 中国古建筑木作分为________、________两大类。

3. 古建筑木装修作为建筑整体的组成部分，具有________和________两大功能。

4. 室内陈设多种多样，主要有________、________和________等。

5. 分别代表着宋、元、明、清四个朝代的艺术风格的“苏州四大名园”是________、________、________和________。

二、名词解释

1. 门鼓石

2. 暗八仙雕饰

3. 花罩

三、简答题

1. 外檐装修中门窗有何特点？

2. 外檐装修包括哪些内容？

3. 不同类型的园林风格，在家具设置及其陈设方面有什么特色？

4. 园林建筑内家具陈设有哪些原则？

案例分享

清光绪三年(1877)，吴县盐商张履谦以银价6500两购得东北街拙政园西部当时属汪硕甫的宅园，请名家设计，大加修葺，补残全缺，取名“补园”。1879年全家搬入，15年以后又请著名昆曲家、书法家俞粟庐书“补园记”，镌石安放在拜文揖沈之斋内。补园现和拙政园东、西部合成一体，仍名拙政园，习惯上把这一部分称为西部。

补园内山涧南假山上有圆形小亭名“笠亭”，山东南方临水有一扇状小轩名“与谁同坐轩”，分开看，没有什么特别，实际上，这是张履谦造园时精心策划、刻意安排的景观。从波形廊南端观望笠亭和与谁同坐轩，可以发觉，笠亭的顶部恰好可以嵌入与谁同坐轩的屋顶，笠亭的锥形屋顶瓦楞好似一道道扇骨，宝顶形成柄端，与谁同坐轩的屋顶展开成扇面，两侧脊瓦为侧骨，一起构成了一幅完整的、倒悬的大折扇图形。当观察位置有变动时，它们又各自成为一把团扇、一把折扇的形状。

张履谦为什么对扇子情有独钟呢？这就要从张家的祖上说起。张履谦的祖父原籍山东济南，是一个平民，工手艺、善制扇，还擅长书画，曾在济南城山东巡抚衙门附近摆扇摊为生。有一天，在做生意的时候受到衙役的欺凌，正好被巡抚的亲戚某公(一说即巡抚本人)，从衙门里出来，路见不平，查问情由，呵退恶奴，也可能是早已注意到这位年轻的制扇人。见到他出售的扇面书画很有水平，大加赞赏，竟然慷慨解囊，出银二百两资助。由此，张履谦的祖父开了一家扇店，因为得到官方人士支持，风雅之士联袂而来，再经辗转介绍，一时门庭若市，产业逐渐发展。几十年后，张氏不断扩大生意范围，业务涉及百货、钱庄信汇、盐场等行业，广拥商店，成为一方大贾。张履谦自己曾任两淮盐运使，受两江总督直接“节制”，清政府户部山西司郎中等职衔，可谓官位显赫。辞官后开典当、办学校、设育婴堂，还投资苏纶纱厂和电力公司，成为地方上的知名士绅。

张履谦建造笠亭、扇亭,是表示他不忘张氏祖先制扇起家的经历,而且扇亭又置于几个景点的联结部位,成了一个独特的标志,让人们随时都能注意到它们的存在,作为一种纪念。而这两座建筑本身又极其秀美,特别是与谁同坐轩,前临水廊及其倒影,后面的扇形漏窗又成一副框景,左右门宕一含倒影楼,一容留听阁,真是美不胜收。

案例思考题:园林营造者的文化素养、追求与理念的自然流露即成为园林设计画境、意境的指导思想、造园精神,园林也因此形成各自特色鲜明的艺术形象。请收集查阅相关资料,结合中国古典园林建筑的相关知识,解读归纳出三个精品园林所蕴含的文化寓意。

参考文献

[1]巴兆祥.中国民俗旅游.福州:福建人民出版社,2004.

[2]程建军.开平碉楼:中西合璧的侨乡文化景观.北京:中国建筑工业出版社,2007.

[3]戴志坚.福建民居.北京:中国建筑工业出版社,2009.

[4]冯钟平.中国园林建筑.北京:清华大学出版社,1990.

[5]傅熹年.傅熹年建筑史论文集.北京:文物出版社,1998.

[6]黄振宇,潘晓岚.中国古代建筑与园林.北京:旅游教育出版社,2003.

[7]李秋香.闽南客家古村落——培田村.北京:清华大学出版社,2008.

[8]李秋香.北方民居.北京:清华大学出版社,2010.

[9]梁思成.中国建筑史.北京:百花文艺出版社,2005.

[10]梁思成.梁思成全集.北京:中国建筑工业出版社,2001.

[11]《图行世界》编辑部.中国最美100个古镇古村.北京:中国旅游出版社,2011.

[12]廖冬,唐齐.解读土楼:福建土楼的历史和建筑.北京:当代中国出版社,2009.

[13]刘墩桢.中国古代建筑史.北京:中国建筑工业出版社,2008.

[14]刘丽芳.中国民居文化.北京:时事出版社,2010.

[15]柳正桓.中国世界自然与文化遗产旅游.长沙:湖南地图出版社,2002.

[16]楼西庆.中国传统建筑文化.北京:中国旅游出版社,2008.

[17]楼西庆.中国古代建筑.北京:商务印书馆,2007.

[18]陆琦.中国古民居之旅.北京:中国建筑工业出版社,2005.

[19]马勇虎.徽州古村落文化丛书.合肥:合肥工业大学出版社,2007.

[20]潘谷西.中国建筑史.北京:中国建筑工业出版社,2009.

[21]彭一刚.中国古典园林分析.北京:中国建筑工业出版社,1986.

[22]沈福熙.中国建筑文化简史.上海:上海人民美术出版社,2007.

[23]孙大章.中国民居之美.北京:中国建筑工业出版社,2011.

[24]孙勇.线条的表现——中国古镇民居.上海:上海交通大学出版社,2009.

[25]唐寰澄.中国古代桥梁.北京:中国建筑工业出版社.2011.

[26]王其钧. 行走中国·结庐人境——中国民居. 上海:上海文艺出版社, 2008.

[27]王其钧. 中国民居三十讲. 北京:中国建筑工业出版社,2005.

[28]王毅. 园林与中国文化. 上海:上海人民出版社,1990.

[29]项海帆. 中国桥梁史纲. 上海:同济大学出版社,2009.

[30]徐怡涛. 中国建筑. 北京:高等教育出版社,2010.

[31]杨鸿勋. 宫殿建筑史话. 北京:中国大百科全书出版社,2000.

[32]杨嵩林. 中国建筑艺术全集·道教建筑. 北京:中国建筑工业出版社,2002.

[33]赵荣光,夏太生. 中国旅游文化. 大连:东北财经大学出版社,2003.

[34]赵新良. 诗意栖居——中国传统民居的文化解读. 北京:中国建筑工业出版社. 2009.

[35]章采烈. 中国园林艺术通论. 上海:上海科学技术出版社,2004.

[36]张家骥. 中国造园论. 太原:山西人民出版社,1991.

[37]张捷夫. 丧葬史话. 北京:中国大百科全书出版社,2000.

[38]张驭寰. 中国佛教寺院建筑讲座. 北京:当代中国出版社,2008.

[39]郑连第. 中国水利百科全书·水利史分册. 北京:水利水电出版社,2004.

[40]中国大百科全书. 考古. 北京:中国大百科出版社. 1990.

[41]中国建筑工业出版社. 佛教建筑:佛陀香火塔寺窟. 北京:中国建筑工业出版社,2010.

[42]中国建筑出版社编. 城池防御建筑. 北京:中国建筑工业出版社,2009.

[43]中国建筑出版社编. 礼制建筑. 北京:中国建筑工业出版社,2009.

[44]中国现代美术全集编辑委员会. 中国建筑艺术全集·伊斯兰教建筑. 北京:中国建筑工业出版社,2003.

[45]宗白华等. 中国园林艺术概观. 南京:江苏人民出版社,1987.

[46]朱耀廷,郭引话,刘曙光. 古代陵墓. 大连:辽宁师范大学出版社,1996.

责任编辑：张　萍

图书在版编目(CIP)数据

中国古代建筑与园林/张东月，肖靖主编.—北京：旅游教育出版社，2011.8(2016.5)

新编高职高专旅游管理类专业规划教材

ISBN 978-7-5637-2165-8

Ⅰ.①中…　Ⅱ.①张… ②肖…　Ⅲ.①古建筑—中国—高等职业教育—教材 ②古典园林—中国—高等职业教育—教材　Ⅳ.①TU-092

中国版本图书馆 CIP 数据核字(2011)第091382号

新编高职高专旅游管理类专业规划教材

谢彦君　总主编

中国古代建筑与园林

(第2版)

张东月　肖　靖　主编

出版单位	旅游教育出版社
地　　址	北京市朝阳区定福庄南里1号
邮　　编	100024
发行电话	(010)65778403 65728372 65767462(传真)
本社网址	www.tepcb.com
E-mail	tepfx@163.com
印刷单位	河北省三河市灵山红旗印刷厂
经销单位	新华书店
开　　本	787毫米×960毫米　1/16
印　　张	18.5
字　　数	288千字
版　　次	2014年12月第2版
印　　次	2016年5月第2次印刷
定　　价	35.00元

(图书如有装订差错请与发行部联系)